Geostatistik für die hydrogeologische Praxis

Springer-Verlag Berlin Heidelberg GmbH

Maria-Theresia Schafmeister

Geostatistik für die hydrogeologische Praxis

Mit 81 Abbildungen und 17 Tabellen

 Springer

PROFESSOR DR. MARIA-THERESIA SCHAFMEISTER
Universität Greifswald
Institut für Geologische Wissenschaften
Friedrich-Ludwig-Jahnstr. 17A
D-17487 Greifswald
E-mail: Schaf@uni-greifswald.de

ISBN 978-3-540-66180-1

Die Deutsche Bibliothek - CIP-Einheitsaufnahme

Schafmeister, Maria-Theresia: Geostatistik für die hydrogeologische Praxis / Maria-Theresia Schafmeister. - Berlin; Heidelberg; New York; Barcelona; Hongkong; London; Mailand; Paris; Singapur; Tokio: Springer 1999
ISBN 978-3-540-66180-1   ISBN 978-3-642-58567-8 (eBook)
DOI 10.1007/978-3-642-58567-8

Dieses Werk ist urheberrechtlich geschützt. Die dadurch begründeten Rechte, insbesondere die der Übersetzung, des Nachdrucks, des Vortrags, der Entnahme von Abbildungen und Tabellen, der Funksendung, der Mikroverfilmung oder der Vervielfältigung auf anderen Wegen und der Speicherung in Datenverarbeitungsanlagen, bleiben, auch bei nur auszugsweiser Verwertung, vorbehalten. Eine Vervielfältigung dieses Werkes oder von Teilen dieses Werkes ist auch im Einzelfall nur in den Grenzen der gesetzlichen Bestimmungen des Urheberrechtgesetzes der Bundesrepublik Deutschland vom 9. September 1965 in der jeweils geltenden Fassung zulässig. Sie ist grundsätzlich vergütungspflichtig. Zuwiderhandlungen unterliegen den Strafbestimmungen des Urheberrechtgesetzes.

Die Wiedergabe von Gebrauchsnamen, Handelsnamen, Warenbezeichnungen usw. in diesem Werk berechtigt auch ohne besondere Kennzeichnung nicht zu der Annahme, daß solche Namen im Sinne der Warenzeichen- und Markenschutz-Gesetzgebung als frei zu betrachten wären und daher von jedermann benutzt werden dürften.

© Springer-Verlag Berlin Heidelberg 1999

Umschlaggestaltung: Fa. de'blik, Berlin
Satz: Reproduktionsfertige Vorlage der Autorin
SPIN: 10713435   30/3136 - 5 4 3 2 1 0 - Gedruckt auf säurefreiem Papier

meinem Sohn David-Michael Schafmeister

in Verehrung für Michel David

Geleitwort

Dieses Buch „Geostatistik für die hydrogeologische Praxis" von Prof. Dr. Maria-Theresia Schafmeister ist ein willkommener Beitrag auf diesem Gebiet. Es ist eines der ersten Bücher seiner Art nicht nur in Deutschland, sondern weltweit. Sein Ziel ist es, Studenten und Praktikern in einfachen Worten die Konzepte und Methoden der Geostatistik vorzustellen, mit denen praktische Probleme in der Quantitativen Hydrogeologie gelöst werden können.

In den Geowissenschaften hat die Hydrogeologie über einen langen Zeitraum eine starke technische Komponente gehabt aufgrund ihres engen Bezuges auf mathematische Konzepte und physikalische Gesetze, mit denen die Strömung quantifiziert wird, um Grundwasserdruckhöhen, Brunnenförderraten, die Prozesse der Grundwassererneuerung, Grundwasserreserven und jüngst auch die Flußraten von Grundwasserkontaminationen zu prognostizieren. Seit der Entwicklung numerischer Techniken in den späten sechziger Jahren ist die Grundwassermodellierung ein wichtiges Instrument für solche Vorhersagen geworden.

Die Geostatistik jedoch stellt eine jüngere Entwicklung in den quantitativen Geowissenschaften dar. Sie wurde Mitte der sechziger Jahre von Georges Mathéron in Frankreich entwickelt. Ihr ursprüngliches Ziel war es, bessere Schätzungen des Metallgehaltes von Erzkörpern zur Verfügung zu stellen basierend auf Meßwerten der Erzgehalte an einer Reihe von Erkundungsbohrungen. Allmählich wurde die Methode auf andere geologische Parameter ausgeweitet, wie z.B. auf die Geometrie geologischer Schichten, Niederschlagshöhen in einem Einzugsgebiet und schließlich hydrogeologische Parameter wie Grundwasserstand, Grundwasserneubildung, Grundwasserkontamination, etc.

Geostatistik ist jetzt ein effizientes und leicht zu handhabendes Werkzeug geworden, das zuverlässige Schätzungen hydrogeologischer Parameter liefern kann als Eingabedaten für Grundwassermodelle, oder einfach um hydrogeologische Karten anzufertigen. Der wirkliche Vorteil geostatistischer Methoden, wie z.B. Kriging, gegenüber konventionellen Methoden ist, daß sie auch ein Maß der Unsicherheit der Schätzung bereitstellen. Für den Ingenieur ist dieses wichtig, da er unbedingt wissen muß, wie sicher oder unsicher seine Schätzung einer Kenngröße ist. Ausgehend von dieser Unsicherheit eines Parameters bei der Eingabe in ein Grundwassermodell kann diese durch Anwendung der Technik der Monte-Carlo-Simulation in ein Unsicherheitsspektrum der Ergebnisgrößen umgewandelt werden.

Um jedoch mit Geostatistik arbeiten zu können, müssen notwendigerweise zunächst ihre Prinzipien verstanden werden. Dann kann die Bestimmung der relevanten Charakteristika der Untersuchungsgrößen (Variogramm) und schließlich deren Anwendung zur Schätzung oder Simulation erlernt werden. Das von Professor Dr. Schafmeister geschriebene Buch beabsichtigt, genau dies in einfachen Worten zu beschreiben, insbesondere für hydrogeologische Kenngrößen. Jedes Kapitel enthält eine Fallstudie, in der der Leser klare Beispiele für das 'Warum' und 'Wie' der theoretischen Herleitung findet.

Ich habe keinen Zweifel, daß dieses Buch eine wesentliche Hilfe für Interessierte in Deutschland sein wird, die hydrogeologische Problemstellungen mit Hilfe der Geostatistik lösen wollen.

(aus dem Englischen übertragen von M. Nissen, OStR u. M.-Th. Schafmeister)

Paris, April 26, 1999

Ghislain de Marsily
Professor, University of Paris VI
Associate of the French Academy of Sciences and the US Academy of Engineering

Vorwort

Das Buch richtet sich an Studenten der Geowissenschaften sowie an in der Praxis stehende Geologen und Ingenieure, die sich mit Fragen der Grundwasserdynamik und Grundwasserbeschaffenheit beschäftigen. In den vergangenen Jahren hat sich - nicht zuletzt durch die rasante Entwicklung auf dem EDV-Sektor - die mehr quantitative Beurteilung geowissenschaftlicher Prozesse zunehmend durchgesetzt. Hydrogeologen und Wasserbauingenieure sind hier traditionell stark engagiert. So gehört heute die deterministische Modellierung von Grundwasserströmung und Stofftransport zum Standardwerkzeug praktizierender Geologen.

Von seiten der Lagerstättenforschung kommen seit nunmehr 40 Jahren Impulse zur verbesserten Prognose von Rohstoffvorräten basierend auf wahrscheinlichkeitstheoretischen Grundsätzen. Neu war hierbei damals, daß der in allen Geowissenschaften - so auch in der Hydrogeologie - entscheidende Ortsbezug berücksichtigt werden kann. Diese Richtung wird seitdem unter dem Schlagwort „Geostatistik" weiter verfolgt und erforscht.

Für hydrogeologische Fragestellungen erweist sich die Angabe von Zuverlässigkeitsschranken der Prognoseergebnisse von zunehmender Bedeutung. Die realistische Modellierung des Untergrunds ist für Bodenkundler und Hydrogeologen gleichermaßen Voraussetzung für die Beurteilung der darin ablaufenden Prozesse. Für diese Fragen bietet die Geostatistik Lösungsansätze. Einfache, heutzutage leicht zugängliche und preiswerte Computerprogramme wurden entwickelt und könnten in der Praxis viel häufiger eingesetzt werden, wenn dem potentiellen Anwender die gar nicht so komplizierten mathematisch-statistischen Grundlagen ein wenig vertrauter wären. Hierzu möchte ich einen kleinen Beitrag leisten.

Das vorliegende Buch wurde während meiner Zeit als Wissenschaftliche Assistentin im Institut für Geologie, Geophysik und Geoinformatik der Freien Universität Berlin (FR Rohstoff- und Umweltgeologie) angefertigt. Es basiert zum einen auf den Erfahrungen, die ich beim Vermitteln statistischer und geostatistischer Methoden an Studenten der Geowissenschaften - und hier ganz besonders der Hydrogeologie - machte; zum anderen wurden die Beispiele, die ich zur Illustration der theoretischen Ausführungen verwende, zu einem großen Teil im Rahmen von Diplomarbeiten und Dissertationen entwickelt. Folgende Bearbeiter und ihre 'Spezialthemen' seien genannt:

Manfred Auer u. Fritjof Karnani$_f$	k_f-Werte in Norddeutschland
Guntram Gutzeit u. Dirk Melchert	Thermometrie & Kriging
Ingeborg von Campenhausen-Joost, Karen Eumann u. Annett Peters	Pflanzenschutzmittel, Bodenparameter & Geostatistik
Dr. Elke Kösters	Thermometrie & Modellierung
Dr. Jobst Wurl u. Dr. Sommer von Jarmersted	Berlin
Ralf von Hassel	Mutivariate Statistik
Ralph Engelhardt	Simulation & Pumpversuch
Frank Birkenhake u. Dr. Jörg Tietze	Fehler (statistische!!)
Antje Both u. Heike Hoffmann	k_f-Werte in Kanada
Sven Pöhler	Modellierung & Linux
Wolfgang Goßel	Wasserhaushalt & Statistik
Ulrike Maiwald u. Torsten Liedholz	Hydrogeochemie
Julien Harou	GIS
Gordon Bokelmann	Thermometrie u. Variographie

Prof. Dr. Asaf Pekdeger und Prof. Dr. Wolfdietrich Skala, beide Freie Universität Berlin, haben mich zu dieser Arbeit ermuntert. Dr. Heinz Burger engagierte sich bis zuletzt mit großem Interesse und sorgte sich auch um die dem Geologen nicht so sehr geläufige 'mathematische' Schreibweise. Sollten sich hier dennoch Mängel zeigen, so sind sie der Autorin allein zur Last zu legen.

Prof. Ghislain de Marsily verbindet in idealer Weise die Geostatistik mit dem Fach Hydrogeologie und hat mich - Entfernungen und Sprachbarrieren schlicht ignorierend - zu jeder Zeit unterstützt. Er und Prof. Horst D. Schulz, Universität Bremen und ebenfalls ein erfahrener Kenner der Materie, übernahmen die Begutachtung dieser als Habilitationsschrift an der FU Berlin vorgelegten Arbeit.

Den genannten Personen bin ich zu tiefem Dank verpflichtet; darüber hinaus halfen mir folgende Freunde, die Jahre als Wissenschaftliche Assistentin angenehm zu gestalten:

(An)dreas, Andreas, Canaro et al., Christian, David, Elke, Heiner, Heinz, Thea & Johannes, Jürgen, Kalle, Karsten, Lenny, Margot, Petra mit Halis & Jenny, Punky & Trotzki, Robert, Roussos, Sven, Udo, Uli, Vera und mein Zahnarzt.

Euch allen gilt mein aufrichtiger Dank!

Greifswald, den 15. April 1999

Inhaltsverzeichnis

1 Einführung 1

   1.1 Geostatistik 1
      1.1.1 Ziele und Aufgaben der Geostatistik 2
   1.2 Aufbau des Textes 3
   1.3 Quantitative Hydrogeologie 4
      1.3.1 Hydrogeologische Modelle 4
         1.3.1.1 Prozeßmodellierung 5
         1.3.1.2 Geographische Informationssysteme (GIS) 5
      1.3.2 Geostatistik in der Hydrogeologie 6

2 Räumliche Struktur von Boden- und Grundwasserleitereigenschaften 9

   2.1 Ortsabhängige Variable (ReV) 9
   2.2 Räumliche Strukturanalyse - Variographie 11
      2.2.1 Theoretische Grundlagen 11
         2.2.1.1 Geostatistische Grundannahmen 11
         2.2.1.2 Das experimentelle Variogramm 14
         2.2.1.3 Das Variogrammodell 15
         2.2.1.4 Räumliche Anisotropien 16
         2.2.1.5 Die Drift 18
      2.2.2 Vorgehen bei der Anpassung experimenteller Variogramme ... 18
      2.2.3 Fallbeispiel: Variogrammanalyse 20
         2.2.3.1 Strukturanalyse von Bodenkenngrößen einer ackerbaulich genutzten Fläche 20
      2.2.4 Schlußfolgerungen 29

3 Erstellen von Karten hydrogeologischer Kenngrößen 31

   3.1 Räumliche Schätzung - Kriging 33
      3.1.1 Gewöhnliches Kriging (Ordinary Kriging) 34
      3.1.2 Kriging bei instationären Variablen (Universal Kriging) .. 36
      3.1.3 Kriging mit Externer Drift 39
      3.1.4 Raum-Zeit Kriging 40
      3.1.5 Die Methode der Kreuzvalidation 44

3.1.6 Fallbeispiel: Kriging 44
   3.1.6.1 Erstellung eines Grundwassergleichenplans in einem städtischen Gebiet 45
3.1.7 Schlußfolgerungen 55
3.2 Multivariate Geostatistik 56
   3.2.1 Co-Kriging 57
      3.2.1.1 Das Co-Kriging Gleichungssystem 58
      3.2.1.2 Kreuz-Kovarianzen und Kreuz-Variogramme 59
   3.2.2 Kriging von Einflußfaktoren 61
      3.2.2.1 Faktorenanalyse 62
   3.2.3 Fallbeispiel: Multivariate Schätzung 64
      3.2.3.1 Interpolation der räumlichen Verteilung des Redoxpotentials im Grundwasser des Oderbruchs im Winter 1995 65
      3.2.3.2 Räumliche Analyse der hydrochemischen Beeinflussung im Grundwasser des Oderbruchs 69

4 Regionalisierung hydrodynamischer Eigenschaften 81

4.1 Indikatoransatz 82
   4.1.1 Kriging von Nominalvariablen 82
   4.1.2 Indikatorkriging für Variablen des Intervalltyps 83
4.2 Stochastische Simulationsverfahren 87
   4.2.1 Methode der Turning Bands 91
   4.2.2 Sequentielle Simulation 92
      4.2.2.1 Sequentielle Gauß-Simulation 93
      4.2.2.2 Sequentielle Indikator Simulation 94
   4.2.3 Simuliertes Abkühlen (Simulated Annealing) 94
   4.2.4 Fallbeispiel: Simulation 97
      4.2.4.1 Worst-Case Modellstudie für den Transport von Schadstoffen in einem porösen Grundwasserleiter in Ontario/Kanada 98
      4.2.4.2 Untersuchung der Abhängigkeit des Fließverhaltens von der räumlichen Erhaltungsneigung der Aquiferkomponenten - ein numerisches Experiment 107
   4.2.5 Weitere Verfahren - Kritik 118

5 Umgang mit Fehlern und Unsicherheiten 121

5.1 Probenahme- und Sanierungsplanung 122
   5.1.1 Theoretische Grundlagen 123
      5.1.1.1 Die Ausdehnungsvarianz 123
      5.1.1.2 Fehlerbetrachtung bei unregelmäßiger Probenanordnung - Voronoi-Zerlegung 125
   5.1.2 Das Programmsystem GEOP zur Gefährdungsabschätzung und zur Unterstützung von Probenahme und Sanierungsplanung 127
      5.1.2.1 Behandlung multivariater Probleme 129

5.1.3 Fallbeispiel: Gefährdungsabschätzung 131
    5.1.3.1 Probenahmeplanung auf einem ehemaligen Kokereigelände 131
5.1.4 Schlußbemerkung 132
5.2 Räumliche Schätzung nicht sicherer Information 133
    5.2.1 Fuzzy-Kriging 133
    5.2.2 Softkriging 135
        5.2.2.1 Definition der Indikatorvariablen für „weiche" Daten 135
    5.2.3 Fallbeispiel: Softkriging 137
        5.2.3.1 Verbesserte Regionalisierung von k_f-Werten als Parameter in einem numerischen Grundwassermodell unter Nutzung qualitativer Informationen 138

6 Resümee und Ausblick 149

6.1 Zusammenfassung 149
6.2 Ausblick 150

Anhang 153

Literatur 161

Sachverzeichnis 171

Liste der Symbole

Bei statistischen Maßen, wie dem Mittelwert, der Varianz oder der Korrelation stehen die griechischen Symbole für die unbekannten Momente einer Grundgesamtheit, die entsprechenden lateinischen Symbole für deren Schätzer aus Stichproben.
Vektoren sind durch **Fettdruck** gekennzeichnet.

Symbol	Erläuterung
α	Richtung des orientierten Variogramms ($0° \leq \alpha < 180°$)
α	Signifikanzniveau
α_L	Dispersivität (longitudinal) [m]
ε	statistisches Rauschen
μ	Lagrange-Multiplikator
$\gamma(h)$	(Semi-)Variogramm
$\bar{\gamma}$	Variogramm, gemittelt über ein Kontrollvolumen
$\gamma(h)^*$	experimentelles Variogramm
$\gamma(h)_{res}$	Residuenvariogramm
$\gamma(h, \alpha)$	Variogramm in Richtung α
$\gamma(h_x, h_t)$	raum-zeitliches Variogramm
$\gamma_{UV}(h)$	Kreuz-Variogramm
ρ_{XY}	Korrelationskoeffizient zweier Variablen X und Y
$\rho(h)$	Autokorrelation mit Abstandsvektor h
ρ_b	Gesamtdichte des Sediments [g/cm³]
ω	Steigung des Power-Modells
ϕ	Verteilungsfunktion
Φ	Zielfunktion, *Objective Function*
λ_i	Krigingschätzgewicht
μ	Mittelwert der Grundgesamtheit
μ_V	lokaler wahrer Mittelwert in V
σ^2_D	Dispersionsvarianz
σ^2_E	Ausdehnungsvarianz
σ^2_K	Kriging Schätzvarianz
σ^2_{XY}	Kovarianz zweier Variablen X und Y
σ_E	Ausdehnungsfehler
σ_K	Krigingfehler
σ_{lok}	lokale Variabilität
Δt	zeitl. Unschärfe, Inkrement zwischen dem 84 %- und 16 %-Tracerdurchbruch
Δx	Räumliche Diskretisierung in x
Δy	Räumliche Diskretisierung in y
$\|h\|$	Variogrammschrittweite, Distanzklasse
$\|h_t\|$	zeitl. Variogrammschrittweite
a	*Range*, Reichweite des Variogramms

XVI Liste der Symbole

a_{eff}	effektiver *Range* des Exponentiellen Modells: $=3 \times a$
a_{hor}, a_h	Reichweite in horizontaler Richtung
a_{vert}, a_v	Reichweite in vertikaler Richtung
$a_{isotrop}$	Reichweite des isotropen Variogramms (richtungsunabhängig)
A	Teilfläche, -volumen
a, b, c	Parameter der *Fuzzy*-Zahl
a_i, b_i	Gewichte
C	*Sill* des Variogramms
C(h)	räumliche Kovarianz
C_0	*Nugget-Effekt*
cdf, cpf	*cumulative density/probability function* - Summenhäufigkeit
c_l	Grenzwert (Stofflisten)
Cov	Kovarianz
$Cov_{UV}(h)$	Kreuz-Kovarianz
d	Probenahmeabstand
d_{10}, d_{60}	Korndurchmesser des 10- bzw. 60-prozentigen Siebdurchgangs [mm]
$d^2(h)$	Driftkomponente des Variogramms
D	Untersuchungsgebiet
D	Kontrollwert: mittlere quadrat. Abweichung zwischen Schätzwert und lokalem Mittelwert der Daten
D_L	Dispersionskoeffizient (longitudinal) [m²/s]
E	Erwartungswert
E	Zustand (Art des Gesteins etc.)
F	Verteilungsfunktion
FD	Finite Differenzen
FE	Finite Elemente
f_i	Einflußbereich, Polygonfläche der Probe z_i
$f^l(x)$	Monom einer Polynomfunktion, Externe Drift Funktion (*Universal Kr., Externe Drift Kr.*)
GWM	Grundwassermeßstelle
h	Abstandsvektor zweier Punkte
h	Grundwasserdruckspiegelhöhe, Piezometrische Höhe, Grundwasserstand
i(x,E)	Indikatorvariable für Nominalvariablen
$I(x,z_c)$	Indikatorvariable für Intervallvariablen
$i^*(x)$	Schätzer der Indikatorvariablen
I	hydraulischer Gradient [-]
K_d	Verteilungskoeffizient (HENRY-Isotherme) [cm³/g]
k_f	Durchlässigkeitsbeiwert [m/s]
K	Anisotropiefaktor
L(x,t)	lokale Komponente einer orts-, zeitabhängigen Zufallsfunktion Z(x,t)
L_0	Vertrauensgrenze (z.B. obere Grenze des 95%-Vertrauensintervalls)
m	Mittelwert einer Stichprobe
m(x)	ortsabhängiger Mittelwert
$m^-(h)$	Mittelwert der Endpunkte der Variogramm-Distanzklasse h
$m^+(h)$	Mittelwert der Startpunkte der Variogramm-Distanzklasse h
n	Gesamtporosität [-]
n_e	durchflußwirksames Porenvolumen [-]
N(h)	Anzahl der Probenpaare im Abstand h
p	Exponent des Power-Modells
p(Z)	Wahrscheinlichkeitsdichte von Z
Prob	Wahrscheinlichkeit
P_i	Probenpunkt des Meßwertes z_i
R(x)	Residualvariable
R	Suchradius beim *Kriging*

R	Retardationsfaktor = v_a/v_s [-]
R	Schätzfehler [$z_0 - z_0^*$]
ReV	ortsabhängige Variable, *Regionalized Variable*
RF	Zufallsfunktion, *Random Function*
s	Standardabweichung der Stichprobe
s_m	Standardfehler des Mittelwertes
Std	Standardabweichung
t	zeitliche Dimension
t_α	Wert der *t*-Verteilung für das Signifikanzniveau α
t_0	Schätzzeitpunkt
t_{16}, t_{50}, t_{84}	Zeitpunkte des 16 %-, 50 %- und 84 %-igen Tracer- (bzw. Partikel-) durchbruchs
$T(x,t)$	Trendkomponente einer orts-, zeitabhängigen Zufallsfunktion $Z(x,t)$
U, V	Variable
u, v	Meßwerte der Variablen U, V
V	Volumen
v	Probenvolumen
v_a	Abstandsgeschwindigkeit des Grundwassers [m/d]
v_s	Transportgeschwindigkeit [m/d]
V1, V2, ..	Variablen eines multivariaten Datensatzes
Var	Varianz
w'	Vektor der Gewichte im *Co-Kriging*
X, Y	Zufallsvariablen
x_i	Ortsvektor der *i*-ten Probe
Y	Faktorenwerte in der Faktorenanalyse
z	Datenwert der Zufallsfunktion Z
z_a	bekannter Datenwert (*Simulation*)
z_s	simulierter Wert (*Simulation*)
$Z(x,t)$	orts-, zeitabhängige Zufallsvariable
z_0	unbekannter, wahrer Wert im Ort x_0
z_0^*	Schätzwert von z_0
z_c	Grenzwert, *Cut-Off*-Wert
Z_i	Zufallsfunktion im Punkt x_i
z_i	Meß-, Probenwert im Punkt x_i

In dieser Arbeit werden – wie es allgemein üblich ist – die geostatistischen Kenngrößen und auch die Methoden in ihrer Originalbezeichnung, die meistens in Englisch ist, verwendet. Deutsche Übersetzungen klingen häufig schwerfällig und werden daher hier gar nicht erst versucht. Für eine detaillierte Übertragung der englischsprachigen geostatistischen Grundbegriffe kann das „Geostatistical Glossary and Multilingual Dictionary" von Olea (1991) dienen.

Die Dezimaltrennung verwendet das der deutschen Regelung übliche ‚,' (Komma), davon ausgenommen sind einige Abbildungen, die englischsprachigen Veröffentlichungen entnommen sind bzw. mit Hilfe angloamerikanischer Software erstellt wurden. Hier gilt der ‚.' (Dezimalpunkt).

1 Einführung

In der Hydrogeologie sowie auch ganz allgemein bei der Behandlung von Umweltfragen, wie z.B. im Boden- und Grundwasserschutz, steht die Regionalisierung wichtiger Kenngrößen von Anfang an im Mittelpunkt: Ohne eine Karte des Grundwasserspiegels oder der Grundwasserkontamination ist die Beurteilung der hydrogeologischen Situation und der sich daraus ableitenden Maßnahmen nicht denkbar. Die Berechnung numerischer Modelle der Wasserbewegung und des Stofftransportes in der ungesättigten Bodenzone oder im Grundwasserleiter ist ohne eine realitätsgetreue Gitterbelegung der räumlich variierenden hydrodynamischen Parameter nicht möglich. All diese Probleme erfordern praktikable und zuverlässige Regionalisierungsmethoden, die z.B. in der Geostatistik seit langem existieren.

Das Ziel der hier vorgelegten Arbeit ist es daher, systematisch alle diejenigen geostatistischen Verfahren zusammenzustellen, die bei Aufgaben der räumlichen Modellierung hydrogeologischer oder auch - etwas weiter gefaßt - umweltrelevanter Parameter eingesetzt werden können. Dazu wird jeweils für eine Gruppe von Methoden der theoretische Hintergrund wiederholt. Anhand von Beispielen aus der praktischen Arbeit wird die Vorgehensweise illustriert. Abschließend werden jeweils Vor- und Nachteile diskutiert.

1.1
Geostatistik

Unter dem Kurzbegriff „Geostatistik" wird heute eine geowissenschaftliche Spezialdisziplin zusammengefaßt, die durch Mathéron (1965) als „Théorie des Variables Régionalisées et leurs Estimation" („Theorie der Ortsabhängigen Variablen und ihrer Schätzung") eingeführt wurde. Dieses Spezialfach beschäftigt sich mit der räumlichen Variabilität von ortsabhängigen Variablen (ReV)[1]. Dabei geht es zunächst um die quantitative Erfassung der räumlichen Variabilität und deren mathematischen Beschreibung (*Strukturanalyse*) und anschließend um die Erstellung eines räumlichen Modells der ortsabhängigen Variablen. Dieses Modell kann durch Interpolation mit Hilfe eines Verfahrens aus der Familie der

---

[1] Das in der Geostatistik gerne verwendete Kürzel „ReV" darf nicht mit dem „REV" (Representative Elementary Volume) vewechselt werden, das da kleinste homogene Teilvolumen eines Mediums bezeichnet, das sich durch eine mittlere hydraulische Eigenschaft darstellen läßt (De Marsily 1986).

Kriging-Schätzer oder anhand *stochastischer Simulationsmethoden* erzeugt werden.

Die Kenntnis der räumlichen Variabilität einer ortsabhängigen Meßgröße eröffnet zusätzlich die Möglichkeit, Maße zu definieren, mit deren Hilfe *Unsicherheiten* und Risiken quantifiziert werden können.

1.1.1 Ziele und Aufgaben der Geostatistik

Die etwas mißverständliche Bezeichnung „Geostatistik" führt immer wieder zu der Auffassung, es handele sich hierbei schlicht um die *statistische* Interpretation *geo*wissenschaftlicher Kenngrößen. Dem ist nicht so. Es werden lediglich einige grundlegende Annahmen aus der Wahrscheinlichkeitsrechnung (Statistik) auf die räumliche Korrelation solcher Variablen angewendet, die durch ihre Ortslage (Koordinaten) einen eindeutigen Bezug im Raum aufweisen. Diese Eigenschaft trifft auf beinahe alle meß- bzw. bestimmbaren Kenngrößen in den Geowissenschaften und somit auch in der Hydro- oder Umweltgeologie zu: piezometrische Höhen, hydraulische Parameter, Daten zur Qualität des Grundwassers, bodenphysikalische Kenngrößen und Bodenkontaminationen, all diese Variablen weisen einen Ortsbezug auf und können aufgrund dessen in Form von Karten dargestellt werden.

Strenggenommen beschränken sich die geostatistischen Verfahren auf die Behandlung der lokalen Variabilität einer ortsabhängigen Variablen; regionale Trends oder Periodizitäten werden besser mit der Regressions- bzw. der Fourieranalyse bearbeitet.

Zahlreiche Standardwerke behandeln die theoretischen Grundlagen bzw. die praktische Arbeitsweise in der Geostatistik. Die wichtigsten seien hier vorweg genannt: David (1977), Clark (1979), Journel u. Huijbregts (1978), Akin u. Siemes (1988), Isaaks u. Srivastava (1989) und Wackernagel (1996) haben die grundlegenden Ideen theoretisch und anhand praktischer Beispiele aus der Lagerstättenvorratsberechnung illustriert. In den Dokumentationen geostatistischer Softwarepakete wie z.B.: BLUEPACK 3-D (Renard et al. 1985), Geostatistical Toolbox (Froidevaux 1990), GEOEAS (Englund u. Sparks 1991), GSLIB (Deutsch u. Journel 1992, 1997), VARIOWIN (Pannatier 1996) oder GEOP (AG Mathematische Geologie, FU Berlin 1995) werden die geostatistischen Verfahren ebenfalls erläutert. Auf viele davon wird auch im folgenden immer wieder Bezug genommen.

Allen genannten Werken ist jedoch gemein, daß sie sich ausschließlich mit dem Einsatz geostatistischer Verfahren in Fragen der Rohstoffvorratsberechnung beschäftigen; seien es Erzlagerstätten, Edelsteinvorkommen oder Kohlenwasserstoffvorräte. Schließlich nahm dieses Fach seinen Ursprung zu Beginn der 50-Jahre, als der Bergbauingenieur D. Krige (1951) die Vorräte einer Goldlagerstätte (Witwatersrand/Südafrika) berechnete.

Grundsätzlich unterscheiden sich die Fragen der räumlichen Modellierung von Erzvorkommen nicht von denen anderer ortsbezogener Variablen. Einige Autoren verwenden die geostatistischen Grundideen auf weiter entfernte Naturwissenschaften, wie die Biologie und Ökologie: Monastiez et al. (1989) wenden das Variogramm auf die charakteristischen Merkmale von Baumstrukturen an; die Längendaten einer bodenlebenden Fischart werden von Pereira et al. (1989) an der Küste Portugals geschätzt, und Soares et al. (1997) simulieren die räumliche Verteilung einer epiphytischen Flechtenart, um eine verbesserte Modellierung der Luftverschmutzung im Umfeld einer Kupfermine in Süd-Portugal zu erreichen. Wichtig bei der Behandlung dieser eher ungewöhnlichen regionalisierten Variablen ist eine passende Definition des räumlichen Bezugssystems, das dann nicht unbedingt mehr den üblichen Ortskoordinaten entsprechen muß.

Schon sehr früh wurden auch Themen aus dem Bereich der Umweltwissenschaften, allen voran aus der Hydrogeologie, in der Geostatistik aufgegriffen.

Eine besondere Eigenschaft unterscheidet jedoch die meisten Kenngrößen umweltbezogener Fächer, wie der Bodenkunde, Hydrogeologie, Klimaforschung, gegenüber den Problemen der Vorratsberechnung von Lagerstätten: Meßgrößen aus letztgenanntem Themenkreis sind, wenn man einmal von produzierenden Kohlenwasserstoffeldern absieht, in menschlichen Zeiträumen betrachtet als statisch anzusehen. Demgegenüber sind die meisten umweltbezogenen Variablen vor allem in zeitlicher Dimension hoch variabel; sie unterliegen entsprechend ihrer physikalischen Ursachen einem zeitlichen und regionalen Trend, der sich deterministisch aus dem zugrunde liegenden physikalischen Prozeß ableiten läßt. Dies betrifft z.B. solche Parameter, die die Qualität des Bodens, Grundwassers oder der Luft beschreiben und deren räumliche Verteilung in einem hohen Grade von einer anhaltenden Strömungsbewegung bestimmt werden. Dieses Phänomen erfordert bei der Verwendung geostatistischer Methoden eine besondere Beachtung.

Ein weiterer Unterschied ist, daß die Datendichte bei umweltbezogenen Fragestellungen, also Boden-, Grundwasser- und Luftmessungen, in keinem Verhältnis zu derjenigen im Lagerstättenbereich steht. Sind dort einige Tausend Probenpunkte durchaus normal, so haben Hydrogeologen, Bodenkundler und Klimaforscher häufig nur wenige (größenordnungsmäßig 10 bis 50, maximal 100) Meßstellen in einem Untersuchungsraum zur Verfügung.

Gerade dieser Punkt erschwert mitunter den Einsatz geostatistischer Verfahren. Dennoch ist ihre Verwendung sinnvoll, da nur geostatistische Verfahren die quantitative Betrachtung der Zuverlässigkeit ihrer Ergebnisse erlauben.

1.2
Aufbau des Textes

Nach einer kurzen Zusammenstellung von Methoden der elektronischen Datenverarbeitung zur Modellbildung in der Hydrogeologie folgt ein kleiner Rückblick auf hydrogeologische Fragestellungen, zu deren Beantwortung die Geostatistik wertvolle Hilfestellung leisten konnte.

Danach werden die Grundannahmen der *Theorie der ortsabhängigen Variablen* wiederholt und eine Einführung in die *Variogrammanalyse* gegeben, die die Basis einer jeden geostatistischen Untersuchung bildet.

Das nächste Kapitel beschäftigt sich mit der räumlichen Schätzung von hydrogeologischen Kenngrößen. Das *Kriging* wird erläutert, und spezielle

Methoden der Krigingschätzverfahren, die vor allem bei zeitlich veränderlichen Kenngrößen der Hydro- und Umweltgeologie sinnvoll eingesetzt werden können, werden vorgestellt.

Der Berücksichtigung der *multivariaten Merkmale* der meisten qualitätsbezogenen Fragestellungen (z.B. Grundwasserbeschaffenheit) trägt ein weiteres Kapitel Rechnung.

Ein spezielles Kapitel wird einer Methode gewidmet, die sich nicht nur im Lagerstättenbereich sondern vor allem in jüngster Zeit bei Fragen der Modellierung von Schadstofftransport im Grundwasser durchgesetzt hat: die Methode der *stochastischen Simulation* von hydrodynamischen Kenngrößen. Ihre theoretischen Grundlagen und praktische Einsatzmöglichkeiten werden dargelegt.

Abgeschlossen wird die Arbeit mit dem Thema der Behandlung von Risiken und Unsicherheiten. Zunächst werden Methoden vorgestellt, wie mit Hilfe des wesentlichen Charakteristikums der Geostatistik, nämlich der *Quantifizierung von Fehlern*, die Bewertung von Umweltschädigungen objektiviert und ein verbessertes Probenahmemuster entworfen werden kann.

Der zweite Teil dieses Kapitels beschäftigt sich speziell mit dem Einbeziehen *unsicherer* oder *qualitativer Daten* zur verbesserten Schätzung hydrogeologischer Parameter. Gerade in den dort behandelten Verfahren liegt die Zukunft des Einsatzes geostatistischer Methoden bei Problemen, die ganz besonders Einschränkungen in der Anzahl und Qualität von Datenwerten unterworfen sind.

1.3 Quantitative Hydrogeologie

1.3.1 Hydrogeologische Modelle

Verschiedene Modellbegriffe werden in den Geowissenschaften verwendet. Grundsätzlich muß zwischen solchen Modellen, die einen physikalischen oder chemischen Prozeß nachbilden (Prozeßmodell), und solchen unterschieden werden, die in irgendeiner Form dazu verhelfen, ein räumliches Bild einer Meßgröße zu erstellen (statisches Raum- oder Flächenmodell), das seinerseits die Grundlage für ein Prozeßmodell sein kann.

Umgekehrt gibt es Modelle, bei denen durch Simulation eines physikalischen Prozesses, z.B. der Sedimentation, ein räumliches Modell eines geologischen Körpers erzeugt wird.

In den folgenden Kapiteln wird jedoch auch immer wieder von statistischen bzw. geostatistischen Modellen die Rede sein. Zunächst sind dies Modellannahmen zu statistischen Verteilungsfunktionen (Normal-, Lognormalverteilung) oder mathematische Modellfunktionen, die die räumliche Variabilitätsstruktur (Variogrammtypen) beschreiben. Auch kann z.B. ein Faktorenmodell (Faktoren- bzw. Hauptkomponentenanalyse) entwickelt werden, das stellvertretend für das hydrochemische Muster eines Grundwasserleiters steht.

1.3.1.1
Prozeßmodellierung

Die Behandlung hydrogeologischer Problemstellungen setzt das Verständnis der zugrunde liegenden physikalischen und chemischen Prozesse sowie eine räumliche Vorstellung der geologischen Verhältnisse voraus. Hierzu werden zunächst gedankliche Modellvorstellungen entwickelt und in mathematischer Form beschrieben. Diese Modellvorstellungen werden im Zuge steigender Leistungsfähigkeit, Zugänglichkeit und Bedienungsfreundlichkeit von Computern (Großrechnern, Workstations oder PC's) in Programmcodes umgesetzt und sind jedem Geowissenschaftler zugänglich.

In der Hydrogeologie finden die folgenden Modelle Anwendung: Hydrogeochemische Modelle berechnen chemische Gleichgewichtszustände in wäßrigen Lösungen mit Hilfe thermodynamischer Gleichungen. Hier sind zu nennen PHREEQE, SOLMINEQ[2].

Deterministische Grundwasser- und Bodenmodelle simulieren die Fluidbewegung und darauf aufbauend den Transport von gelösten Stoffen oder Wärme in der grundwassergesättigten Zone bzw. in der Bodenzone mittels partieller Differentialgleichungen auf der Basis kleiner diskreter Volumenelemente (REV) des geologischen Körpers. Die derzeit gebräuchlichsten Programmcodes verwenden Finite-Differenzen (MODFLOW, MT3D, ASM, MOC, HST3D) oder Finite-Elemente (FEFLOW), Methoden zur räumlichen Repräsentation der Grundwasser- bzw. Bodenkenngrößen.

Eine Kombination dieser Modelle mit den obengenannten hydrochemischen Modellen gelingt zumindest für eindimensionalen Transport in PHREEQM, CoTAM oder POLLUTE unter Berücksichtigung von Diffusion, Ionenaustausch und Sorption.

Vor allem die deterministischen Boden- und Grundwassermodelle erfordern eine geometrische Vorstellung der geologischen Verhältnisse, d.h. ein Modell, das Lagerungsverhältnisse und lithologische Ausbildung von Grundwasserleitern und Grundwasserhemmern widerspiegelt und diese Information zur weiteren Nutzung computerlesbar verfügbar macht. Hierzu wurden Programme entwickelt, deren Aufgabe es ist, anhand einer Anzahl punktueller oder linearer Informationen geologische Modellvorstellungen zu konstruieren und sichtbar zu machen (z.B. ENTEC).

1.3.1.2
Geographische Informationssysteme (GIS)

Zunehmend werden Geographische Informationsysteme eingesetzt, um die Vielzahl von Daten, die für ein Untersuchungsgebiet von Bedeutung sind, zu verwalten und miteinander in Beziehung zu setzen. Ein wesentlicher Nachteil gängiger GIS-Software ist ihre Beschränkung auf zwei Dimensionen, also auf Bezugsflächen, während die vollständige Beschreibung geologischer Körper bzw. geologischer Prozesse auch die dritte Dimension der Tiefe und die vierte

---

[2] Für Referenzen der Computerprogramme wird auf das Literaturverzeichnis verwiesen.

Dimension der Zeit mit einschließt. Der Versuch, unter Verwendung der GIS Funktionen die eigentliche Prozeßmodellierung zu integrieren, erscheint wenig aussichtsreich, so daß nur eine sinnvolle Verbindung von GIS, geologischer Modellbildung und Prozeßmodellierung ein richtungsweisendes Konzept darstellt (Meijerink et al. 1994)

In zunehmendem Maße werden in die genannten Programmsysteme zur geologischen Modellierung auch geostatistische Methoden zur Regionalisierung, also zur räumlichen Repräsentation geologischer und hydrogeologischer Kenngrößen, in die Benutzerumgebungssoftware von Grundwassermodellen integriert.

1.3.2
Geostatistik in der Hydrogeologie

Hydrogeologische Themenkomplexe bilden schon seit den Ursprüngen der Geostatistik ein weites Anwendungsfeld. Dies kommt nicht zuletzt durch das hydrogeologische Lehrbuch „Quantitative Hydrogeology - Groundwater Hydrology for Engineers" (De Marsily 1986) zum Ausdruck, das ein ganzes Kapitel der Theorie der ortsabhängigen Variablen und ihrer praktischen Einsatzmöglichkeit widmet. Ein weiteres Lehrbuch zur Geostatistik, „Geoestadística - Aplicaciones a la hidrología subterránea" (in spanisch, Samper-Calvete u. Carrera-Ramírez 1990), bezieht sich ausschließlich auf deren Anwendung auf hydrogeologische Fragen, bleibt aber dennoch sehr der theoretischen Ableitung geostatistischer Methoden verhaftet.

In den frühen Jahren wird das geostatistische Interpolationsverfahren *Kriging* gerne bei der Konstruktion von Grundwassergleichenplänen eingesetzt, vor allem auch wegen der Angabe von Vertrauensgrenzen der räumlichen Schätzung (Delfiner 1976, Delhomme 1978).

Etwa zur selben Zeit erscheint ein Anwendungsbeispiel der räumlich statistischen Analyse von Grundwasserinhaltsstoffen und deren Interpolation mittels Kriging bei Schulz (1977), das damit eine der ersten geostatistischen Arbeiten mit hydrogeologischem Bezug in deutscher Sprache darstellen dürfte, auf die noch heute gerne verwiesen wird, wenn praktische Leitfäden zur Behandlung hydrogeochemischer Daten veröffentlicht werden (DVWK Schriften 89, „Methodensammlung zur Auswertung und Darstellung von Grundwasserbeschaffenheitsdaten" 1990).

Ebenfalls sehr früh entdecken Hydrogeologen (Delhomme 1979) und Erdölgeologen den Vorteil einer probabilistischen Herangehensweise bei der Bereitstellung von Parametern, die die Fluidbewegung (z.B.: Grundwasserströmung) und den Transport gelöster Stoffe wesentlich bestimmen. Diese Parameter, wie z.B. Transmissivität und Durchlässigkeitsbeiwert, sind wichtige Eingangsgrößen in numerischen Strömungsmodellen und weisen zumeist eine hoch variable räumliche Struktur auf.

Ein Mitte der siebziger Jahre entwickeltes Verfahren der stochastischen Simulation ortsabhängiger Variablen, die Turning Bands Methode, erwies sich noch als recht unhandlich; jedoch seit Beginn der neunziger Jahre sind Simulationstechniken wie die Sequentielle Indikator Simulation (Gómez-Hernández u. Srivastava 1990) aus dem Bereich der Grundwassermodellierung nicht mehr wegzudenken. Zahlreiche Autoren machen sich diesen Ansatz der Simulation von Eingangsparametern zunutze; nur einige seien hier stellvertretend genannt: Schafmeister (1990), Teutsch et al. (1990).

Eine ideale Verbindung dieser probabilistischen Sichtweise mit der stark deterministischen Komponente der Grundwasserströmung gelingt durch Nutzung der Simulationsmethoden bei der Inversen Modellierung. Hier wird die Konditionierung (Einbindung) der räumlich simulierten Strömungsparameter nicht nur an die Datenwerte allein, sondern auch an gemessene Potentialfelder erreicht, um ein wirklich realistisches, an die regionalen Gegebenheiten angepaßtes Strömungsfeld zu erzielen. Namengebend für diese Idee sind beispielsweise Gutjahr et al. (1994), Ramarao et al. (1995), Lavenue et al.(1995).

Mit dem speziellen Problem der Integration der zeitlichen Dimension als zusätzliche Informationsquelle haben sich neben anderen vor allem Myers (1992), Christakos (1992) oder Neutze (1995) im Zusammenhang mit der Interpolation von Luftverunreinigungen beschäftigt.

Nicht alle Arbeiten können in diesem kurzen Rückblick über die Rolle der Geostatistik in der Hydrogeologie bzw. den Umweltwissenschaften genannt werden, da - gerade in den vergangenen Jahren - viele wissenschaftliche Veröffentlichungen zu diesem Thema erschienen sind. Einen Höhepunkt bildete dabei der Kongreß *geoENV'96* in Lissabon im November 1996, der sich ausschließlich diesem geostatistischen Arbeitsfeld widmete und daher „nur" Umweltwissenschaftler, d.h. Hydrogeologen, Bodenkundler, Ökologen, Klimaforscher und selbst Biologen, mit Mathematikern und Geostatistikern zusammenführte.

Die hier vorgelegte Arbeit soll einen kleinen Beitrag dazu leisten, die gar nicht so komplizierte mathematisch-statistische Betrachtungsweise hydrogeologischer und umweltwissenschaftlicher Fragestellungen den praktizierenden Geowissenschaftlern und Studenten nahezubringen.

2 Räumliche Struktur von Boden- und Grundwasserleitereigenschaften

2.1 Ortsabhängige Variable (ReV)

Die Theorie der ortsabhängigen Variablen („Variables Régionalisées") im Sinne Mathéron's (1965) behandelt Zufallsvariablen, die einen räumlichen Bezug aufweisen. Danach sind die meisten umweltgeowissenschaftlichen Kenngrößen, zu denen insbesondere auch hydrogeologische und bodenkundliche Daten zählen, als ortsabhängige Variablen (ReV) zu verstehen.

Aufrund der schlechteren Zugänglichkeit zu Informationen über den Untergrund ist man in der Geologie mehr als in anderen Naturwissenschaften darauf angewiesen, aus einer begrenzten Anzahl von Proben, an denen eine Reihe von Kenngrößen gemessen werden, ein Modell der räumlichen Ausbildung und zeitlichen Entwicklung eines geologischen Körpers oder Prozesses zu bilden. Die Kenntnis der räumlichen Variationsstruktur ortsabhängiger Variablen, die mit Hilfe der Variographie untersucht werden kann, bildet die Grundlage für alle geostatistischen Verfahren zur räumlichen Modellierung geowissenschaftlicher Variablen.

Diese Grundlagen werden im folgenden am Beispiel einiger hydrogeologischer und bodenkundlicher Kenngrößen illustriert werden.

Bei der Bearbeitung hydrogeologischer Daten muß die Stützung der Informationen beachtet werden. Unter Stützung (support) ist im geostatistischen Sinn die Größe und Form einer Probe zu verstehen, auf die sich der Proben- oder Analysenwert bezieht (Akin u. Siemes 1988). Probenwerte aus dem Bereich der Rohstofforschung, die anhand eines Bohrkerns oder eines Abbaublockes gewonnen werden, weisen zumeist die gleiche Stützung auf oder lassen sich vergleichsweise einfach vereinheitlichen. Hydrogeologische Daten werden demgegenüber für die unterschiedlichsten Stützvolumina und Formen angegeben: der Grundwasserstand bzw. die Druckspiegelhöhe gilt als punktförmiger Meßwert; die Transmissivität dagegen bezieht sich auf eine Grundwasserleitermächtigkeit und wird anhand von Pumpversuchen bestimmt, die ein nicht exakt einzugrenzendes Volumen des Grundwasserkörpers erfassen; Abflußspenden schließlich weisen eine flächenhafte Stützung auf.

Tabelle 2.1 nach Teutsch (1992) faßt die wichtigsten hydrogeologischen Daten und ihre Erkundungsmethoden in Gruppen zusammen. Daneben sind die Dimensionalität der Stützung und der Erkundungsmaßstab angegeben. Der Erkundungsmaßstab ist hier nach Dagan (1986) folgendermaßen definiert: D1 bezeichnet den Labormaßstab mit einer typischen Länge (z.B. Länge des Bohrkerns), die den 1 m (10^0 m) Bereich nicht überschreitet. Unter D2 wird der lokale Skalenbereich (local scale) von 10 bis 100 m (10^1 bis 10^2 m) verstanden. Der regionale Maßstab (regional scale) mit Längen von 1 bis 100 km (10^3 bis 10^5 m) wird mit D3 gekennzeichnet.

Tabelle 2.1. Übersicht hydrogeologischer Variablen, ihrer gängigen Erkundungsmethoden, Dimensionalität und Maßstab (verändert nach Teutsch 1992).

Variablen-gruppen	Erkundungsmethode	Art der Bestimmung		Dim.	Maßstab des Bezugsraums
Geometrie, Lithologie	Bohrungen	Feld	direkt	1	D1 - D2
(Aquifermächtigkeit,	Geoelektrik	Feld	indirekt	2 - 3	D2 - D3
-sohle u.a.)	Seismik	Feld	indirekt	2 - 3	D2 - D3
	Bohrlochgeophysik	Feld	indirekt	1	D1 - D2
Wasserstand	Beobachtung in Grund-	Feld	direkt	0	D1
Flurabstand	wassermeßstellen	Feld	direkt	0	D1
klimaabhängige Daten					
Niederschlag,	meteorol. Stationen	Feld	direkt	2	D3
Temperatur					
Grundwasserneubildung	Lysimeter, Wasser-	Feld	indirekt	1	D1 - D2
	haushaltsberechnung				
Abfluß	Abflußmessung	Feld	indirekt	2	D2 - D3
Hydraulische	Pumpversuch	Feld	direkt	2	D2 - D3
Durchlässigkeit	Slug-Test	Feld	direkt	1	D1 - D2
(z.B. Transmissivität,	WD-Test	Feld	direkt	2 - 3	D1 - D2
k_f-Wert)	Pumpen und	Feld	direkt	2 - 3	D1 - D2
	Flowmessung				
	Geoelektrik	Feld	indirekt	2 - 3	D2 - D3
	Seismik	Feld	indirekt	2 - 3	D2 - D3
	Bohrlochgeophysik	Feld	indirekt	1	D1 - D2
	Permeameter	Labor	direkt	1	D1
	Siebanalysen	Labor	indirekt	0	D1
Transportparameter					
Grundwasserqualität	Integralprobenahme	Feld	direkt	0	D1 - D2
	Multilevel-Probenahme	Feld	direkt	1	D1 - D2
Dispersion, effektive	Tracertest mit	Feld	direkt	2 - 3	D2
	erzwungenem				
Porosität	Gradient				
	Tracertest mit	Feld	direkt	2 - 3	D2 - D3
	natürlichem				
	Gradient				
	Säulenversuche	Labor	direkt	1	D1
Adsorption, Abbau	Batch-und	Labor	direkt	0	D1
	Säulenversuche				
	C-org. Gehalt	Labor	indirekt	0	D1

(Feld = Feldmethode, Labor = Labormethode, Maßstab: D1 = Labor, D2 = lokal, D3 = regional)

Neben der Stützung einer Probe und dem Erkundungsmaßstab ist die Größenordnung ihrer räumlichen Variabilität von wesentlicher Bedeutung. Bekanntermaßen ist die räumliche Variabilität des effektiv nutzbaren Porenvolumens (n_e) gering verglichen mit der des Durchlässigkeitsbeiwertes (k_f), der innerhalb weniger Meter vertikal wie lateral um mehrere Zehnerpotenzen variieren kann. Der Längenmaßstab (L) dieser Untergrundheterogenität wird mit Verfahren der geostatistischen Strukturanalyse abgeschätzt.

Das Verhältnis der Größenmaßstäbe des Untersuchungsraumes (I), der Probenstützung (D) und der räumlichen Heterogenität (L) wird als Skalenhierarchie bezeichnet und bestimmt wesentlich die Modellbildung in der Hydrogeologie (Teutsch 1992, Dagan 1986).

2.2 Räumliche Strukturanalyse - Variographie

2.2.1 Theoretische Grundlagen

Der Geostatistik liegen eine Reihe von Grundannahmen zugrunde, die hier nur kurz angerissen werden können, die aber beispielsweise in Journel u. Huijbregts (1978) oder Akin u. Siemes (1988) nachgelesen werden können:

Die ortsabhängige Variable (ReV) wird als Zufallsvariable Z_i betrachtet, die am Punkt x_i Werte annehmen kann, die durch eine Wahrscheinlichkeitsfunktion bedingt sind. Eine Menge von Zufallsvariablen in einem Gebiet D (Einzugsgebiet, Aquifer) heißt Zufallsfunktion (RF). Eine Meßkampagne liefert eine Anzahl ($i=1,..,k$) Beobachtungen, d.h. eine Realisation der Zufallsvariablen.

2.2.1.1 Geostatistische Grundannahmen

Die Homogenitätsannahme. Da mit einer Probe an einem Ort x_i keine Aussagen statistischer Art gemacht werden können, nimmt man an, daß sich alle Z_i in D in gewissem Sinne gleich verhalten (Abb. 2.1): das theoretische Gedankenmodell geht davon aus, daß in jedem Punkt x_i eine Verteilungsfunktion p(Z) existiert, aus der zufällig die Probe z_i realisiert wurde. Da in der Realität die Verteilungsfunktion p(Z) natürlich nicht untersucht werden kann, wird angenommen, daß sich die Verteilungsfunktion p(z), die anhand der k Proben im Gebiet geschätzt werden kann, und die lokale Verteilungsfunktion p(Z) gleichen. Mit diesem Trick erhält man k Realisationen der Zufallsfunktion und kann ihre statistischen Eigenschaften beschreiben.

Der erste Schritt einer Strukturanalyse ist die Modellierung der Verteilungsfunktion (Wahrscheinlichkeitsdichte) der ortsabhängigen Variablen bzw. die Schätzung der sie beschreibenden Momente. Dabei stellt die Ermittlung repräsentativer Schätzer für Mittelwert und Varianz einen wesentlichen Punkt dar.

Die meisten hydrogeologischen Variablen (z.B.: Stoffkonzentrationen im Grundwasser) zeigen linksschiefe Verteilungsfunktionen (positive Schiefe), die sich durch Lognormalverteilungen am besten modellieren lassen. Viele Variablen (z.B.: k_f-Werte) zeigen jedoch auch nach einer entsprechenden Datentransformation Verteilungen, die durch die gängigen Modelle (Normal-, Lognormalverteilung) nicht hinreichend beschreibbar sind. Hier sollte ein Verfahren der Nicht-parametrischen Methoden der Geostatistik (Indikatorkriging, -simulation) angewendet werden.

Als nächstes muß die räumliche Variabilität, d.h. das autokorrelative Verhalten der ortsabhängigen Kenngröße quantitativ beschrieben werden. In Analogie zur Zeitreihenanalyse, die für die Analyse zeitlich regelmäßig erhobener Daten das Autokorrelogramm vorsieht, wurde das (Semi-) Variogramm[1] entwickelt. Im Unterschied zum Autokorrelogramm ist das Variogramm nicht auf eine Dimension beschränkt und kann auch unregelmäßig im Raum verteilte Meßwerte untersuchen.

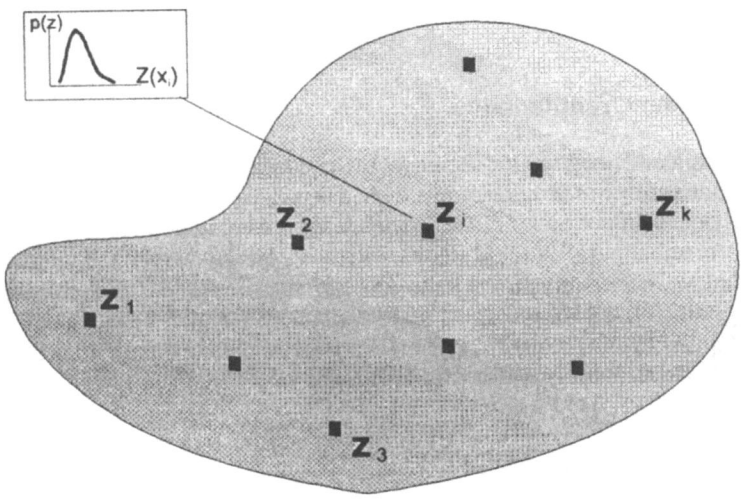

Abb. 2.1 Meßwerte einer Zufallsvariablen $Z(x)$ in Domäne D. Die Verteilungsfunktion $p(Z)$ im Punkte x_i wird durch das Histogramm der Proben z_i ($i=1,..,k$) geschätzt.

Wie eingangs erwähnt, werden alle Z_i an den Orten x_i als Zufallsvariablen betrachtet. Kovarianz und Korrelation zweier Zufallsvariablen X und Y sind in der bekannten Weise definiert:

Kovarianz:
$$\sigma^2_{XY} = \text{Cov}(X,Y) = E[(X-E[X])(Y-E[Y])] \qquad (2.1)$$

Korrelationskoeffizient:
$$\rho_{XY} = \text{Cov}(X,Y)/\sigma_X \sigma_Y \qquad (2.2)$$

---

[1] Der Kürze wegen wird im folgenden nur der Begriff Variogramm für $\gamma(h)$ anstelle der korrekten Bezeichnung Semivariogramm verwendet.

Werden die Variable X durch die Variable Z am Ort x_i und die Variable Y durch Z am Ort x_j ersetzt, wobei x_j von x_i durch den Vektor h getrennt ist, kann Gl. (2.1) wie folgt geschrieben werden:

Kovariogramm:
$$\sigma^2(h) = E[(Z(x)-E[Z(x)])\,(Z(x+h)-E[Z(x+h)])]. \tag{2.3}$$

Mit den Varianzen
$$\sigma_1^2 = E[(Z(x)-E[Z(x)])^2] \text{ und } \sigma_2^2 = E[(Z(x+h)-E[Z(x+h)])^2] \tag{2.4}$$

wird die Autokorrelation zwischen $Z(x)$ und $Z(x+h)$ zu:
$$\rho(h) = \sigma^2(h)/\sigma_1\,\sigma_2. \tag{2.5}$$

Stationarität. Die Zufallsvariable Z ist dann stationär, wenn die Verteilungsfunktion im Betrachtungsraum D unveränderlich ist. Die Stationarität 2. Ordnung (schwach stationär) liegt vor, wenn die beiden ersten Momente (Mittelwert und Standardabweichung) der Verteilung in D gleich bleiben.

Mittelwert:
$$E[Z(x)] = m \quad \forall\, x, \tag{2.6}$$

Varianz:
$$E[(Z(x) - m)(Z(x+h) - m)] = \sigma^2(h) = C(h) \tag{2.7}$$

Das (Semi-)Variogramm ist die Varianz der Differenzen $Z(x)-Z(x+h)$ (Inkremente)
$$\gamma(h) = \tfrac{1}{2}\,\mathrm{Var}(Z(x) - Z(x+h)). \tag{2.8}$$

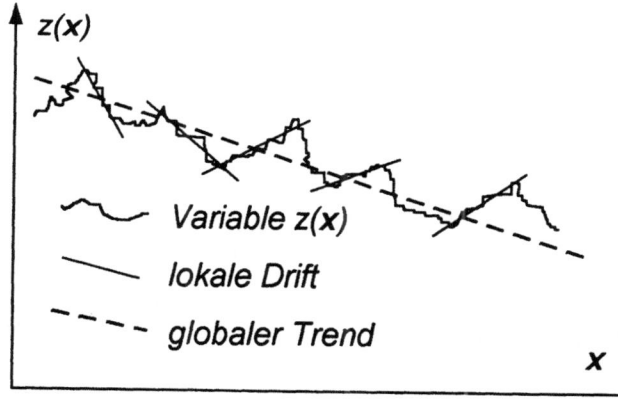

Abb 2.2 Unterscheidung von lokaler Drift und globalem Trend der Zufallsvariablen $z(x)$.

Die Intrinsische Hypothese. Wenn die Inkremente [Z(x)-Z(x+h)] stationär sind, gilt die Intrinsische Hypothese. Häufig muß auch diese Hypothese abgeschwächt werden, d.h. der Mittelwert hängt lokal vom Ort *x* ab, es liegt eine Drift vor. Die Drift ist eine lokale Erscheinung und nicht mit dem globalen Trend, der durch eine globale Polynomfunktionen beschreibbar ist, zu verwechseln (Abb. 2.2).

Die Stationarität der Inkremente (Intrinsische Hypothese) bedeutet nicht unbedingt, daß auch die Zufallsvariable Z selbst stationär sein muß.

2.2.1.2
Das experimentelle Variogramm

Das Variogramm wird durch das experimentelle Variogramm $\gamma(h)$ abgeschätzt.

$$\gamma(h) = \frac{1}{2N(h)} \cdot \sum_{i=1}^{N}(z(x_i) - z(x_i + h))^2 \quad (2.9)$$

mit N(*h*) = Anz. der Probenpaare im Abstand *h*.

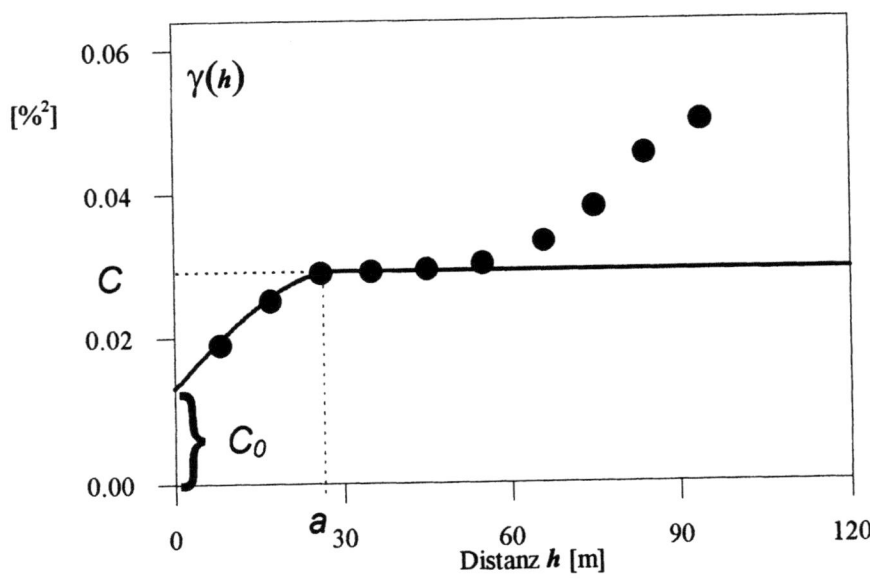

Abb. 2.3. Variogramm des C_{org}-Gehaltes (Massen-%) eines Ackerbodens in Schleswig-Holstein und die angepaßte sphärische Modellfunktion: *Reichweite a* = 29m, *Nugget Effekt* C_0 = 0,013, *Sill C* = 0,016 (verändert nach Peters 1993).

Die errechneten Variogrammwerte werden gegen den Abstand *h* aufgetragen und ergeben so eine Kurve, die die räumlichen Variabilität der Meßgröße quantitativ beschreibt. Der Erfahrung nach ähneln sich die Werte geowissenschaftlicher Kenngößen innerhalb eines bestimmten Einflußbereichs. Beispielsweise zeigen natürliche Grundwasserspiegel keine abrupten Sprünge bzw. ist bei gut löslichen, nicht sorbierbaren Grundwasserinhaltsstoffen aufgrund von Diffusion und Dispersion nicht damit zu rechnen, daß hohe Konzentrationen quasi punktuell auftreten. Infolgedessen steigt i.a. das Variogramm im Ursprung steil an und flacht von einer bestimmten Entfernung a an im Wertebereich der Varianz der Daten ab (Abb. 2.3). Bildlich gesprochen kann man sagen, daß „sich die Variablenwerte von dieser Entfernung an nicht mehr gegenseitig beeinflussen"; bei Distanzen jenseits der Reichweite a unterscheiden sich zwei Meßwerte innerhalb des gesamte Variationsspektrums (Gesamtvarianz).

2.2.1.3
Das Variogrammodell

Das experimentelle Variogramm dient der Beschreibung der räumlichen Variabilität einer Meßgröße. Darüber hinaus wird es im eigentlichen Schätzvorgang (Interpolation mit Kriging) zur Bestimmung der Schätzgewichte verwendet. Hierzu muß eine Modellfunktion an das experimentelle Variogramm angepaßt werden. Eine kleine Anzahl von Modellfunktionen hat sich in der Praxis als ausreichend erwiesen. Jede von ihnen, allein definiert durch zwei Kenngrößen (Reichweite od. range a, und Sill C), charakterisiert ein spezifisches räumliches Verhalten von ortsabhängigen Variablen:

Das Sphärische Modell. Es steigt im Ursprung linear an und erreicht im Abstand a den Sill ($\cong$ Varianz σ^2_Z); es ist das am häufigsten verwendete Modell (s.a. Abb. 2.3)

$$\gamma(h) = \begin{cases} C \cdot \left\{ \dfrac{3}{2} \cdot \dfrac{|h|}{a} - \dfrac{1}{2} \cdot \left(\dfrac{|h|}{a}\right)^3 \right\} & \text{für } |h| \leq a \\ C & \text{für } |h| > a \end{cases} \quad (2.10)$$

Das Exponentielle Modell. Es folgt einer Exponentialfunktion[2]. Dieser Variogrammtyp ist typisch für k_f-Werte.

$$\gamma(h) = C \cdot \left\{ 1 - \exp\left(-\dfrac{|h|}{a}\right) \right\} \quad (2.11)$$

---

[2] Bei der Verwendung des Exponentiellen Variogrammtyps ist unbedingt darauf zu achten, daß bei der Variogrammanpassung und dem Regionalisierungsverfahren der Parameter a in gleicher Weise verstanden wird: in Gl. (2.11) erfaßt a ein Drittel der effektiven Reichweite a_{eff}, bei der 95 % des Gesamtsills erfaßt werden.

Das Gauß'sche Modell. Dieser Modelltyp steigt im Ursprung sehr flach an; er eignet sich für räumlich stetige Variablen (Grundwasseroberflächen, Geländehöhen)

$$\gamma(h) = C \cdot \left\{ 1 - \exp\left(-\frac{|h|^2}{a^2} \right) \right\} \quad (2.12)$$

Das Lineare Modell. Es steigt linear mit einer Steigung $\omega = C/a$ an, ohne abzuflachen (kein Sill!).
   Das Lineare Modell ist ein Sonderfall des *Power Modells* mit Exponenten $p = 1$. Bei Exponenten $p > 1$ steigt das Variogramm zunächst flacher an, bei $p < 1$ steigt es nahe dem Ursprung steil an und flacht zunehmend ab, ohne jedoch einen Sill zu erreichen.

$$\gamma(h) = \omega \cdot |h|^p \quad (2.13)$$

Der Nugget-Effekt. Er ist eine Sonderform des linearen Modells mit der Steigung $\omega = 0$. Der Bedeutung nach hat eine Variable, deren räumliche Struktur einem reinen Nugget Effekt folgt, keine räumliche Erhaltungsneigung.

Die oben angegebenen Variogrammfunktionen können miteinander zu geschachtelten Variogrammen kombiniert werden (nested structure). Häufig muß im Ursprung eines Variogramms der Nugget-Effekt (C_0) mit einbezogen werden, wenn es scheint, daß das experimentelle Variogramm im Ursprung nicht den Wert 0 annimmt (Abb. 2.3). In diesem Fall kann von einer „Punkt"-Variabilität gesprochen werden, die entweder durch Meß- oder Analysenfehler hervorgerufen wird oder ein Hinweis auf eine bereits hohe Variabilität auf engstem Raum ist.
   Für $h = 0$ ist immer $\gamma(h) = 0$, da eine Meßgröße an einem Ort x (zum Zeitpunkt t_0) nicht unterschiedliche Werte annehmen kann.

2.2.1.4
Räumliche Anisotropien

Die räumliche Struktur einer Variablen wird als anisotrop bezeichnet, wenn das experimentelle Variogramm einen deutlich abweichenden Verlauf in unterschiedliche Raumrichtungen aufweist:

$$\gamma(h, \alpha_i) \neq \gamma(h, \alpha_j) \quad (2.14)$$

mit $0° \leq \alpha_{i,j} \leq 180°$

Anisotropien können nur erkannt werden, wenn experimentelle Variogramme in unterschiedliche Raumrichtungen α mit kleinen Öffnungswinkeln berechnet werden.
   Es ist ebenso möglich, die experimentell errechneten Variogrammwerte $\gamma(h,\alpha)$ in einem punktsymmetrischen Koordinatenbezugssystem aufzutragen, wobei das

2.2 Räumliche Strukturanalyse - Variographie

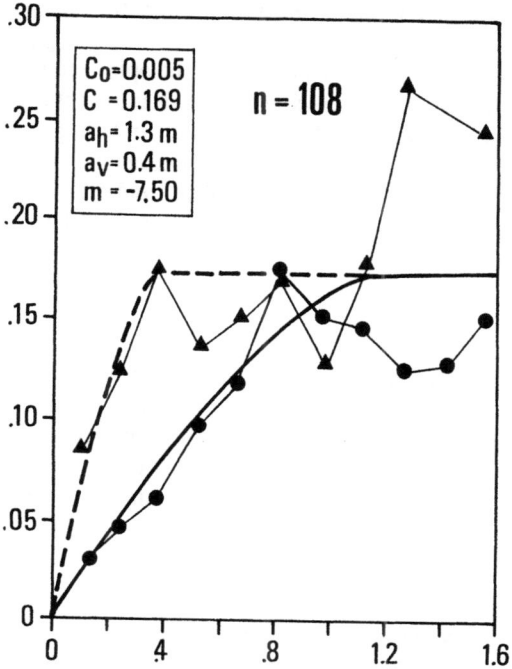

Abb. 2.4. Horizontales und vertikales Variogramm der k_f-Werte eines weichselzeitlichen Sandes (aus Schafmeister u. Pekdeger 1990).

anisotrope Verhalten der Variogramme unmittelbar sichtbar gemacht werden kann (s.a. Desbarats u. Bachu 1994, Pannatier 1996).

Zwei Arten der Anisotropie werden unterschieden:

Geometrische Anisotropie. Sie ist gegeben, wenn in verschiedenen Raumrichtungen unterschiedliche Erhaltungsneigungen (Reichweite des Variogramms) beobachtet werden. Dies läßt sich zumeist durch die Entstehung des betrachteten geologischen Körpers erklären. Dreidimensional verteilte Daten zeigen fast immer eine deutliche Anisotropie; die in vertikaler Richtung bzw. senkrecht zur Lagerung zu beobachtenden Reichweiten sind grundsätzlich um ein Vielfaches kleiner als parallel zur Ablagerungsebene. Der schichtige geologische Aufbau führt dazu, daß das Variationsspektrum einer Meßgröße in Richtung der Ablagerung (i.A. vertikal) innerhalb kürzerer Abstände vollständig ausgeschöpft ist als senkrecht (i.A. horizontal) dazu. Beispielsweise werden in quartären Lockersedimenten der norddeutschen Vereisungspahsen vertikale Anisotropien der hydraulischen Leitfähigkeiten (k_f) von 1:4 bis 1:40 beobachtet Abb. 2.4 (s.a. Schafmeister 1990, Schafmeister u. Pekdeger 1990, Schafmeister u. De Marsily 1994).

Die geometrische Anisotropie kann beim Kriging durch Stauchen bzw. Dehnen der Raumkoordinaten relativ leicht berücksichtigt werden.

Die zonale Anisotropie. Bei der zonalen Anisotropie zeigt das Variogramm unterschiedliche Sillwerte in unterschiedlichen Raumrichtungen. Im Kriging wird diese Form der Anisotropie berücksichtigt, indem geschachtelte Variogramme angepaßt werden, deren Einzelkomponenten in unterschiedlichen Raumrichtungen verschiedene Reichweiten haben, und ein sehr hohes Anisotropieverhältnis angenommen wird (Spezialfall der geometrischen Anisotropie).

2.2.1.5
Die Drift

Eine Drift (lokaler Trend) liegt vor, wenn der Mittelwert eine Funktion des Ortes x darstellt. In solchen Fällen wird die wahre räumliche Struktur nicht durch das experimentelle Variogramm sondern durch das sogenannte Residuenvariogramm widergespiegelt. Die Summe aus Residuenvariogramm $\gamma(h)_{res}$ und der halben Drift (Gl. 2.15) bildet das experimentelle Variogramm $\gamma(h)^*$ (Gl. 2.16):

$$d^2(h) = \left[m^+(h) - m^-(h)\right]^2 \qquad (2.15)$$

mit $m^+(h)$ Mittelwert der Startpunkte
und $m^-(h)$ mittelwert der Endpunkte aller Paare im Abstand h.

$$\gamma(h)^* = \gamma(h)_{res} + 0{,}5 \cdot d^2(h) \qquad (2.16)$$

Die gängigen, allgemein zugänglichen geostatistischen Programmpakete (VARIOWIN, Geostatistical TOOLBOX, GSLIB) liefern neben dem experimentellen Variogrammwert $\gamma(h)^*$ auch die Mittelwerte für Start- und Endpunkte aller Paare einer Distanzklasse $|h|$ (vergl. Gl. 2.15), aus denen sich das Residuenvariogramm mit Hilfe eines Tabellenkalulationsprogrammes leicht errechnen läßt. Das Variogrammprogramm CROSSVA (Pawlowsky 1986, verändert nach J.R. Carr) berechnet stets auch das Residuenvariogramm.

2.2.2
Vorgehen bei der Anpassung experimenteller Variogramme

PC-Programme zur Berechnung von experimentellen Variogrammen (z.B. GEOEAS, VARIOWIN) bieten zumeist auch die Möglichkeit der interaktiven Modellanpassung. Es gilt, die aus der Stichprobe ersichtliche räumliche Struktur mit Hilfe einer der genannten, zulässigen Variogrammtypfunktionen zu beschreiben: Zunächst wird ein Variogrammtyp gewählt, der der Struktur einer Variablen am ehesten gerecht wird. Danach wird durch variieren der Parameter *Sill*, *Reichweite* und *Nugget-Effekt* eine größtmögliche Anpassung angestrebt. Wie schon erwähnt, kann dazu die Addition einer oder mehrerer zusätzlicher Strukturen notwendig werden (*geschachteltes Variogramm*).

Grundsätzlich können zwei unterschiedliche Ziele der Variogrammanpassung verfolgt werden:

- Analyse und Interpretation der räumlichen Struktur einer ortsabhängigen Variablen (s. Fallbeispiel Kap. 2.2.3),
- Wahl einer Modellfunktion für das Schätzverfahren Kriging (s. Fallbeispiel Kap. 3.1.6).

Im letzteren Fall ist es zumeist ausreichend, eine größtmögliche Anpassung für kleine Distanzen, d.h. beschränkt auf den Bereich des Suchradius im Kriging, zu erreichen. Für die erste Zielstellung sollte die gesamte räumliche Struktur - im Variogrammursprung (Nugget-Varianz), im Anstiegsbereich und darüber hinaus für größere Distanzen ($h > a$) modelliert werden.

In einzelnen Programmen (z.B. VARIOWIN) wird dem Anwender über die Methode der kleinsten Abweichungsquadrate ein Hilfsparameter angegeben, der die Güte der Anpassung zwischen experimentellem Variogramm und Modellfunktion widerspiegelt. Auf eine visuelle Überprüfung der Anpassung sollte jedoch niemals verzichtet werden.

Es ist immer sinnvoll, die experimentellen Variogrammwerte auch unter dem Aspekt der Zuverlässigkeit zu bewerten, was durch Plotten der Anzahl der Probenpunktpaare erleichtert wird. I. A. sind die kleinen Distanzklassen nur durch sehr wenige Probenpunktpaare belegt. Als Faustregel gilt, daß Variogrammwerte, die durch die Mittelung von weniger als 10 Differenzenquadraten (s. Variogrammberechnung, Gl. 2.9) bestimmt werden, als nicht ausreichend repräsentativ gewertet werden sollten.

Eine besondere Herausforderung stellt die Anpassung einer 2- bzw. 3-dimensionalen Variogrammfunktion an eine anisotrope räumliche Struktur dar. Eine wesentliche Voraussetzung ist es, daß ausreichend repräsentative gerichtete experimentelle Variogramme (Richtungsvariogramme) bestimmt wurden. Die Variogrammanpassungsroutine des Programmpaketes VARIOWIN erlaubt eine Anpassung einer 2-d anisotropen Variogrammfunktion simultan an die experimentell ermittelten Richtungsvariogramme. Bei weniger komfortablen Programme, wie dem GEOEAS, empfiehlt es sich, vor der eigentlichen Anpassung strukturelle geologische Informationen (Streichrichtungen, tektonische Vorzugsrichtungen, Ablagerungsformen) mit den Erkenntnissen der einzelnen Richtungsvariogramme abzugleichen. Z.B. ist eine Kreisdiagrammdarstellung der Distanzen, bei denen der Sill überschritten wird, in Bezug auf die Variogrammrichtung ein erster Hinweis auf Form und Hauptrichtung der möglichen Ansiotropie (Bokelmann 1998).

2.2.3
Fallbeispiel: Variogrammanalyse

2.2.3.1 Strukturanalyse von Bodenkenngrößen einer ackerbaulich genutzten Fläche

Im Rahmen eines Forschungsvorhabens zur Aufklärung der für den Pflanzenschutzmitteleintrag in das Grundwasser verantwortlichen Vorgänge wurden auf einem ackerbaulich genutzten Standort Sedimentparameter und Pflanzenschutzmittelgehalte im Boden anhand von 200 räumlich verteilten Proben geostatistisch untersucht. Die hier dargestellten Ergebnisse sind in Teilen in Mattheß et al. (1995), Bedbur et. al. (1994), Gass (1993), Peters (1993), v. Campenhausen-Joost (1993) und Eumann (1993) niedergelegt.

Das Untersuchungsgebiet. Das Versuchsfeld Ruhwinkel liegt ca. 35 km südlich

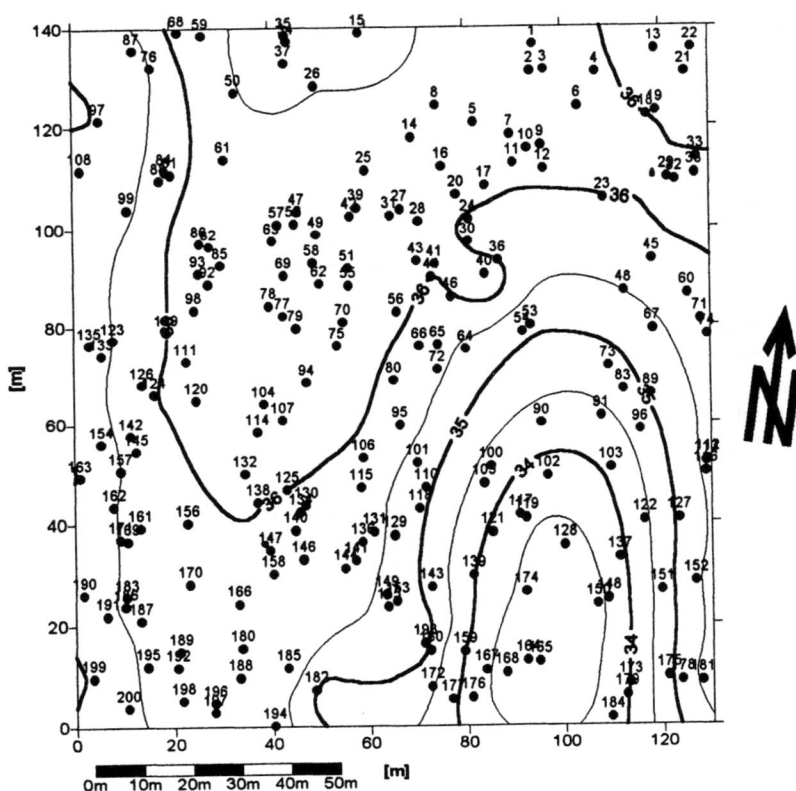

Abb. 2.5. Interpolierte Geländehöhen und Lage der Probenpunkte im Arbeitsgebiet.

2.2 Räumliche Strukturanalyse - Variographie

von Kiel in Schleswig-Holstein. Der geologische Untergrund des Testfeldes besteht aus heterogenen glazifluviatilen Sanden eines weichselzeitlichen Eisvorstoßes (Gass 1993). Die Korngrößen dieser Kamessedimente schwanken zwischen sandigen Schluffen bis hin zu Mittel- und lagenweise auftretenden Grobsanden. Der Oberboden, dem die Bodenproben entnommen wurden, ist als grundwasserferne typische Braunerde charakterisiert. Das 130 m x 140 m große Testfeld gliedert sich morphologisch in ein im Westen gelegenes Plateau und eine östlich davon N-S, verlaufende, tief eingeschnittene Senke mit Niveauunterschieden von bis zu 3,6 m (Abb. 2.5).

200 Meßpunkte wurden statistisch zufällig auf diesem morphologisch stark differenzierten Feld für eine Stichtagsbeprobung angeordnet. Im folgenden wird die räumlich statistische Struktur ausgewählter Bodenparameter sowie der Rückstandsgehalte des Pflanzenschutzmittels Terbuthylazin analysiert.

pH-Werte. Mit einem Wertebereich von *pH* 4 bis *pH* 6,1 deuten die Werte ein saures Milieu an. Das Variogramm der *pH*-Werte zeigt die Struktur eines reinen Nugget-Effekts (Abb. 2.7). Die *pH*-Werte streuen um den arithmetischen Mittelwert von 4,76 mit einer Standardabweichung von 0,36 (Abb. 2.6) und sind räumlich unkorreliert.

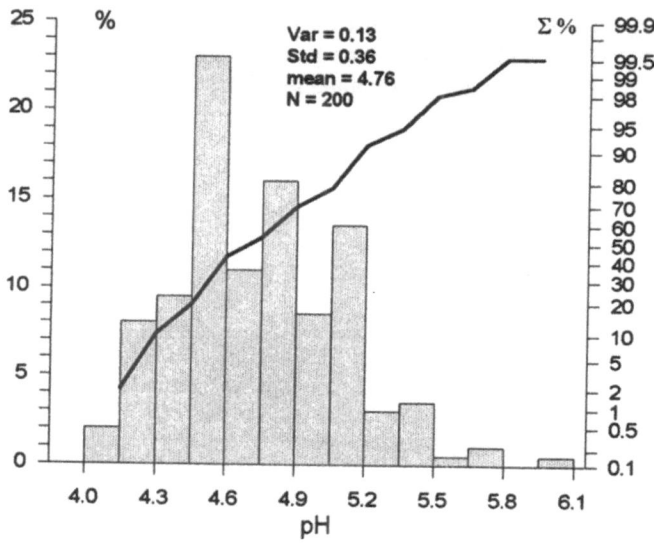

Abb. 2.6. Häufigkeitverteilung und Summenkurve der *pH*-Werte.

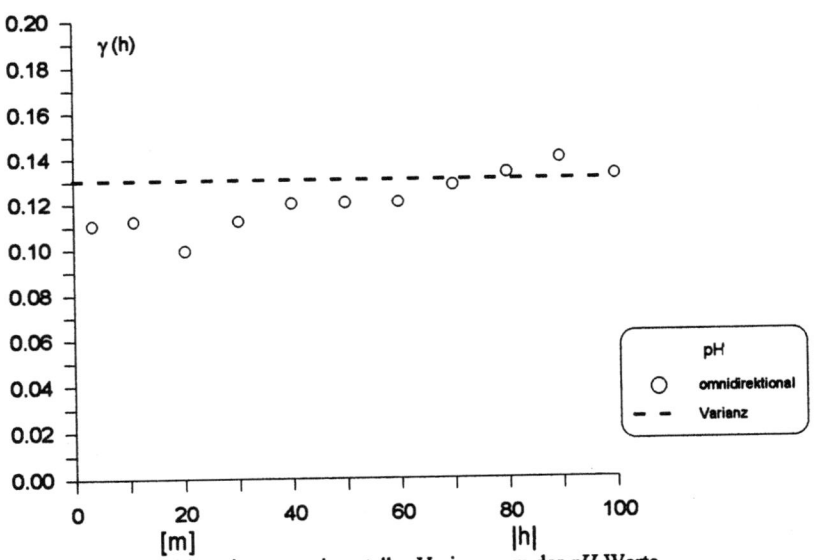

Abb. 2.7. Richtungsunabhängiges experimentelles Variogramm der *pH*-Werte.

Rückstandsgehalte des Pflanzenschutzmittels Terbuthylazin (TBA) im Boden.
Die Rückstandsgehalte des als mobil einzustufenden Herbizides Terbuthylazin (*TBA* [µg kg^{-1}]) im Boden weisen eine positiv schiefe Verteilungsfunktion auf, die durch Logarithmieren der Werte annähernd die Form einer Normalverteilung annimmt (Abb. 2.8).

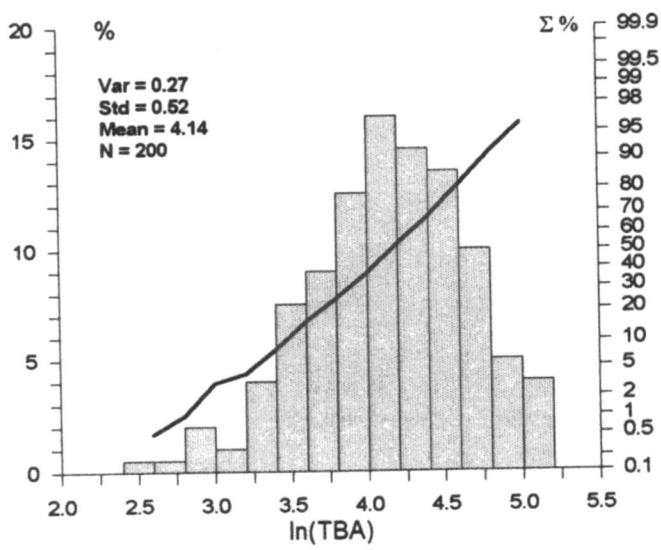

Abb. 2.8. Häufigkeitverteilung und kumulative Dichtefunktion der logarithmierten Rückstandsgehalte des Pflanzenschutzmittels Terbuthylazin.

2.2 Räumliche Strukturanalyse - Variographie

Die Richtungsvariogramme (Abb. 2.9) deuten mit einem Nugget-Effekt von 55 % der Gesamtvarianz auf eine nur sehr schwach ausgeprägte räumliche Struktur hin. Die in allen Richtungen einheitlich kurze Reichweite von ca. 30 m ist eine zusätzlicher Hinweis darauf, daß das alljährlich erneut applizierte Pflanzenschutzmittel auch aufgrund der Bodenbearbeitung eine nur schwach entwickelte räumliche Struktur aufweist.

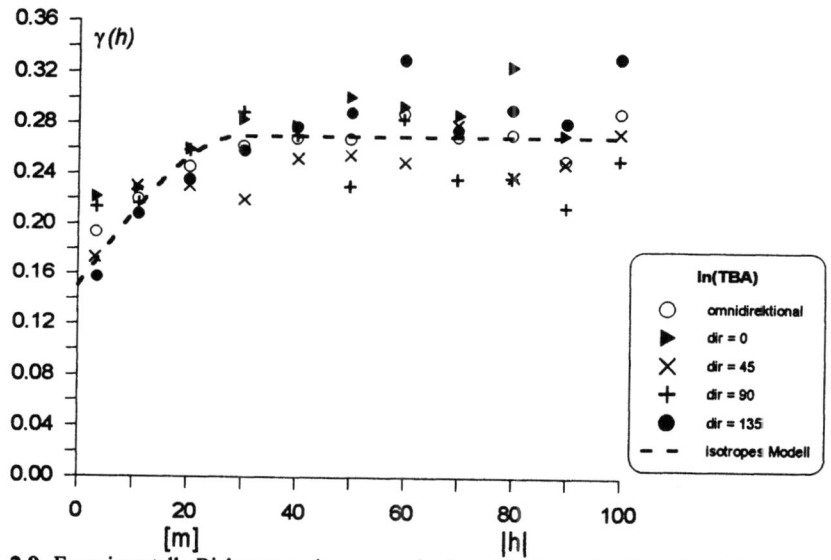

Abb. 2.9. Experimentelle Richtungsvariogramme der logarithmierten Rückstandsgehalte an *TBA*. Parameter des Variogrammodells: sphärisch, $C_0 = 0{,}15$, $C = 0{,}12$, $a = 30$ m, isotrop.

Gehalt an organischem Kohlenstoff. Der Gehalt an organischem Kohlenstoff (C_{org} [%]) ist ein für das Sorptionsverhalten des Bodens gegenüber organischen Verbindungen wichtiger Parameter. Eine erhöhte Verfügbarkeit organischen Kohlenstoffs begünstigt ebenso wie ein erhöhter Tonmineralanteil des Sediments die Adsorption von unpolaren organischen Stoffen, wie z.B. Pflanzenschutzmitteln (Mattheß u. Isenbeck 1987), und verhindert oder verringert somit deren Eintrag in das Grundwasser.

Die Häufigkeitsverteilung (Abb. 2.10) von C_{org} kann als normalverteilt angesehen werden. Fünf Proben mit mehr als 1,6 % C_{org} müssen als statistische Ausreißer betrachtet werden. Sie entstammen allesamt der Senke, einer Art morphologischen Falle. Sie werden in der Variogrammanalyse nicht berücksichtigt. Die einzelnen Richtungsvariogramme (Abb. 2.11) weisen keine systematischen Abweichungen vom richtungsunabhängigen Variogramm auf, d.h. die deutlich erkennbare räumliche Struktur ist isotrop. Der relativ hohe Nugget-Effekt von 37 % der Gesamtvarianz spricht für eine noch stark ausgeprägte Zufallskomponente dieser Variablen.

24   2 Räumliche Struktur von Boden- und Grundwasserleitereigenschaften

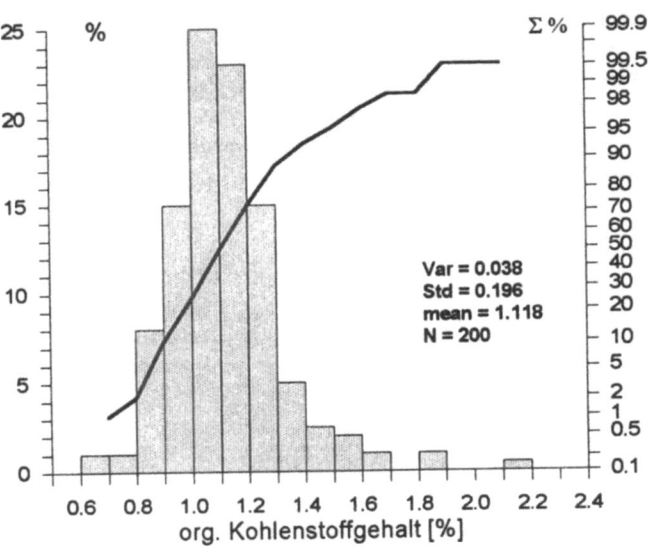

Abb. 2.10. Häufigkeitsverteilung und kumulative Dichtefunktion des Gehaltes an organischem Kohlenstoff.

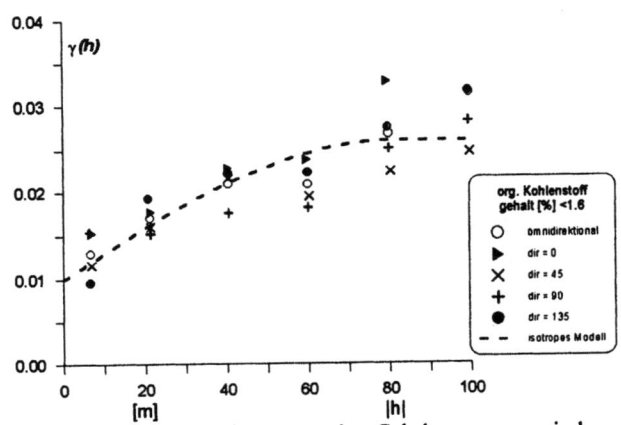

Abb. 2.11. Experimentelle Richtungsvariogramme des Gehaltes an organischem Kohlenstoff. Parameter des Variogrammodells: sphärisch, $C_0 = 0{,}01$, $C = 0{,}017$, $a = 80$ m, isotrop.

Der Korndurchmesser d_{10}. Der Korndurchmesser d_{10} [mm] gibt diejenige Korngröße wieder, unterhalb der 10 Gewichtsprozent der Probe liegen. Sie ist somit ein Maß für die feineren Korngrößenanteile eines Sedimentes, die einen wesentlichen Einfluß auf das Porenvolumen und damit auf die Durchlässigkeit und die für Sorption und Ionenaustausch zur Verfügung stehende Kornoberfläche haben.

Mit einem Mittelwert von 0,026 mm liegen die d_{10}-Werte im Schluffbereich. Nach Logarithmieren der positiv schief verteilten Meßwerte zeigt das Histogramm (Abb. 2.12) eine deutlich bimodale Verteilung. Ein Vergleich mit der Probenpunktverteilung weist auf eine Herkunft derjenigen darauf hin, daß die gröberen Korngemische (d_{10^-} > 0,022 mm) vom Plateau im Westen des Testfeldes stammen. Im strengen Sinne ist hier die Homogenitätsannahme verletzt, da nicht davon ausgegangen werden kann, daß das Histogramm der d_{10}-Werte ein zulässiges Modell der Verteilungsfunktion der Zufallsvariablen in jedem Punkt x_i des Gebietes ist.

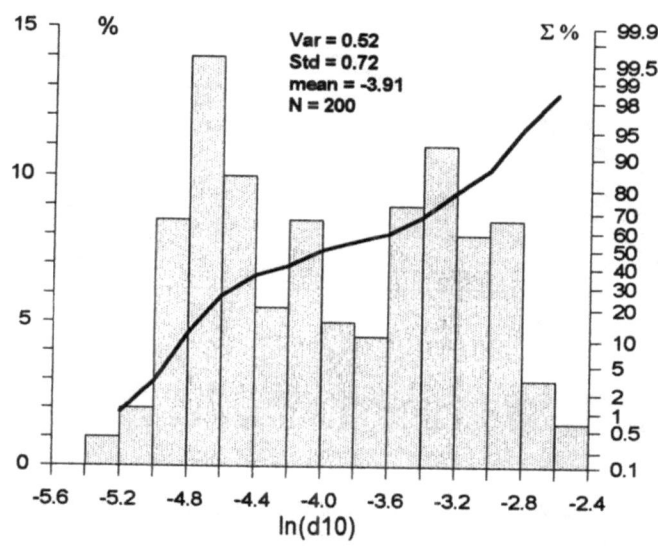

Abb. 2.12. Häufigkeitsverteilung und kumulative Dichtefunktion der logarithmierten d_{10}-Werte

Die Richtungsvariogramme (Abb. 2.13) zeigen eine deutlich anisotrope räumliche Struktur, die durch Anpassung eines geometrisch anisotropen, sphärischen Modells abgebildet werden kann. Danach ist die Erhaltungsneigung in nord-südlicher Erstreckung um das 2,8-fache größer als in ost-westlicher Richtung. Die unterschiedlichen Sillwerte der experimentellen Richtungsvariogramme lassen eine zonale Anisotropie vermuten. Jedoch liegen die Sillwerte innerhalb des Konfidenzintervalls von $0,43 \leq \sigma^2 \leq 0,64$ (bei $\alpha = 5\%$) der Varianz, so daß eine echte zonale Anisotropie vernachlässigt werden kann.

Die Nugget-Varianz ist mit 9,3 % der Gesamtvarianz als klein anzusehen.

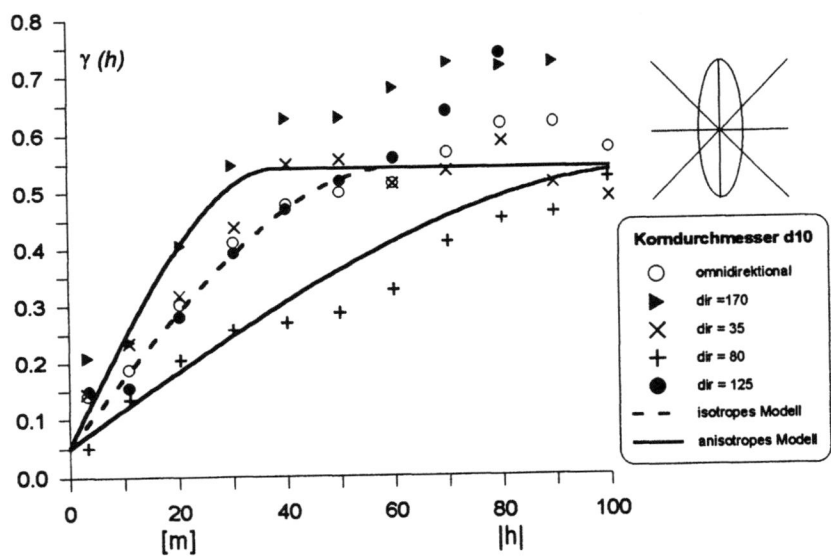

Abb. 2.13. Richtungsvariogramme der logarithmierten d_{10}-Werte. Parameter der Variogrammodelle: sphärisch, $C_0 = 0,05$, $C = 0,45$, $a_{N-S} = 110$ m, $a_{E-W} = 38$ m, $a_{isotrop} = 60$ m. Anisotropieverhältnis 2,8:1.

Wassergehalt des Bodens. Die natürliche Bodenfeuchte (Wassergehalt [%]) ist eine stark von den jüngsten Regenereignissen und der Geländeexposition abhängige Größe. Abb. 2.14 zeigt, daß die höchste Bodenfeuchte in der Senke und an dem windgeschützten Osthang zu verzeichnen ist, während das Plateau sowie die dem Wind ausgesetzten Westhänge trockener sind.

Das Histogramm (Abb. 2.15) ist als annähernd normalverteilt anzusehen. Die Richtungsvariogramme (Abb. 2.16) zeigen eine ausgeprägte zonale Ansiotropie. Die Reichweiten sind in N-S- und E-W-Erstreckung gleich, jedoch erscheint die Variabilität, d.h. der Sill des N-S-Variogramms um die Hälfte geringer als der des E-W-Variogramms.

Die zonale Anisotropie wird in diesem Fall deutlich durch die nord-südlich verlaufende morphologische Struktur des Testfeldes beeinflußt. In nord-südlicher Richtung entstammen die Punktepaare einer Distanzklasse immer derselben morphologischen Struktur, d.h. demselben Hang, dem Plateau oder der Senke, und weisen somit nur geringe Differenzen im Wassergehalt auf. Demgegenüber ist die Variabilität senkrecht zur Hauptrichtung der morphologischen Struktur größer[3].

---

[3] Die Berücksichtigung einer zonalen Anisotropie im Krigginggleichungssystem kann nur durch Verwendung eines geschachtelten Variogramms geschehen, bei dem durch Einsetzten eines hohen Ansisotropiefaktors (1:9999) die Variogrammstruktur einer Richtung fast vollständig unterdrückt wird (s.a. Deutsch u. Journel 1992, 1997).

2.2 Räumliche Strukturanalyse - Variographie 27

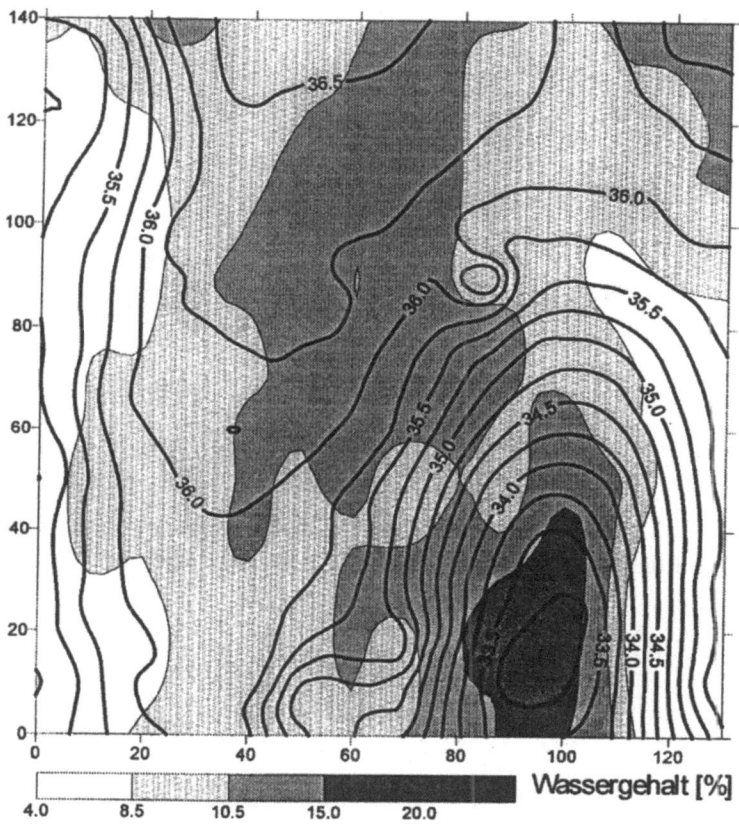

Abb. 2.14. Interpolierte Karte des Wassergehaltes (schraffiert) und Isohypsen der Geländeoberfläche.

Der Nugget-Effekt ist mit weniger als 6 % der Gesamtvarianz als sehr gering einzustufen. Dies ist für eine dem Wesen nach stetige Variable wie dem Bodenwassergehalt zu erwarten.

Zusammenfassung. Abschließend kann für die hier vorgestellten ortsabhängigen Bodenparameter, die auf einem ackerbaulich genutzten Feld in hoher Dichte (1,1 Proben pro 100 m^2) bestimmt wurden, eine Hierarchie der räumlichen Variabilitätsstruktur abgeleitet werden (Tabelle 2.2): Danach muß die Variabilität des *pH*-Wertes in diesem Gebiet als räumlich absolut zufällig eingestuft werden. In keiner horizontalen Raumrichtung ist eine autokorrelative Struktur zu erkennen.

Der Rückstandsgehalt des Pflanzenschutzmittels Terbuthylazin (*TBA*) weist mit seiner noch sehr hohen engräumigen Variabilität (Nugget-Effekt) eine wenig entwickelte räumliche Erhaltungsneigung auf. Nur geringfügig besser ausgebildet erscheint die räumliche Erhaltungsneigung des organischen Kohlenstoffgehaltes (C_{org}). Bei beiden Parametern kann dieses auf die ackerbauliche Bearbeitung des Bodens, d.h. auch auf die regelmäßige Umpflügungen zurückgeführt werden.

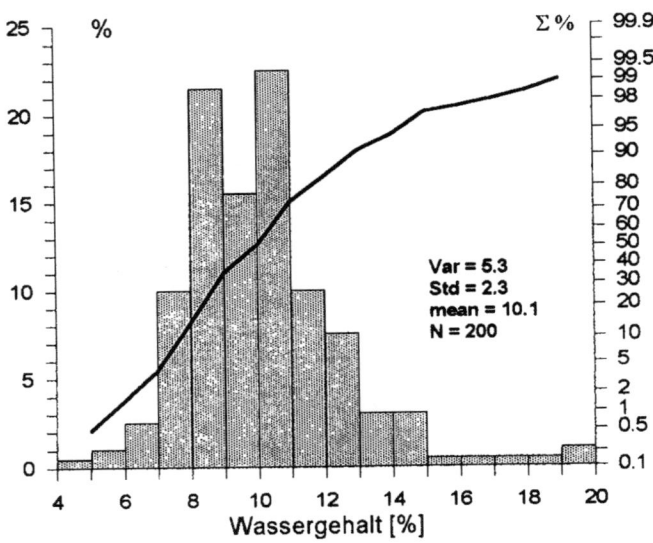

Abb. 2.15. Häufigkeitsverteilung und kumulative Dichtefunktion des Bodenwassergehaltes.

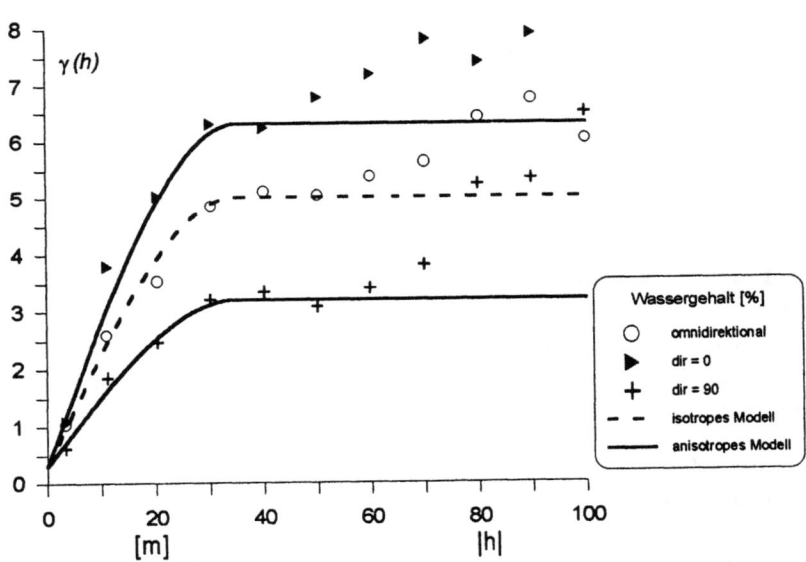

Abb. 2.16. Richtungs- und omnidirektionales experimentelles Variogramm des Bodenwassergehaltes. Parameter des isotropen Modelltyps: sphärisch, $C_0 = 0{,}3$, $C = 4{,}7$, $a = 35$ m. Zonale Anisotropie: $C_{N-S} = 2{,}9$, $C_{E-W} = 6{,}3$.

Demgegenüber fällt die sehr ausgeprägte räumliche Struktur der Variablen Korngröße (d_{10}) auf: hier wird die deutliche geometrischen Anisotropie in nord-südlicher Erstreckung von einem vergleichsweise kleinen Nugget-Effekt begleitet. Ähnliches gilt für den Bodenwassergehalt, dessen Abhängigkeit von der lokalen morphologischen Struktur besonders augenfällig ist.

Tabelle 2.2. Hierarchie der räumlichen Abhängigkeit der Bodenkenngrößen eines ackerbaulich genutzten Testfeldes.

Variable	pH-Wert	Pflanzenschutz-mittelrück-standsgehalt TBA	organischer Kohlenstoff-gehalt C_{org}	Korngröße d_{10}	Wasser gehalt
bevorzugte Richtung ?	isotrop	isotrop	isotrop	geometrische Anisotropie 1:2,8	zonale Anisotropie 1:2
engräumige Variabilität [% der Varianz]	100 %	> 50 %	< 40 %	< 10 %	<< 10 %
Erhaltungs-neigung ? [in Bezug zur Gebietslänge]	keine Auto-korrelations-struktur	a ≈ 1/6	a ≈ 2/5	a ≈ 1/5 - 3/5	a ≈ 1/6

zunehmende räumliche Abhängigkeit

2.2.4 Schlußfolgerungen

Mit Hilfe der Variographie lassen sich räumliche Strukturen von - wie hier - Bodenkenngrößen, aber auch von anderen umweltrelevanten Parametern gut erkennen und quantitativ mit Hilfe eines Modells beschreiben.

Sieht man einmal von zeitlichen Fluktuationen der Parameter ab, so hat das unterschiedliche räumliche Verhalten einen Einfluß auf die optimale Planung der Probenahme. Grundsätzlich gilt, je zufälliger die räumliche Variabilität ist, d.h. je kürzer die Erhaltungsneigung (kleine Reichweite, hoher Nugget-Effekt) desto dichter müssen Proben genommen werden. Die Kenntnis über das Vorhandensein räumlicher Anisotropien gibt Hinweise auf eine günstige Orientierung von Transsekten. Werden diese senkrecht zur Hauptrichtung der Anisotropie angelegt, so kann auf kürzeren Distanzen mit mehr Informationsgehalt gerechnet werden.

Die für die oben beschriebenen Bodenkenngrößen ermittelten räumlichen Strukturen können mit Hilfe geeigneter Variogrammodelle für die räumliche Schätzungen, d.h. Interpolation mit dem *Kriging*-Verfahren, zur Optimierung der Probenahme sowie zur stochastischen Erzeugung von Parameterfeldern genutzt werden.

Die Wahl eines geeigneten Variogrammodells ist häufig sehr subjektiv. Einige Programme (s.a. VARIOWIN, Pannatier 1996) bieten jedoch zur Unterstützung der Anpassung die mittlere quadratische Abweichung der Modellfunktion vom experimentellen Variogramm als Gütewert an. Jedoch sollte man sich hierauf nicht zu sehr verlassen, da hierbei nicht berücksichtigt wird, daß die Anpassung vor allem für Distanzen unterhalb der Reichweite gut sein muß, da diese für das Schätzverfahren *Kriging* von Bedeutung ist. Die Überprüfung eines geeigneten Variogrammodells kann auch mit Hilfe der *Kreuzvalidation* (s.a. Kap. 3.1.5) erfolgen.

Bei der praktischen Variographie, der unbedingt die Berechnung der Verteilungsfunktion (Histogramm) vorausgehen muß, sollte kritisch mit Ausreißern umgegangen werden, die - vor allem bei wenigen Datenpunkten - das experimentelle Variogramm derartig stören kann, daß eine möglicherweise vorhandene Struktur nicht erkannt wird. Hier ist es durchaus sinnvoll, den ein oder anderen Datenpunkt auszulassen.

Mitunter ist es notwendig, mehrere Variogrammtypen zu einem geschachtelten zusammenzuführen. Dies ist dann der Fall, wenn sich die Variabilität des Parameters in Komponenten zerlegen läßt (*Faktorielles Kriging*), die unterschiedliche Größenordnungen betreffen. Ein typisches Beispiel ist die Durchlässigkeit, deren Variabilität in Abhängigkeit von der Größe des Betrachtungsraumes zunimmt (Gelhar 1986, Schafmeister u. Pekdeger 1993).

3 Erstellen von Karten hydrogeologischer Kenngrößen

Die Erstellung von Karten der im Gelände gemessenen Parameter ist eine der ersten Aufgaben, die im Rahmen einer hydrogeologischen Untersuchung bearbeitet werden. Stellvertretend hierfür wird im folgenden die Erzeugung von Grundwassergleichenplänen anhand Messungen des Grundwasserspiegels $h(x)$ behandelt werden. Das Symbol h steht dabei gleichermaßen für gespannte und freie Grundwasserdruckhöhen (auch: piezometrische Höhe, Grundwasserpotential).

Aus der Grundwassergleichenkarte können die generelle Abstromrichtung und der regionale hydraulische Gradient abgeschätzt werden. Bei Kenntnis des durchschnittlichen Durchlässigkeitsbeiwertes (k_f) und der wirksamen Porosität (n_e) kann darüber hinaus eine mittlere Abstandsgeschwindigkeit (v_a) des Grundwassers berechnet werden.

Die Messung der Druckspiegelhöhe erfolgt an Brunnen oder Grundwassermeßstellen indirekt über die Erfassung des Grundwasserstandes unter Geländehöhe bzw. Brunnenabstich. Um vergleichbare Werte innerhalb eines Gebietes zu erhalten, werden die Messungen von der Geländehöhe bzw. der Rohroberkante subtrahiert und somit als Höhe über NN wiedergegeben. Luftdruckschwankungen beeinflussen die Messungen der freien sowie vor allem der gespannten Druckspiegelhöhen und müssen korrigiert werden (Languth u. Voigt 1980).

Die Grundwasserdruckhöhe ist eine ortsabhängige Zufallsvariable, die außerdem eine Funktion der Zeit darstellt ($h=Z(x,t)$). Wenn keine künstlichen Eingriffe in den Grundwasserleiter erfolgen, zeigt sie räumlich als auch zeitlich ein sehr stetiges Verhalten.

In der Praxis muß häufig auf ein bestehendes Meßstellennetz zurückgegriffen werden. Anders als bei rohstoffkundlichen oder bodenkundlichen Fragestellungen, können hier die Meßpunkte nicht ohne weiteres frei gewählt werden. Die räumliche Anordnung und Anzahl von Grundwassermeßstellen orientieren sich zumeist an einem Kompromiß aus finanziellem Aufwand und hydrogeologischer Fragestellung. So kann die Grundwasserbeeinträchtigung durch eine Altlast in aller erster Näherung durch die Installation je einer Meßstelle im An- bzw. Abstrom des Kontaminationsherdes erfaßt werden (Kerndorff et al. 1985). Weitere Meßstellen im direkten Umfeld der Altlast stellen im Sinne einer räumlichen Interpolation von Grundwasserständen oder Stoffkonzentrationen eine Datenhäufung (Cluster) dar und bieten nur einen geringen Informationszuwachs. Die Anzahl der in der hydrogeologischen Praxis zur Verfügung stehenden Probenpunkte ist verglichen mit Aufgaben in der Kohlenwasserstoffexploration sehr gering.

Demgegenüber bietet jedoch der zeitliche Aspekt umweltgeowissenschaftlicher Problemstellungen, wie z.B. die Entwicklung der Grundwasserdruckfläche, eine zusätzliche Informationsquelle durch die Möglichkeit wiederholter bzw. kontinuierlicher Messungen.

Wenn eine Karte der Grundwasserdruckhöhe erstellt werden soll, so geschieht dies entsprechend der gegebenen Fragestellung entweder auf der Basis von Stichtagsmessungen oder von über einen Zeitraum gemittelten Werten (Monats-, Jahresmittel). Letztere sind im Sinne der Geostatistik nicht mehr als Punktmessungen („punkt"-förmige Stützung) zu verstehen, da sie zumindest zeitlich betrachtet eine Intervallstützung haben. Die Verwendung solch gemittelter Daten bedarf besonderer Behutsamkeit - vor allem bei der Interpretation des Ergebnisses.

Da die Grundwasserdruckhöhe eine Fläche darstellt, handelt es sich bei der Erzeugung von Grundwassergleichenkarten um ein zweidimensionales Interpolationsproblem.

Die klassische Methode der Konstruktion von Grundwassergleichenplänen anhand von hydrologischen Dreiecken wird heute vielfach durch distanzgewichtete Interpolationsverfahren ersetzt. Bei diesen objektiven Verfahren treten häufig Probleme auf, die darauf zurückzuführen sind, daß die subjektive Erfahrung des Hydrogeologen über das Verhalten der Grundwasserdruckfläche an hydraulischen Rändern wie z.B. Wasserscheiden, quasi-undurchlässigen Grenzen, Vorflutern u.a.m. nicht in die Interpolationsverfahren integriert ist.

Im folgenden werden die Grundzüge des räumlichen Schätzverfahrens *Kriging* dargelegt. Darauf aufbauend werden diejenigen Methoden aus der Krigingfamilie, die sich besonders zur räumlichen Interpolation von Piezometerhöhen eignen, erläutert.

Bei der Verwendung dieser Verfahren sind einige Bedingungen und Einschränkungen, die ebenso für andere distanzgewichtete Interpolationsalgorithmen gelten, im voraus zu beachten:

- Die verwendeten Daten müssen vergleichbar sein, d.h. möglichst derselben Datenquelle entstammen bzw. vereinheitlicht worden sein. Schwankungen aufgrund von Luftdruckveränderungen sollten bereinigt sein.
- Die Meßwerte müssen einer gemeinsamen Grundgesamtheit entstammen, d.h. Meßwerte aus unterschiedlichen Grundwasserstockwerken, die nicht in hydraulischem Kontakt stehen, dürfen nicht gemeinsam behandelt werden.
- Die Meßwerte sollten einer Stichtagsmessung entstammen. Werden zeitlich gemittelte Werte verwendet, so sollten die Zeiträume vergleichbar sein.
- Kriging ist als Schätzer auf der Basis gleitender, gewichteter Mittelwerte benachbarter Proben nicht zur Extrapolation geeignet. Ein Meßstellennetz, das sehr große Lücken aufweist, ist möglicherweise unzureichend für die Interpolation der Grundwasserdruckhöhe.

3.1
Räumliche Schätzung - Kriging

Die nach dem südafrikanischen Bergingenieur D. Krige benannte Familie räumlicher Schätzverfahren *Kriging* wurde von Mathéron (1965) entwickelt und umfaßt eine Vielzahl von Spezialverfahren, die alle auf der Bildung gewichteter Mittelwerte von Variablenwerten basieren. Dabei wird grundsätzlich zwischen Blockschätzung, die vorwiegend im Bergbau notwendig wird, und Punktschätzung, auf der Kartendarstellungen beruhen, unterschieden. Letztere wird im folgenden erläutert.

Die einzelnen Krigingverfahren unterscheiden sich entweder in der Art der zu schätzenden Zielgrößen oder in ihrer methodischen Erweiterung zur Einbeziehung zusätzlicher Information.

Ersteres betrifft beispielsweise die Behandlung linearer oder auch nicht linearer bzw. stationärer und instationärer Variablen (s.a. Kap. 2.2.1.1). Auch können lokale Verteilungsfunktionen einer Variablen anstelle von Verteilungsparametern geschätzt werden.

Zusätzliche Information über das räumliche Verhalten einer ortsabhängigen Variablen besteht in der Kenntnis anderer Meßgrößen, die in Beziehung zu der betrachteten Variablen stehen. Bekannt in der hydrogeologischen Praxis sind z.B. korrelierende Wasserinhaltsstoffe oder zeitliche Wiederholungsmessungen von Grundwasserdruckhöhen.

Gemeinsam sind allen Krigingverfahren die folgenden Vorteile gegenüber anderen Interpolationsverfahren:

- Kriging liefert den „besten" Schätzwert (B.L.U.E. **Best Linear Unbiased Estimator**).
- Kriging bezieht die Kenntnis der räumlichen Struktur der Variablen, das Variogramm, in die Schätzung mit ein.
- Die individuelle räumliche Anordnung des Meßstellennetzes im Bezug auf das Interpolationsgitter wird berücksichtigt.
- Die Zuverlässigkeit der Ergebnisse wird für jeden Schätzpunkt in Form des Krigingfehlers angegeben.

Am Beispiel der Grundwasserdruckhöhe h soll das geostatistische Modell der Strukturanalyse und der Schätzung von raum-zeit-abhängigen Größen demonstriert werden. Eine allgemeine Modellvorstellung für orts-/zeitabhängige Zufallsvariable Z geht von deren Zerlegbarkeit in Einzelkomponenten aus:

$$Z(x,t) = T(x,t) + L(x,t) + \varepsilon \qquad (3.1)$$

Danach setzt sich $Z(x,t)$ aus einem globalen Trend $T(x,t)$, einer lokalen Fluktuation $L(x,t)$ und dem zufälligen „Rauschen" ε zusammen. Je nach Art der Variablen kann der Trend (z.B. bei Grundwasserdruckhöhen in einem Einzugsgebiet) oder die lokale Variabilität (z.B. bei Durchlässigkeitsbeiwerten eines Grundwasserleiters) die stärkere Komponente in Gl. 3.1 sein. Die deterministische Trendkomponente läßt sich weiter in einen ortsabhängigen ($T_x(x,t)$) und einen zeitabhängigen Anteil ($T_t(x,t)$) zerlegen. Der globale Trend geht meistens auf einen deterministisch gut beschreibbaren Prozeß zurück und läßt sich durch einfache Polynom- oder trigonometrische Funktionen approximieren.

Die Geostatistik behandelt strenggenommen nur die lokale Fluktuation einer Zufallsvariablen $L(x,t)$, die jedoch ebenso eine zeitliche wie örtliche Komponente aufweisen kann. Mit speziellen geostatistischen Verfahren können jedoch auch Zufallsvariablen, die eine lokale Trendkomponente aufweisen (instationäre Variablen), bearbeitet werden (s.a. Kap. 2.2.1.1).

Die Grundwasserdruckhöhe zeigt sowohl in ihrer räumlichen als auch in ihrer zeitlichen Dimension eine starke deterministische Überprägung (T): Da Grundwasserdruckflächen in Fließrichtung geneigt sind (hydraulischer Gradient), sind sie strenggenommen als statistisch instationäre Zufallsvariablen zu betrachten. Zeitlich unterliegen Piezometerhöhen zumeist saisonbedingten Periodizitäten, die traditionell mit den Methoden der Zeitreihenanalyse beschreibbar sind.

Im folgenden werden zunächst die ursprünglichen Krigingverfahren für (schwach) stationäre Zufallsvariablen vorgestellt. Darauf aufbauend werden einige erweiterte Methoden behandelt und schließlich ein Ansatz zu raumzeitlichen Schätzung erläutert.

3.1.1
Gewöhnliches Kriging (Ordinary Kriging)

Der Krigingschätzer z_0^* stellt eine Linearkombination gewichteter Probenwerte z_i aus n benachbarten Meßpunkte x_i dar:

$$z_0^* = \sum_{i=1}^{n} \lambda_i z(x_i). \tag{3.2}$$

Die Gewichte λ_i sind so zu bestimmen, daß der Schätzwert z_0^* des unbekannten wahren Wertes z_0 die folgenden Bedingungen erfüllt:

(1) z_0^* sei erwartungstreu, d.h. $E[z_0^* - z_0] = 0$

und

(2) der mittlere quadratische Fehler $E[z_0^* - z_0]^2$ sei ein Minimum!

Unter der Annahme der Stationarität, also bei Abwesenheit eines Trends, ist der Erwartungswert $E[z(x_i)] = m$ und $z_0 = m$. Die Bedingung (1) (Erwartungstreue) liefert somit:

$$E\left[\sum_{i=1}^{n} \lambda_i Z(x_i) - Z_0\right] = \sum_{i=1}^{n} \lambda_i m - m = m(\sum_{i=1}^{n} \lambda_i - 1) = 0 \tag{3.3}$$

Hieraus folgt, daß die Summe der Gewichte 1 sein muß.

Mit Hilfe des Variogramms kann der Erwartungswert des quadratischen Fehlers ausdrückt werden:

3.1 Räumliche Schätzung - Kriging

$$E[Z_0^* - Z_0]^2 = \text{Var}(Z_0^* - Z_0)$$

$$= 2\sum_{i=1}^{n} \lambda_i \gamma(x_i - x_0) - \sum_{i=1}^{n}\sum_{j=1}^{n} \lambda_i \lambda_j \gamma(x_i - x_j) \quad (3.4)$$

Um die Fehlervarianz unter der Nebenbedingung 1 ($\Sigma \lambda_i = 1$) zu minimieren, wird ein Lagrange-Multiplikator μ eingeführt[1]. Anstelle von (3.4) wird die Funktion $\varphi = \varphi(\lambda_1,..\lambda_m,\mu)$ minimiert:

$$\varphi = \text{Var}(Z_0^* - Z_0) - 2\mu(\sum_{i=1}^{n} \lambda_i - 1) \quad (3.5)$$

Das Minimum erhält man durch Null-Setzen der partiellen Ableitungen $\frac{\partial \varphi}{\partial \lambda_i}, i = 1,...,n$ und $\frac{\partial \varphi}{\partial \mu}$. Dies führt zu dem linearen Kriginggleichungssystem (KGS) mit $n+1$ Gleichungen:

$$\sum_{j=1}^{N} \lambda_j \gamma(x_i - x_j) + \mu = \gamma(x_i - x_0) \quad \text{für } i=1,2,...,n$$

$$\sum_{j=1}^{N} \lambda_j = 1. \quad (3.6)$$

In Matrixform wird das KGS (Kriginggleichungssystem) wie folgt geschrieben:

$$\begin{bmatrix} \gamma(x_1 - x_1) & \gamma(x_1 - x_2) & ... & \gamma(x_1 - x_n) & 1 \\ \gamma(x_2 - x_1) & \gamma(x_2 - x_2) & ... & \gamma(x_2 - x_n) & 1 \\ \vdots & \vdots & & \vdots & \vdots \\ \gamma(x_n - x_1) & \gamma(x_n - x_2) & ... & \gamma(x_n - x_n) & 1 \\ 1 & 1 & ... & 1 & 0 \end{bmatrix} \cdot \begin{bmatrix} \lambda_1 \\ \lambda_2 \\ \vdots \\ \lambda_n \\ \mu \end{bmatrix} = \begin{bmatrix} \gamma(x_1 - x_0) \\ \gamma(x_2 - x_0) \\ \vdots \\ \gamma(x_n - x_0) \\ 1 \end{bmatrix} \quad (3.7)$$

Dabei ist im Falle von Punktschätzungen $\gamma(x_i-x_i) = \gamma(0) = 0$; d.h. die Diagonale ist mit 0 besetzt. Da im stationären Fall die Beziehung

$$\gamma(h) = C(0) - C(h) \quad (3.8)$$

---

[1] Der Faktor 2 des Lagrange Multiplikators μ in Gl. 3.5 wird aus Gründen der einfacheren rechnerischen Behandlung der Ableitungen eingeführt.

gilt, kann $\gamma(h)$ im KGS durch die Kovarianz $C(h)$ ersetzt werden. Dadurch erhält die Diagonale der Matrix die größten Elemente. In numerischer Hinsicht ist dies vorzuziehen und daher in den meisten Programmen verwirklicht.

Die Kriging-Schätzvarianz σ^2_K für Punktschätzungen ergibt sich aus Gl. 3.4 und 3.6:

$$\sigma^2_K = \text{Var}(z_0^* - z_0) = \mu + \sum_{i=1}^{n} \lambda_i \gamma(x_i - x_0). \qquad (3.9)$$

In einem Sonderfall, bei dem keine räumliche Abhängigkeit der Daten existiert, d.h. das Variogramm ist ein reiner Nugget-Effekt, erhält man für die Gewichte $\lambda_i = 1/n$. Der Krigingschätzer ist jetzt das einfache arithmetische Mittel der benachbarten Proben.

Folgende Eigenschaften zeichnen den Kriging-Schätzers aus:

1. Das Kriging-Gleichungssystem ist nur lösbar, wenn die Determinante der Matrix $(\gamma_{ij}) \neq 0$ ist. Praktisch bedeutet dies, daß eine Probe nicht doppelt auftreten darf (d.h. mit identischen Koordinaten).
2. (Punkt-) Kriging liefert einen exakten Interpolator. Das folgt sofort aus der Bedingung der Minimierung der Schätzvarianz.
3. Das Kriging-GS hängt nur von $\gamma(h)$ bzw. $C(h)$ ab, nicht jedoch von den Werten der Variablen Z in den Probepunkten x_i, i=1,...,n. Bei identischer Datenkonfiguration braucht das KGS nur ein Mal gelöst zu werden.
4. Mit Hilfe des Schätzfehlers σ_K können Vertrauensgrenzen der Schätzung angegeben werden.
5. Kriging berücksichtigt bei der Schätzung die Lage des zu interpolierenden Punktes x_0 im Bezug auf die Datenpunkte x_i und die Struktur der Variablen Z (durch das Variogramm). Durch die Bedingungen (1) (Erwartungtreue) und (2) (Fehlerminimierung) ist Kriging ein BLUE-Schätzer (**B**est **L**inear **U**nbiased **E**stimator) und den einfach distanzgewichtenden Verfahren überlegen.

3.1.2
Kriging bei instationären Variablen (Universal Kriging)

In vielen Fällen ist der Erwartungswert von Z im Untersuchungsgebiet nicht konstant, so daß von der Existenz eines unterlagernden Trends ausgegangen werden kann. Dieser Trend ist entweder als über den Betrachtungsraum D einheitlich anzusehen (globaler Trend) oder er ist lokal unterschiedlich. In diesem Fall hat sich der Begriff lokale Drift eingebürgert. Eine strikte Trennung dieser beiden Phänomene ist anhand der Datenlage zumeist nicht möglich. Außerdem hängt die Wahrnehmung eines Trends bzw. der Drift ganz entscheidend vom Betrachtungsmaßstab ab (Abb. 3.1).

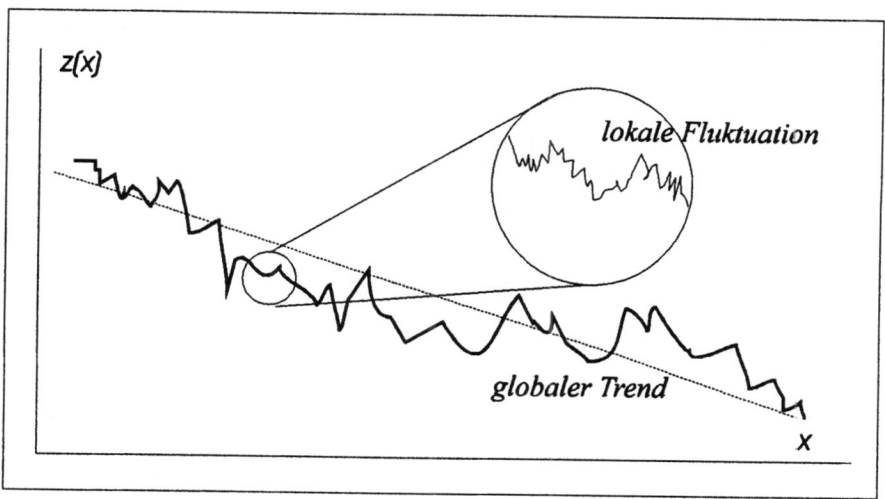

Abb. 3.1. Schematische Darstellung der Komponenten *deterministischer Trend* und *lokale Fluktuation* der Zufallsfunktion Z(*x*).

Die physikalische Ursache für das Vorhandensein eines Trends ist im allgemeinen ein räumlicher oder zeitlicher Prozeß, dessen Auswirkung auf die Variable das Ausmaß der lokalen Schwankungen übersteigt. So wirkt sich beispielsweise der Prozeß der Grundwasserströmung stärker auf die Neigung der Grundwasseroberfläche aus als deren lokale Fluktuation. In Richtung des hydraulischen Gradienten kann man zumeist einen linearen Trend anpassen. Das Variogramm weist in dieser Richtung keinen Sill auf.

Ist in einem Datensatz ein Trend erkannt worden, so bieten sich wenigstens drei Möglichkeiten an, die Variable zu behandeln:

- Der Trend wird nicht berücksichtigt. Die Interpolation erfolgt mit dem *Ordinary Kriging* Verfahren.
  Es wird vorausgesetzt, daß die Auswirkung eines Trends bzw. einer Drift in sehr geringen Entfernungen vernachlässigbar klein ist. Da Kriging als gleitendes, gewichtendes Mittelwertverfahren nur Punkte aus der unmittelbaren Nachbarschaft des zu schätzenden Punktes verwendet, kann die Schätzung als ausreichend genau angesehen werden. Der Krigingfehler, der nur vom Variogramm und der Probenpunktkonfiguration abhängt, wird bei dieser Vorgehensweise jedoch unrealistisch hoch.
- Man approximiert zunächst eine einfache Polynomfunktion (linear oder quadratisch) für den Betrachtungsraum D und berechnet die Residuen an den Datenpunkten. Die Residuen werden dann als Zufallsvariable Z(*x*) behandelt (Variogrammanalyse und *Ordinary Kriging*). Abschließend wird die Krigingschätzung der Residuen der Polynomfunktion hinzuaddiert.
  Diese Vorgehensweise ist relativ einfach praktisch durchzuführen und wird daher gerne verwendet. Dabei wird jedoch die Verletzung einer statistischen Grundannahme in Kauf genommen: Im strengen Sinne sollten die Residuen einer Trendfläche unkorreliert sein. Das dann berechnete Variogramm der

Residuen setzt aber gerade die räumliche Korrelation der behandelten Variablen voraus.
- Verwendung des erweiterten Verfahrens: Universal Kriging.

Bei diesem Ansatz wird von einem lokalen Trend[2], d.h. von einer Drift ausgegangen, die sich lokal mit Hilfe einer Polynomfunktion beschreiben läßt (s.a. Abb. 2.2):
Der Erwartungswert von $Z(x)$ ist eine Funktion des Ortes x:

$$m(x) = \mathrm{E}[Z(x)], \qquad (3.10)$$

wobei $m(x)$ die Drift bezeichnet. $Z(x)$ setzt sich dann aus drei Komponenten zusammen:

$$Z(x) = m(x) + R(x) + \varepsilon, \qquad (3.11)$$

wobei die Residualvariable R eine regionalisierte Variable mit Variogramm $\gamma(h)$ und Erwartungswert $\mathrm{E}[R] = 0$ ist. ε steht für das zufällige „Rauschen".

Die Drift wird mit Hilfe eines Polynomansatzes als Linearkombination einfacher Funktionen $f_l(x)$ beschrieben:

$$m(x) = \sum_{l=0}^{k} a_l \, f^l(x), \qquad (3.12)$$

wobei die Koeffizienten a_l zunächst unbekannt sind. Bei einer linearen Drift ergibt sich unter Verwendung von Monomen $f_l(x)$ für eine Ebene (2D):

$$m(x, y) = a_0 + a_1 x + a_2 y \quad \text{mit } k = 2, \qquad (3\text{-}13)$$

und bei einer quadratischen Drift:

$$m(x, y) = a_0 + a_1 x + a_2 y + a_3 xy + a_4 x^2 + a_5 y^2 \quad \text{mit } k = 5. \qquad (3.14)$$

Analog zum *Ordinary Kriging* ergibt sich aus den Bedingungen (1) und (2) ein KGS, das außer den Gewichten λ_i, $i=1,...,n$ für den nicht-stationären Fall zusätzlich auch die (unbekannten) Koeffizienten a_l enthält (3.15). Auf diese Weise wird für jeden Schätzpunkt eine lokale Polynomfunktion bestimmt, die die lokale Drift beschreibt.

Das *Universal Kriging* ist nur dann wirklich angebracht, wenn eine Drift schon in geringen Entfernungen deutlich wird. Wie in Kap. 2.2.1.4 erwähnt, kann die Drift anhand der Mittelwerte der Start- bzw. Endpunkte jeder Distanzklasse (Gl. 2.15 und 2.16) berechnet werden. Häufig ist eine Drift nur für eine Raumrichtung oder ein Teilgebiet erkennbar, z.B. bei Grundwasserspiegeln in Richtung des generellen Abstroms bzw. im Einzugsbereich eines Brunnens. In solchen Fällen sollte das Variogramm senkrecht zur Abstromrichtung bzw. in unbeeinflußten Gebieten berechnet werden.

---

[2] Der lokale Trend ist nicht mit dem globalen Trend gleichzusetzen und wird zur Unterscheidung als Drift bezeichnet.

$$\begin{bmatrix} \gamma(x_1-x_1) & \gamma(x_1-x_2) & \cdots & \gamma(x_1-x_n) & 1 & x_1 & \cdots & x_1^k \\ \gamma(x_2-x_1) & \gamma(x_2-x_2) & \cdots & \gamma(x_2-x_n) & 1 & x_2 & \cdots & x_2^k \\ \vdots & \vdots & & \vdots & \vdots & \vdots & & \vdots \\ \gamma(x_n-x_1) & \gamma(x_n-x_2) & \cdots & \gamma(x_n-x_n) & 1 & x_n & \cdots & x_n^k \\ 1 & 1 & \cdots & 1 & 0 & 0 & \cdots & 0 \\ x_1 & x_2 & \cdots & x_n & 0 & 0 & \cdots & 0 \\ \vdots & \vdots & & \vdots & \vdots & \vdots & & \vdots \\ x_1^k & x_2^k & \cdots & x_n^k & 0 & 0 & \cdots & 0 \end{bmatrix} \cdot \begin{bmatrix} \lambda_1 \\ \lambda_2 \\ \vdots \\ \lambda_n \\ a_0 \\ a_1 \\ \vdots \\ a_k \end{bmatrix} = \begin{bmatrix} \gamma(x_1-x_0) \\ \gamma(x_2-x_0) \\ \vdots \\ \gamma(x_n-x_0) \\ 1 \\ x_0^1 \\ \vdots \\ x_0^k \end{bmatrix} .(3.15)$$

Wie das *Ordinary Kriging* ist das *Universal Kriging* noch weniger dazu geeignet, über das beprobte Gebiet hinaus zu extrapolieren. Vor allem bei Annahme einer quadratischen Drift werden in nicht mit Probepunkten belegten Bereichen unrealistische Werten geschätzt. Polynomfunktionen höheren Grades sind ohnehin nicht praktikabel und in den bekannten Geostatistik Programmen nicht realisiert.

3.1.3
Kriging mit Externer Drift

Beim Kriging mit *Externer Drift* wird ähnlich wie beim *Universal Kriging* ein Trendmodell angenommen, bei dem der Trend auf zwei Terme begrenzt ist:

$$E[Z(x)] = m(x) = a_0 + a_1 f_1(x). \tag{3.16}$$

Dabei stellt die Funktion $y(x) = f_1(x)$ eine zusätzliche Variable dar, deren räumliche Variabilität (Externe Drift) in gedämpfter Form diejenige der Zufallsfunktion $Z(x)$ widerspiegelt.

Das Kriging mit Externer Drift benötigt eine Sekundärvariable, die für alle x bekannt sein muß; praktisch reduziert sich diese Maßgabe auf Werte für die Variable Y an allen Schätzgitterpunkten x_0 und den Datenpunkten x_i. Hierdurch wird eine allgemeine Grundkontur („basic outline", Chiles 1992) der Schätzvariablen beschrieben.

Als Sekundärvariable $Y(x)$ kommen solche Variablen in Betracht, die aufgrund einer physikalisch begründbaren Beziehung zur Zielvariablen $Z(x)$ deren Verlauf nachzeichnen. Ahmed u. De Marsily (1987) benutzen den Spezifischen Speicherkoeffizienten zur Schätzung der Transmissivität. Die Bodentemperatur in einer gebirgigen Region läßt sich mit Hilfe der topographischen Höhe als Zusatzvariable zuverlässiger interpolieren (Wackernagel u. Hudson 1992).

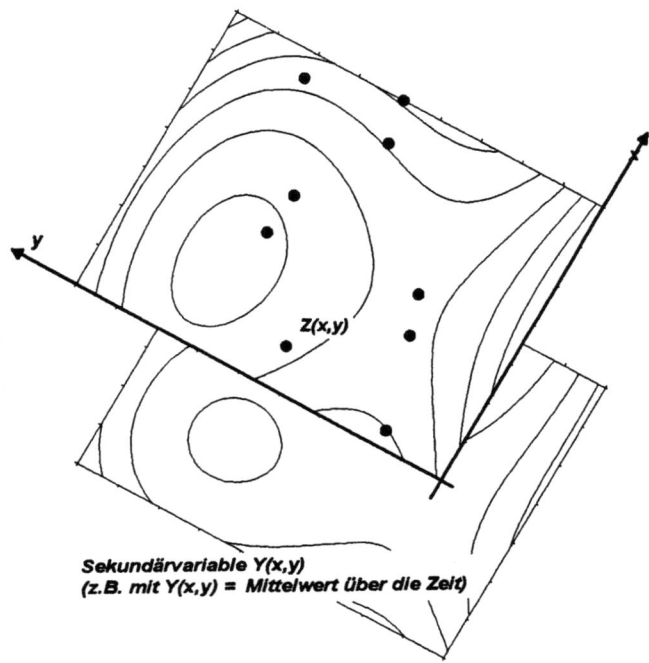

Abb. 3.2. Die Variable Grundwasserhöhe $h = Z(x,y)$ und die Sekundärvariable $Y(x,y)$ als „Basic Outline".

Die Grundwasserdruckhöhe zum Zeitpunkt t kann bei Kenntnis früherer Druckspiegellagen ebenfalls besser geschätzt werden. Chiles (1992) verwendet als Sekundärvariable die Mittelwerte zweier extremer Grundwasserhöhenlagen, Meßwerte einer Trocken- bzw. einer Feuchtperiode, als „generelle Grundwasserhöhe" zur Interpolation der Grundwasserhöhe zum Zeitpunkt einer räumlich weniger dichten Stichtagsmessung. Die grundlegende Idee hierbei ist, daß die generelle Form einer Grundwasserdruckfläche nur eingeschränkt veränderlich ist, wenn äußerere Einflüsse, wie z.B. Grundwasserentnahmen, auszuschließen sind. Die generelle Form kann dann mit Hilfe der mittleren Druckhöhen als Sekundärvariable $Y(x)$ vorgezeichnet werden (Abb. 3.2).

3.1.4
Raum-Zeit Kriging

Gl. 3.1 zeigt die räumliche sowie zeitliche Abhängigkeit der Variablen Grundwasserdruckhöhe. Ist man verglichen mit Schätzproblemen in der Rohstoffvorratsberechnung bei der Behandlung hydrogeologischer Fragestellungen aufgrund der geringeren räumlichen Datendichte häufig im Nachteil, so erweist sich die zeitliche Abhängigkeit der hydrogeologischen Prozesse als Vorteil. So führt Christakos (1992) Möglichkeiten und Probleme der raum-zeitlichen Schätzung vor allem auch bei Umweltproblemen wie dem der Grundwasserverunreinigung aus.

Nur wenige Autoren haben sich mit der Zulässigkeit der Anwendung geostatistischer Grundannahmen auf die Schätzung raum-zeitabhängiger Daten beschäftigt. In der Praxis (Rouhani u. Hall 1989, Neutze 1995, Buxton u. Pate 1994) erweisen sich jedoch einige Möglichkeiten der geostatistischen Behandlung dieser Variablen als erfolgreich anwendbar, auch wenn diesen Vorgehensweisen „theoretische Mängel oder zumindest Schwächen" nachzuweisen sind (Myers 1992).

Die zeitliche Abhängigkeit von Variablen wie der Grundwasserdruckhöhe, Grundwasser- oder Luftkontamination u.a. kann entweder durch die Definition der zeitlichen Achse als zusätzliche Dimension (Abb. 3.3) oder durch Betrachtung der einzelnen Zeitebenen als separate, jedoch miteinander korrelierende Variablen (Abb. 3.4) in die Schätzung mit einbezogen und so als zusätzliche Information genutzt werden.

Im zweiten Fall wird das Schätzverfahren Cokriging verwendet, das im einzelnen an späterer Stelle erläutert werden wird. Hier sei nur bemerkt, daß das Verfahren Cokriging seine sinnvollste Verwendung vor allem als gleichzeitiger Schätzer mehrerer korrelierter ortsabhängiger Variablen findet (Carr 1995). Hierbei kommt es jedoch mit zunehmender Anzahl von Co-Variablen zu einem unverhältnismäßig anwachsendem Aufwand bei der Variogrammanalyse und -modellierung.

Unter dem „echten" Raum-Zeitkriging wird üblicherweise ein Kriging verstanden, bei dem die zeitliche Dimension als gleichwertige „Raum"-dimensionen betrachtet wird. Um weiterhin ein dreidimensionales orthogonales Bezugssystem zu gewährleisten, können natürlich nur zwei Raumkoordinaten (z.B. Rechts- und Hochwert) zugelassen werden. Im Falle der Grundwasserdruckfläche werden dann die Ortskoordinaten auf der x- und der y-Achse abgebildet, während die z-Achse die zeitliche Dimension repräsentiert.

Als ein weiteres Problem erweist sich, daß die zeitliche Informationsdichte im Vergleich zur räumlichen Datendichte in vielen Fragestellungen ungleichmäßig größer ist. Beispielsweise läßt sich eine einmal eingerichtete Luftmeßstation oder eine Grundwassermeßstelle beinahe beliebig häufig beproben. In der Analyse der räumlichen - hier genauer gesagt der raum-zeitlichen - Struktur der Kenngröße verfälschen diese Datencluster das Variogramm, sofern nicht ein „Decluster"-Programm (z.B. in GSLIB, Deutsch u. Journel 1992, 1997) vorgeschaltet wird.

Beim Schätzvorgang mittels Kriging muß der „Abschirmungseffekt" bei der Bestimmung der Schätzgewichte λ bedacht werden. Dieser wird durch die zeitliche Anordnung der Meßpunkte, die genau parallel zur zeitlichen Achse liegen, verursacht. Demgegenüber sind die Datenpunkte räumlich zumeist irregulär in der 2D-Ebene verteilt.

Die unterschiedlichen Maßeinheiten des räumlichen und des zeitlichen Bezugssystems erfordern eine detaillierte Analyse der Anisotropie. Im Beispiel der Grundwasserstandsmessungen, die monatlich durchgeführt sein mögen und deren räumliches Bezugssystem auf dem Meter als Längenmaß beruht, ist es leicht nachvollziehbar, daß die zeitliche Variabilität innerhalb von zehn Monaten höher sein mag als innerhalb von Distanzen von zehn Metern. Demzufolge wird sich eine zonale Anisotropie zeigen, bei der der Sill der zeitlichen Variogrammkomponente höher ist als der der räumlichen.

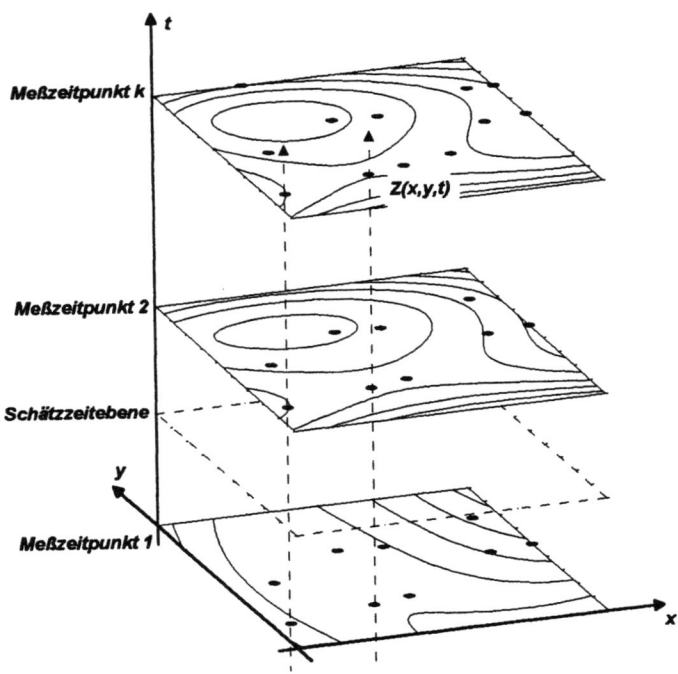

Abb. 3.3. Die Grundwasserhöhe $h = Z(x,y,t)$ dargestellt im 3D Raum mit der Zeit als dritter Dimension.

Hieraus ergibt sich die Notwendigkeit der Berechnung von Richtungsvariogrammen zur Erkennung dieser Anisotropien. Hierbei sollte in Richtung der Zeitachse der Toleranzwinkel so klein gehalten sein, daß möglichst nur Meßwerte einer (räumlichen) Meßstation zu Distanzpaaren zusammengefaßt werden. Auf diese Weise erhält man je ein Variogramm, das die räumliche und die zeitliche Korrelationsstruktur wiedergibt. In das Krigingleichungssystem gehen diese geschachtelten Variogrammfunktionen als Summenvariogramm ein[3]:

$$\gamma(h_x, h_t) = \gamma_1(h_x) + \gamma_2(h_t) \tag{3.17}$$

mit h_x Abstandsvektor im Raum,
h_t zeitliches Inkrement,
$\gamma(h_x)$ räumliches Variogramm
$\gamma(h_t)$ zeitliches Variogramm.

---

[3] Myers u. Journel (1990) zeigen, daß die Verwendung eines raum-zeitlichen Summenvariogramms bei ungünstiger Datenanordnung zu nicht lösbaren singulären Krigingmatrizen führen kann.

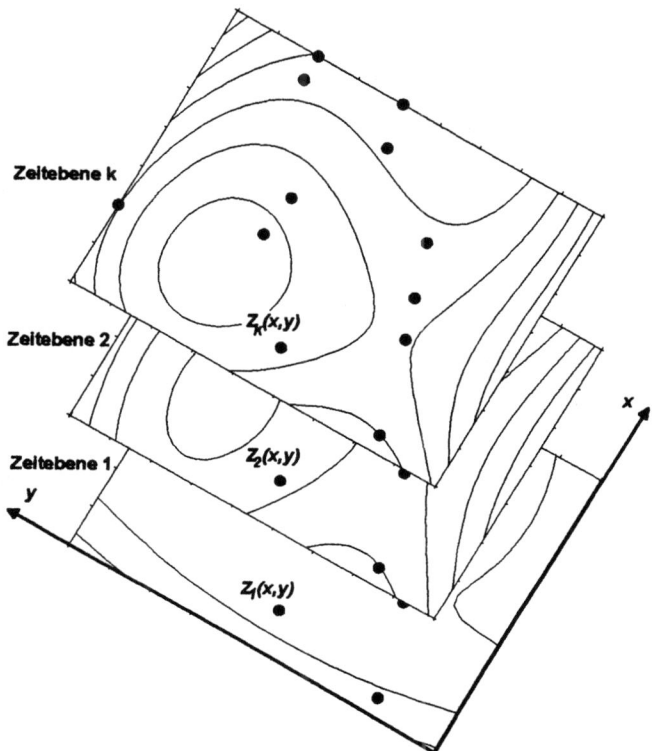

Abb. 3.4. Die Grundwasserhöhe $h = Z_i(x,y)$ als $i = 1,..,k$ zeitlich korrelierende Variablen.

Wiederum gilt die Einschränkung bei der Verwendung von Kriging - sei es echt *raum-zeitlich* oder *Cokriging* -, daß es sich nicht zur Extrapolation eignet. Für eine Schätzung über den mit Messungen erfaßten Raum bzw. die Zeitspanne hinaus (Prognosen) sind die Methoden der Zeitreihenanalyse sinnvoll.

Vorteilhaft kann die Verwendung von Kriging vor allem in solchen Fällen sein, in denen ein Mangel an räumlicher Information durch zusätzliche Information über die Kenngröße zu anderen Zeitpunkten ausgeglichen wird. Hierbei sei noch einmal darauf hingewiesen, daß Kriging zur Schätzung einer ortsabhängigen Variablen sowie auch zur Bestimmung deren Zuverlässigkeitsschranken in Form der Krigingschätzstandardabweichung dient. Dieses Zuverlässigkeitsintervall ist z.B. in Fragen der Risikoabschätzung von größerer Bedeutung als der Schätzwert an sich. Eine möglichst gute Modellierung der Autokorrelationsstruktur der behandelten Kenngröße sowie eine günstige Datenpunktanordnung gewährleisten eine zuverlässige Bestimmung der Krigingstandardabweichung σ_K und damit des Vertrauensintervalls.

3.1.5
Die Methode der Kreuzvalidation

In den vorangegangenen Kapiteln werden jeweils Modellannahmen über das räumliche Verhalten von ortsabhängigen Variablen gemacht, die sich aus dem Verhalten des Variogramms oder aufgrund von a-priori-Wissen ableiten lassen. Bevor diese Modellvorstellungen in den Interpolationsprozeß eingehen, z.B. in Form des Variogramms (isotrop/anisotrop) oder durch Vorgabe eines Drifttypes, kann geprüft werden, ob bzw. wie gut dieses Modell die Ausgangsdaten repräsentiert. Hierzu wird - nicht nur in der Geostatistik - die Kreuzvalidation eingesetzt.

Dieses Verfahren benutzt das vorgegebene Modell, um an den Lokationen der Originalmeßwerte z_i einen Wert z_i^* zu schätzen (interpolieren), wobei alle umgebenden Datenpunkte außer dem Wert z_i selbst verwendet werden. Dies geschieht sukzessive für alle Datenpunkte. Aus der Differenz $[z_i - z_i^*]$ läßt sich für jeden Punkt x_i die Güte der Schätzung ablesen. Der Mittelwert (Erwartungswert) der Differenzen für alle z_i sollte möglichst nahe 0 liegen. Normiert man die Differenzen über die Schätzstandardabweichung σ_K (z-Transformation), so ist das Modell besser geeignet, bei dem die resultierende Verteilung der Standardnormalverteilung N[0,1] am nächsten kommt.

Die Kreuzvalidation ist in die meisten Geostatistikpakete (GEOEAS, GSLIB) integriert. Sie kann dem Prinzip nach natürlich auch für andere Schätzverfahren verwendet werden, wie z.B. den Inversen-Distanz-Methoden.

3.1.6
Fallbeispiel: Kriging

Das Beispiel einer Schätzung der Grundwasserdruckfläche des oberflächennächsten Grundwasserleiters innerhalb eines Stadtgebietes soll die praktische Vorgehensweise bei der Verwendung von Kriging veranschaulichen und Vergleichsmöglichkeiten der verschiedenen Krigingverfahren auch hinsichtlich ihres Aufwandes bieten. Folgende Punkte werden dargestellt:

- *Strukturanalyse* der gemessenen Grundwasserdruckhöhen, räumlich und zeitlich,
- Räumliche Interpolation der Grundwasserdruckhöhe mittels *Ordinary Kriging*,
- Berücksichtigung der Nicht-Stationarität der Variablen unter Verwendung des *Universal Kriging*,
- Einbeziehung der zeitlichen Information durch *Kriging mit Externer Drift* und durch *raum-zeitliches Kriging*.

Die verwendeten Daten wurden einer umfangreichen Datenbank entnommen, die bei der langfristigen Erkundung der hydrogeologischen Situation des südlichen Stadtgebietes von Berlin (SenStadtUm, „Bohrprogramm Süd"[4]) ange-

---

[4] Das Untersuchungsprogramm wurde gemeinsam durch die Senatsverwaltung für Stadtentwicklung und Umweltschutz und die Freie Universität Berlin (dort Prof. Dr. H. Brühl und Prof. Dr. A. Pekdeger) durchgeführt.

legt wurde. Die Angaben zur hydrogeologischen Situation sind im wesentlichen der Arbeit von Wurl 1995 entnommen.

Für die Berechnung und Modellierung der Variogramme wurde das Paket VARIOWIN (Pannatier 1996) eingesetzt; die Schätzung erfolgte mit KTB3D, der flexiblen 3-dimensionalen Krigingroutine der Geostatistikbibliothek GSLIB (Deutsch u. Journel 1992).

3.1.6.1
Erstellung eines Grundwassergleichenplans in einem städtischen Gebiet

Aufgabe ist es, anhand von Messungen der Grundwasserdruckhöhe des oberflächennächsten Grundwasserleiters eine Grundwassergleichenkarte eines 9,5 km x 6 km großen Teilgebietes des südlichen Raumes von Berlin für ein Stichdatum (1. Dez. 1989) zu erstellen. Im betrachteten Gebiet wird ein direkter hydraulischer Kontakt zwischen Oberflächengewässern und dem betrachteten weichselsaalezeitlichen Grundwasserleiter ausgeschlossen, so daß keine zusätzlichen Randinformation (z.B. in Form von Pegelständen der Oberflächengewässer) hinzu genommen werden kann.

Als Daten stehen dieser Analyse Stichtagsmessungen jeweils am Monatsersten über maximal zwei Jahre, vom 1.1.1989 bis zum 1.12.1990, an insgesamt 22 Grundwassermeßstellen zur Verfügung. Aufgrund von Meßlücken umfaßt der Gesamtdatensatz 495 Meßwerte des Grundwasserspiegels. Nur an 20 der insgesamt 22 Meßstellen wurde am 1.12.1989, dem Schätzzeitpunkt ($t = 12$), der Grundwasserstand aufgezeichnet.

Das räumliche Bezugssystem (x,y) verwendet als Maßeinheit den Meter. Der durchschnittliche Abstand zwischen den Grundwassermeßstellen beträgt 1000 m, die maximale Distanz ist ca. 9 km. Als zeitliche Maßeinheit wurde der Monat gewählt, so daß zeitlich eine Spanne von 1 bis 24 Monaten ($1 \leq t \leq 24$) mit Daten belegt ist.

Der einheitlich nach Norden (N-NNE) mit einem Gefälle von ca. 0,9 ‰ (Wurl 1995) gerichtete Abstrom ist in dem stark versiegelten städtischen Raum keinen wesentlichen zeitlichen Veränderungen unterworfen. Die Grundwasserganglinien (Abb. 3.5) zeigen in dem betrachteten Zeitraum eine durchschnittliche Absenkung des Grundwasserspiegels um 0,7 m. Ab 1990 ($13 \leq t \leq 24$) tritt aufgrund der veränderten Grundwasserentnahmen eine Beruhigung des Grundwasserspiegels mit durchschnittlichen Schwankungen 0,26 m ein. Ein saisonal bestimmter Gang des Grundwasserspiegels ist nicht zu beobachten.

Die globale Varianz der Meßwerte beträgt 4,1 m², bei einer gesamten Höhendifferenz von 7,5 m zwischen $31{,}86 \leq h \leq 39{,}38$ m NN.

Für die räumliche Schätzung der Grundwasserhöhen (h) wurden zwei unterschiedliche Informationsniveaus angenommen:

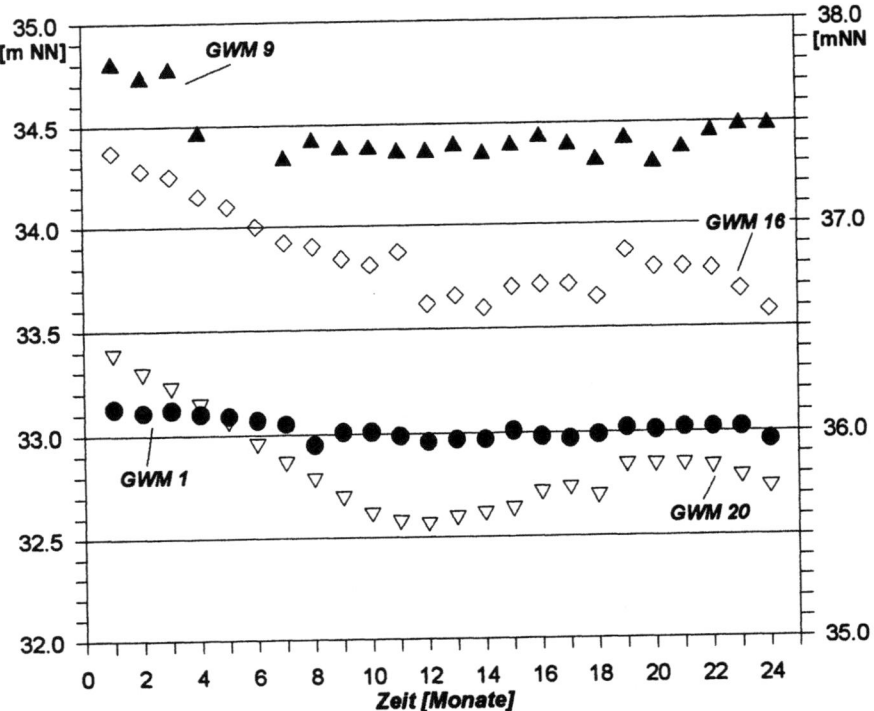

Abb. 3.5. Grundwasserganglinien an vier ausgewählten Meßstellen (ausgefüllte Symbole beziehen sich auf die linke, leere Symbole auf die rechte Ordinate).

1. Der Grundwasserstand ist ausschließlich in Form von Stichtagsmeßwerten für den Zeitpunkt t = 12 (1.12.1989) an 20 Grundwassermeßstellen bekannt. Anhand dieser Werte ($h_i(x,y)$, $i = 1,20$) können ausschließlich räumlich definierte experimentelle Variogramme in 2D berechnet und modelliert werden ($\gamma(h)$). Diese dienen als Grundlage für eine Interpolation mittels *2D Ordinary Kriging* und *2D Universal Kriging*.
2. Alle bekannten Meßwerte in Raum und Zeit ($h_i(x,t)$, $i = 1,...,495$) werden für die Bestimmung eines 3D anisotropen Variogrammodells berücksichtigt. Dabei werden die experimentellen Variogramme in Raum und Zeit getrennt bestimmt. Das so ermittelte Variogramm wird für die räumliche Interpolation mittels *3D-Ordinary Kriging* verwendet.

Der vollständige raum-zeitliche Datensatz dient auch zur Ermittlung einer zugrunde liegenden Kontur des Grundwasserspiegels, die als äußere Drift in die räumliche Schätzung mittels *Kriging mit Externer Drift* eingeht. Im vorliegenden Testbeispiel soll als Sekundärvariable das zweijährige Mittel des Grundwasserstands verwendet werden.

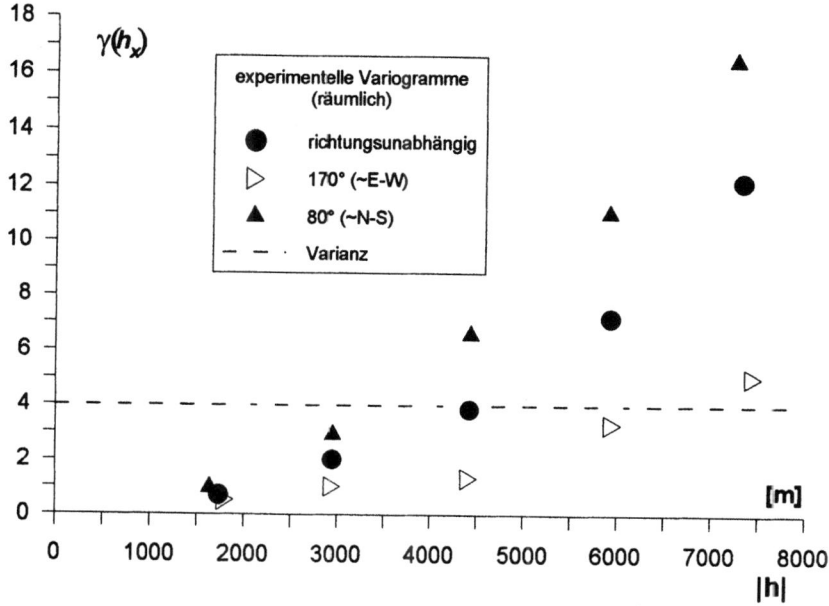

Abb. 3.6. Experimentelle Richtungsvariogramme der Grundwasserhöhe h.

Strukturanalyse. Das experimentelle Variogramm (Abb. 3.6) für den Meßtag 1.12.1989 ($t = 12$) steigt parabolisch im Ursprung an, ein Verhalten, das für eine räumlich sehr stetige Variable wie der Grundwasserhöhe zu erwarten ist. Für die berechneten - und mit Punktepaaren belegten Distanzen $|h|$ - wird kein Sill erreicht. Damit kann die Variable Grundwasserhöhe als eine instationäre Zufallsfunktion angesehen werden, deren deterministische Komponente durch das einsinnig nördlich gerichtete Gefälle verursacht wird.

Demgemäß steigt das Variogramm in Richtung des Abstroms (80°) steiler an als senkrecht dazu. Die Varianz wird hier erst nach ca. 6,5 km erreicht. Hieraus resultiert eine räumliche Anisotropie im Verhältnis von etwa 1 : 2 in nordsüdlicher Richtung.

Das anhand des Gesamtdatensatzes berechnete Variogramm parallel zur zeitlichen Achse (Abb. 3.7) folgt demselben parabolischen Anstieg wie die räumlichen Richtungsvariogramme. Ein Sill wird für die betrachteten Zeitinkremente $|h_t|$ nicht erreicht. Verglichen mit dem Anstieg des räumlichen Variogramms zeigt das zeitliche Variogramm einen um die Größenordnung 100 steileren Anstieg. Diese raum-zeitliche Anisotropie wird im wesentlichen durch die Wahl der Bezugseinheiten Meter und Monat hervorgerufen. Nimmt man anstelle der Bezugseinheit Monat den Tag an, so ergibt sich ein entsprechend flacherer Anstieg, d.h. ein annähernd isotropes raum-zeitliches Variogramm.

Die Struktur der Variablen Grundwasserhöhe h wird im folgenden aufgrund ihrer experimentellen Variogramme mit einem Power-Modell beschrieben; dieses hat keinen Sill und wird allein durch die Steigung ω und den Exponenten p definiert.

48 3 Erstellen von Karten hydrogeologischer Kenngrößen

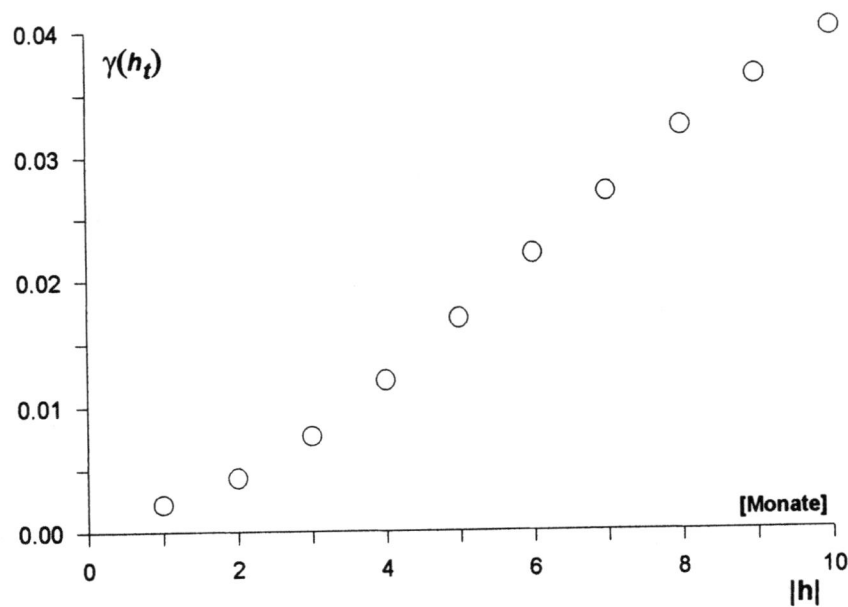

Abb. 3.7. Experimentelles zeitliches Variogramm der Grundwasserhöhe h.

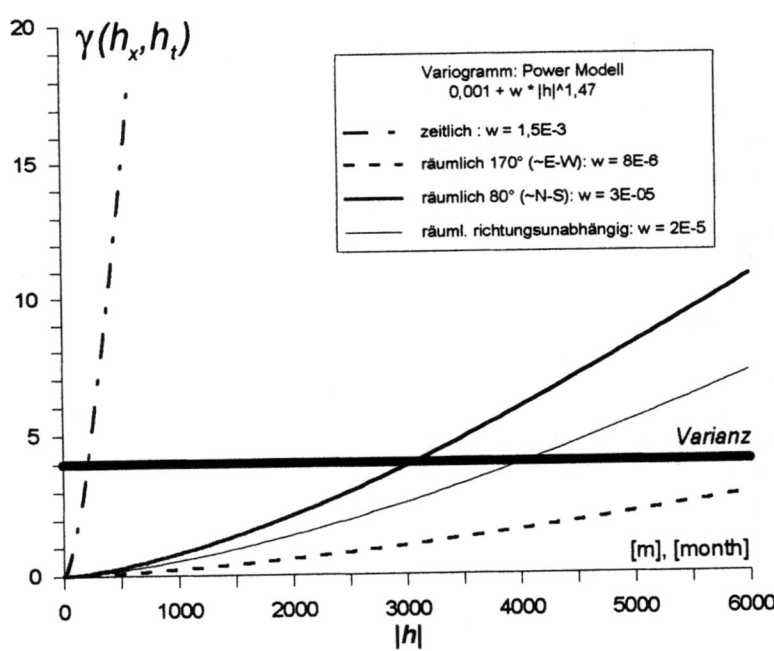

Abb. 3.8. Zur Krigingschätzung verwendete Modelle der raum-zeitlichen Struktur der Grundwasserhöhe h.

Im raum-zeitlichen Strukturmodell der Grundwasserhöhe nimmt der Exponent einen Wert > 1 ($p = 1,47$) an, wodurch der parabolische Anstieg des Variogramms am besten modelliert wird. Der kleine Nuggeteffekt ($C_0 = 0,001$) spricht für eine sehr geringe engräumige Variabilität (< 0,1 % der Varianz.).

Für das räumliche 2D-Variogramm werden a) eine isotrope Struktur mit der Steigung $\omega = 2 \times 10^{-5}$ und b) eine anisotrope Struktur mit der Steigung $\omega = 8 \times 10^{-6}$ senkrecht zur Abstromrichtung und $\omega = 3 \times 10^{-5}$ in Richtung des Abstroms angepaßt. Daraus resultiert für die räumliche Anisotropie ein Faktor von 1:0,41 senkrecht zur Abstromrichtung.

Parallel zur zeitlichen Achse wird eine Steigung von $\omega = 1,5 \times 10^{-3}$ beobachtet. Die Form der Variogramme ist in Abb. 3.8 wiedergegeben. Das dreidimensionale Modell der raum-zeitlichen Struktur weist somit ein Anisotropieverhältnis von 1:0,41:0,03 auf.

Interpolation der Grundwasserstandsdaten anhand von Kriging. Die im folgenden dokumentierte Untersuchung wird zunächst mit dem vollständigen räumlichen bzw. raum-zeitlichen Datensatz durchgeführt. Anschließend wird die Datenbasis auf die 35 % reduziert und das Kriging wiederholt.

Das Schätzgitter besteht aus 20 x 13 Gitterpunkten im Abstand von 500 m. Es werden jeweils fünf verschiedene räumliche Krigingmodelle, eingeschränkt auf den 2D Raum, und zusätzlich drei unterschiedliche Varianten des 3D Raum-Zeitkriginganstzes (Tabelle 3.1) verwendet.

Zum Vergleich der Ergebnisse wird jeweils eine Kreuzvalidation[5] vorgenommen (Tabelle 3.2). Die Differenz der Meß- und der Schätzwerte ist ein Maß für die Güte des gewählten Kriginganstzes und des verwendeten Variogrammodells. Daneben ist eine realistische Schätzung des Vertrauensintervalls, dargestellt durch die Krigingschätzstandardabweichung σ_K, ein weiteres Kriterium für die Einsatzfähigkeit der Verfahren. Zuletzt soll auch der Aufwand, den die einzelnen Verfahren erfordern, betrachtet werden.

Das <u>Ordinary Krigingverfahren</u> wird unter der einfachsten Annahme der räumlichen Isotropie sowie mit Berücksichtigung einer räumlichen Anisotropie verwendet. Da dieses Verfahren als Eingangsparameter ausschließlich die Daten, die Konfiguration des Interpolationsgitters, ein Variogramm und Parameter für die Suchellipse benötigt, erfordert diese Methode den geringsten Aufwand.

Beide Ansätze liefern ein gutes Abbild des generell nach NNE einfallenden Grundwasserspiegels. Lokale Abweichungen, wie etwa der im NE nach Süden abbiegende Verlauf der Grundwassergleichen, werden zuverlässig wiedergegeben (Abb. 3.9).

Anhand der Kreuzvalidation wird eine durchschnittliche Differenz zwischen Schätz- und Meßwerten von 0,35 m (1 %) bei isotroper Schätzung, bzw. 0,41 m (1,2 %) bei anisotroper Schätzung verzeichnet. Maximale Abweichungen sind im isotropen Fall mit 1,20 m (3,6 %), im anisotropen mit 1,38 m (3,9 %) gegeben.

---

[5] Die Kreuzvalidation besteht in der schrittweisen Schätzung der Zufallsfunktion an den Datenpunkten unter Verwendung aller Datenwerte außer des am Punkt gemessenen Datenwertes selbst (s.a. Kap. 3.1.5).

Tabelle 3.1. Übersicht der Modellannahmen zur räumlichen Schätzung mittels verschiedener Kriginganätze. Anzahl der Datenpunkte in Klammern beziehen sich auf den auf 35 % reduzierten Datensatz.

Methode	Annahmen	Variogramm	Suchradius	Daten
Ordinary Kriging	Isotrope räumliche Struktur	Isotropes Powermodell.		
	Anisotrope räumliche Struktur.	Anisotropes Powermodell im Verhältnis 1:0,41 nach 170°.	5,2 km, max 16 Pkt.	20 (7)
Universal Kriging	Isotrope räumliche Struktur mit zugrundeliegender linearer Drift in nordsüdlicher Richtung.	Isotropes Powermodell, angepaßt in der vom Grundwassergefälle unabhängigen Richtung (170°).		
Kriging mit Externer Drift	Die äußere Kontur des Grundwasserspiegels wird durch die Trendfläche 1. Grades des zweijährigen Mittels vorgezeichnet.		5,2 km max. 16 Pkt.	20 (7)
	Die äußere Kontur des Grundwasserspiegels wird durch einen vollständig bekannten Grundwasserspiegel desselben Monats im folgenden Jahr (t = 24) vorgezeichnet.	Isotropes Powermodell, angepaßt in der vom Grundwassergefälle unabhängigen Richtung (170°).		
3D Raum-Zeitkriging		Anisotropes 3D Powermodell im Verhältnis 1:0,41:0,03.	5,2 km in 170° anis., a) 16 Pkt. 1:0,41:0,03	495 (176)
			5,2 km in 170° anis., 16 Pkt. b) 1:0,41:0,001	495 (176)
			5,2 km in 170° anis., c) 16 Pkt. 1:0,41:0,0005	495 (176)

Es zeigt sich, daß die Berücksichtigung der nur schwach ausgeprägten räumlichen Anisotropie (1:0,41) keine Verbesserung der Interpolation bewirkt.

Der Vergleich der Schätzstandardabweichung σ_K, die das Vertrauensintervall eines Schätzwertes bestimmt, zeigt eine geringfügige Verbesserung durch Berücksichtigung der Anisotropie: liegen im isotropen Fall 38 % aller Krigingstandardabweichungen unterhalb von 0,5 m, so sind dies im anisotropen Fall schon 55 %. In der Karte (Abb. 3.9) wie auch in den folgenden Kartendarstellungen der Schätzfehler fallen besonders die kreisförmigen Areale mit Fehlern < 0,25 m ins Auge. Innerhalb dieser Bereiche liegen Datenpunkte, in deren näheren Umgebung der Schätzfehler definitionsgemäß sehr klein wird.

3.1 Räumliche Schätzung - Kriging

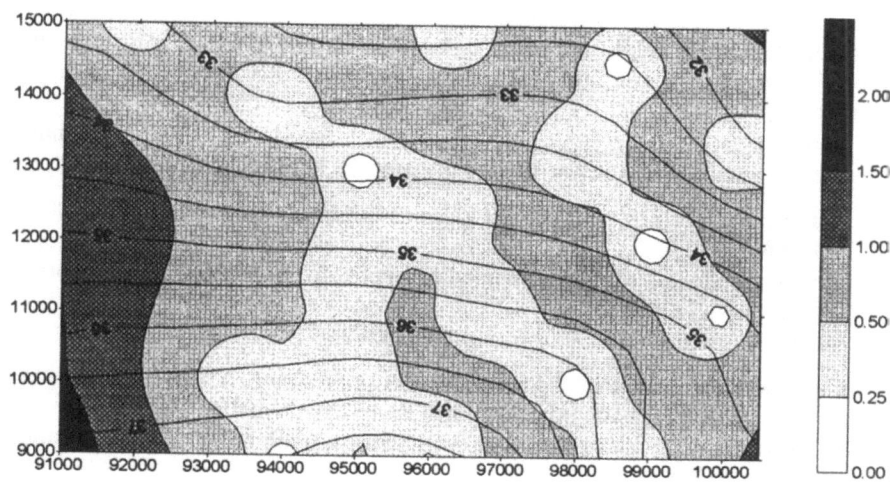

Abb. 3.9. Mit isotropen *Ordinary Kriging* erstellte Grundwassergleichenkarte und Grautonkarte der Schätzstandardabweichung σ_K. (Alle Einheiten in m).

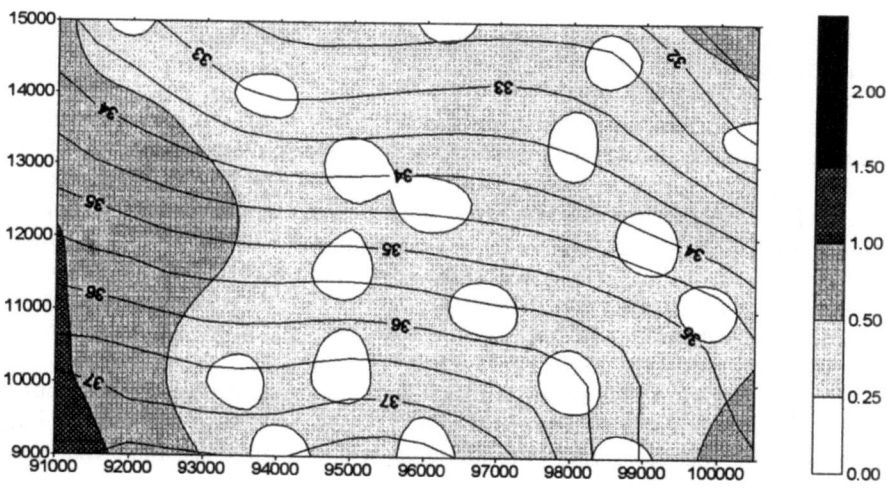

Abb. 3.10. Gundwassergleichenkarte und Grautonkarte der Schätzstandardabweichung erstellt mit *Universal Kriging* unter der Annahme einer linearen Drift.

Das <u>Universal Kriging</u> wird im vorliegenden Fall unter der Annahme einer linearen Drift verwendet. Die Kreuzvalidation liefert in etwa die gleichen Resultate für die Abweichung von den Datenwerten wie für das *Ordinary Kriging* (Tabelle 3.2). Gleiches gilt für das <u>Kriging mit Externer Drift</u>, wobei die Trendfläche 1. Grades des zweijährigen Mittels als konturgebende Struktur angenommen wird. Gegenüber der Schätzung mit dem *Ordinary Kriging* verringern sich die Schätzstandardabweichungen derart, daß nunmehr 78 % (*Universal Kr.*) bzw. 79 % (*Kr. m. Ext. Dr.*) unterhalb von 0,5 m liegen (Abb. 3.10, Tabelle 3.1). Eine wiederholte Schätzung, bei der die als flächenhaft bekannt angenommene Grundwasserdruckhöhe eines vergleichbaren Monates im Folgejahr (Dez. 1990, $t = 24$) als äußere Kontur dient, verbessert das Validationsergebnis auf Abweichungen von den Meßwerten von durchschnittlich nur 0,07 m und maximal 0,25 m (0,2 und 0,7 %).

Beim *raum-zeitlichem Kriging* wird ein anisotropes 3D-Strukturmodell verwendet. In drei Ansätzen wird die Form des Suchellipsoids derart variiert, daß

a) seine Form der des Anisotropieellipsoids entspricht, d.h. 5200 m : 2100 m : 150 Mon.,
b) der Suchradius in zeitlicher Dimension auf 3 % (ca. 5 Mon.) der ursprünglichen Ausdehnung und
c) noch mal auf die Hälfte (2,5 Mon.) reduziert ist.

Das Interpolationsergebnis des *raum-zeitlichen Kriging*, d.h. die Grundwassergleichen zeigen in Abhängigkeit von der Form des Suchellipsoids von der Realität teilweise extrem abweichende Verläufe: In Fall a) wird die räumliche Information vollständig zugunsten der zeitlichen unterdrückt, die Zuverlässigkeit der Interpolation ist dementsprechend mit nur 23 % unterhalb von 0,5 m nicht ausreichend. Mit den Varianten b) und c), bei denen etwa 65 % bzw. 83 % der zur Schätzung herangezogenen Datenwerte der zu interpolierenden Zeitebene entstammen, wird ein realistischer Grundwassergleichenplan erzeugt, dessen Zuverlässigkeit sich mit 55 % bzw. 57 % unterhalb von 0,5 m verbessert (Tabelle 3.2).

Wird der Suchradius in Richtung der zeitlichen Achse zu groß gewählt, so werden mitunter ausschließlich Datenwerte anderer Zeitebenen ($t \neq t_0$) zur Schätzung hinzugezogen. Das Schätzergebnis ist ein gewichteter Mittelwert der Zeitreihen nahegelegener Meßstellen ohne Berücksichtigung der räumlichen Korrelation. Die Krigingschätzstandardabweichungen werden (s.a. Gl. 3.9) ausschließlich durch die zeitliche Komponente des 3D Variogramms bestimmt. Da im vorliegenden Beispiel das Variogramm in der zeitlichen Dimension etwa um das Hundertfache steiler ansteigt als in der räumlichen Dimension, erhöhen sich die Werte für den Schätzfehler entsprechend (Tabelle 3.2).

Bei dem auf ca. 35 % reduzierten Datensatz unterscheiden sich die Ergebnisse vor allem dadurch, daß die räumlichen 2D Methoden allesamt nicht in der Lage sind, das Interpolationsgitter vollständig zu schätzen (62,7 %), ohne die räumlichen Suchradien ungerechtfertigt weit auszudehnen. Allein durch Hinzuziehen der zeitlichen Information mittels 3D *Raum-Zeit Kriging* konnte eine vollständige Belegung des Zielgebietes gewährleistet werden.

Der Vergleich der Schätzungen und des 95 % Vertrauensintervalls entlang eines nord-südlich gerichteten Profilschnittes veranschaulicht die Entwicklung der Schätzstandardabweichung in Abhängigkeit von Datengrundlage und Schätzmethode.

Das Vertrauensintervall im Falle des *Ordinary Kriging* (Abb. 3.11) ist mit einer Spanne von 7,5 m unbefriedigend. Ursache für die hohen Schätzfehler (σ_K) im zentralen Teil ist das Fehlen von Meßwerten für den betrachteten Zeitpunkt ($t = 12$) in den Meßstellen 19 und 11. Im Bereich der Meßstelle 3 standen für die Interpolation nicht genügend benachbarte Meßwerte zur Verfügung.

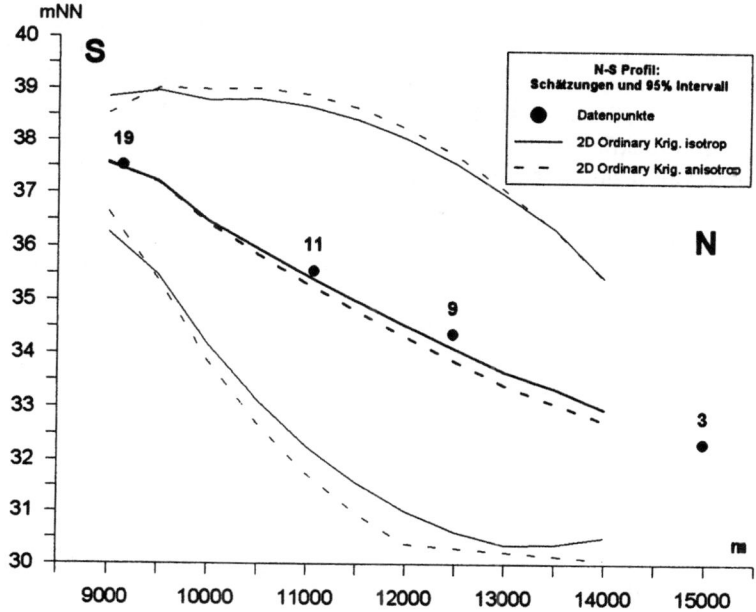

Abb. 3.11. Für $t = 12$ mit 2D *Ordinary Kriging* interpolierter Grundwasserspiegel und 95 % Vetrauensintervall entlang eines N-S Profilschnittes (reduzierter Datensatz).

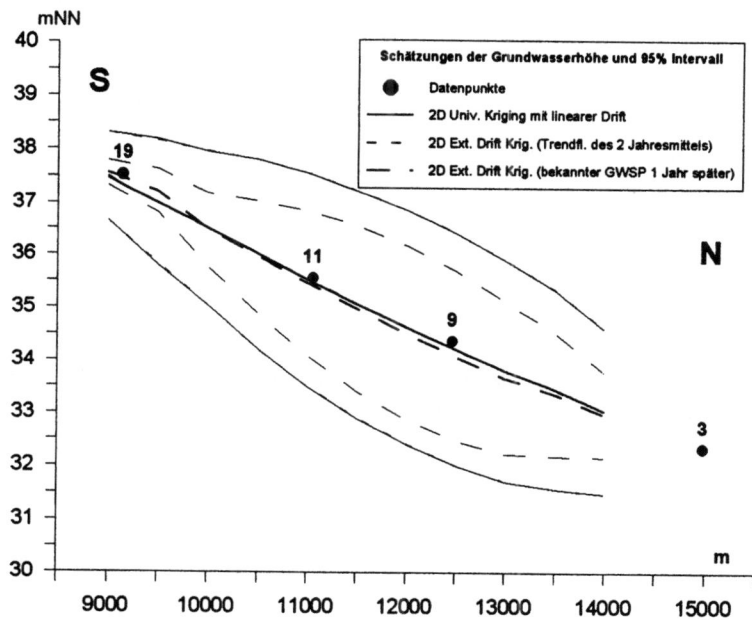

Abb. 3.12. Für $t = 12$ mit 2D *Universal Kriging* und zwei Varianten des *External Drift Kriging* interpolierter Grundwasserspiegel und 95 % Vertrauensintervall entlang eines N-S Profilschnittes (reduzierter Datensatz).

Abb. 3.12 zeigt die Krigingergebnisse, die unter Berücksichtigung der Drift erzielt werden. Dabei unterscheiden sich die Interpolationswerte und Vertrauensschranken des *Universal Kriging* und des *External Drift Kriging* unter Zugrundelegung der Trendfläche des zweijährigen Mittels nicht. Die Verwendung der Grundwasserdruckfläche eines vergleichbaren Zeitpunktes verringert das Vertrauensintervall deutlich, beeinflußt jedoch die Schätzwerte im Umfeld der Meßstellen 9 und 11 zugunsten der vorgegebenen Kontur.

Durch Hinzuziehen zeitlicher Information ist es im vorliegenden Beispiel möglich, das Interpolationsgitter vollständig mit Schätzwerten zu füllen. Gegenüber den ausschließlich auf räumlicher Information basierenden Schätzungen werden die Zuverlässigkeitsschranken deutlich enger (Abb. 3.13). Wie schon die Ergebnisse für den nicht reduzierten Datensatzes zeigen, muß hier bei der Wahl des Suchellipsoids auf ein günstiges Verhältnis zwischen Datenpunkten der zeitlichen und der räumlichen Dimension geachtet werden.

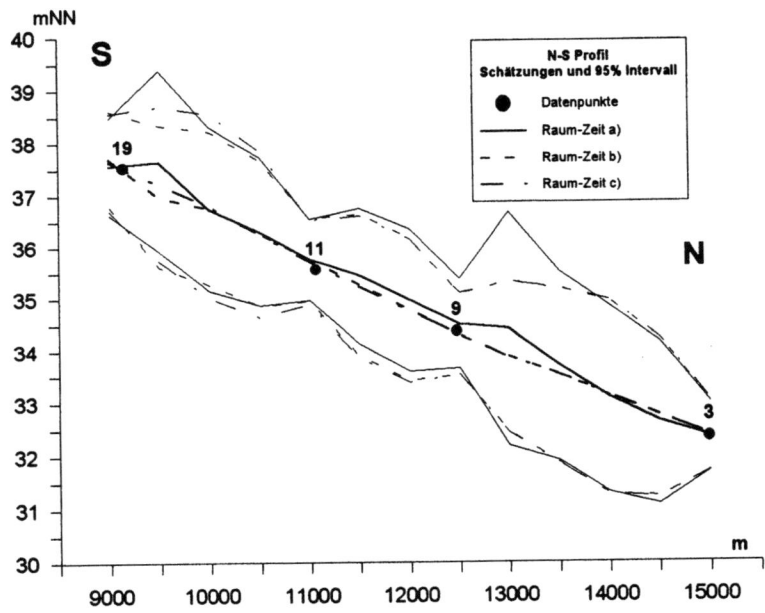

Abb. 3.13. Für $t = 12$ mit *Raum-Zeit Kriging* (3D) interpolierter Grundwasserspiegel und 95 % Vertrauensintervall entlang eines N-S Profilschnittes (reduzierter Datensatz). Suchradius in t: a) 150 Mon., b) 5 Mon. und c) 2,5 Mon.

Tabelle 3.2. Ergebnisse der Kreuzvalidation und Krigingfehler (σ_K).

Methode		Kreuzvalidation		Krigingstandardabweichung < ± 0,5 m	
		mittlere Abweichung	maximale [cm] (%)	vollständiger Datensatz	reduzierter Datensatz
Ordinary Kriging	isotrop	35,3 (1)	119,7 (3,6)	38 %	4 %
	anisotrop	41,2 (1,2)	138,4 (3,9)	55 %	6 %
Universal Kriging		38,5 (1,1)	128,3 (3,7)	78 %	11 %
Kriging mit Externer Drift	Trendfläche 1. Grades	36,9 (1,1)	129,5 (3,6)	79 %	11 %
	Grundwasserspiegel	6,6 (0,2)	25 (0,7)	79 %	11 %
3D Raum-Zeit Kriging	a) b) c)	nicht berechnet*		23 % 55 % 57 %	47 % 50 % 37 %

*Die Kreuzvalidation wird für <u>alle</u> der Schätzung zur Verfügung stehenden Datenpunkte durchgeführt, also auch für die aus der zeitlichen Ganglinie eines Brunnens entstammenden Werte. Diese werden aufgrund der dichten zeitlichen Beprobung besonders gut geschätzt, was zu einer Überbewertung der Güte der Schätzung führt.

3.1.7
Schlußfolgerungen

Angesichts der ungleich aufwendigeren Variogrammanalyse und einiger theoretischer Schwachpunkte schneidet das *3D raum-zeitliche Kriging* im vorliegenden Beispiel am schlechtesten ab gegenüber den weniger aufwendigen Verfahren des *Ordinary Kriging* bzw. der Methoden, die die Instationarität der Variablen in Form einer *Drift* berücksichtigen. Dies ist im wesentlichen auf das hier ungünstige Verhältnis von zeitlicher zu räumlicher Informationsdichte zurückzuführen.

Das 3D-Krigingverfahren arbeitet ohne Unterschied auch für den Fall, daß die dritte Dimension eine zeitliche Achse darstellt. Das verglichen mit räumlichen Anisotropien, die im Bereich von 1 : 2 bis 1 : 10 liegen, um zwei Größenordnungen größere raum-zeitliche Anisotropieverhältnis erschwert das Verfahren für den Einsatz bei raum-zeitlichen Schätzaufgaben. Daher ist zu überlegen, ob speziell hierfür eine Routine zu entwickeln ist, die es dem Benutzer abnimmt, die Suchellipse günstig zu gestalten, und selbständig die Nachbarpunkte für die Schätzung auswählt. Eine Idee ist es, nur im Falle, daß keine Daten der zu schätzenden Zeitscheibe in der Nachbarschaft auffindbar sind, Messungen aus der zeitlichen Dimension hinzuzuziehen.

Im betrachteten Beispiel zeigen das *Externe Drift Kriging* und *das Universal Kriging* bei vertretbarem Aufwand glaubwürdige Interpolationsergebnisse und eine für instationäre Variablen realistische Einschätzung der Vertrauensgrenzen ($\sigma_K \approx 0,4$ m). Letztere liegen mit durchschnittlich ± 0,63 m (isotrop) und 0,55 m (anisotrop) für das *Ordinary Kriging* zu hoch.

Während das Universal Kriging selbst recht einfach zu verwenden ist, so gestaltet sich die Modellierung des Variogramms schwieriger: aufgrund der unterlagernden deterministischen Komponente ist es oft nicht leicht, das von der Drift unbeeinflußte Residuenvariogramm zu bestimmen.

Es zeigt sich, daß das *Externe Drift Kriging* vor allem dann gute Ergebnisse zeigt, wenn die äußere Kontur („basic outline") gut vorgezeichnet ist. Gerade im Falle der Interpolation von Grundwasserhöhen zeigen sich viele Möglichkeiten, hier gute Vorgaben zu machen. Zwei Beispiele unterschiedlicher Qualität wurden hier präsentiert: die Verwendung einer Trendfläche der mehrjährigen Mittelwerte ist bei wenig fluktuierenden Grundwasserdruckflächen günstig. Eine möglicherweise vollständig bekannte Grundwasserdruckfläche eines Vergleichszeitpunktes liefert ebenfalls gute Ergebnisse. Als „vollständig bekanntes Wertegitter" der Sekundärvariablen kann hierbei unter Umständen auch durch das Resultat einer numerischen Strömungsmodellierung verwendet werden.

Der Aufwand des *Externen Drift Krigings* ist durch die Bereitstellung von Sekundärvariablen und die zusätzliche Datenanalyse nicht gering, kann aber je nach Fragestellung von großem Nutzen sein. Für reine Interpolationsaufgaben reicht der Einsatz des *Ordinary Kriging* häufig schon aus. Wenn jedoch die Betrachtung der Zuverlässigkeit des Interpolationsergebnisses von Belang ist, sollte bei instationären Variablen - wie z.B. der Grundwasserhöhe - die Driftkomponente mit Hilfe des *Universal* oder des *External Drift Krigings* berücksichtigt werden. Die Einbeziehung der zeitlichen Information anhand *3D Krigings* ist vor allem bei lückenhaft beprobten Zeitebenen anzuraten.

3.2 Multivariate Geostatistik

Zur Beurteilung hydrogeologischer Sachverhalte wird eine Vielzahl von Variablen bestimmt, die teilweise miteinander in Beziehung stehen, wie z.B. korrelierende hydraulische Kenngrößen oder Grundwasserinhaltsstoffe.

Neben den gängigen Klassifizierungsverfahren (PIPER-, SCHOELLER-Diagramme), die die Beantwortung dieser Fragen unterstützen, werden zunehmend auch die Verfahren der multivariaten Statistik verwendet. Richtungsweisend war hier die Arbeit von Hötzl (1982), auf die sich der Leitfaden zur Behandlung von Grundwasserbeschaffenheitsdaten des DVWK 89 (1990) beruft. Im Rahmen der Klassifizierung von Altlasten oder Altstandorten verwendet Osterkamp (1988) die Faktorenanalyse, Thiergärtner (1995) bedient sich der Clusteranalyse. Hassel (1993) und Wurl (1995) gelingt mit Methoden der multivariaten Statistik die Rekonstruktion der hydrochemischen Entwicklungsgeschichte der Grundwässer im Süden Berlins. Eine Verbindung des räumlich statistischen Aspektes mit den Ergebnissen der multivariaten Statistik wird bei Schafmeister et al. (1996) dargestellt.

Eine Aufgabe des Hydrogeologen ist es, die hydrogeologische Situation eines Untersuchungsraumes umfassend zu beurteilen. Am ehesten wird dieses Ziel bei der Untersuchung der Beschaffenheit des Grundwassers deutlich, wo aus der typischen hydrochemischen Zusammensetzung des Grundwassers auf dessen

Genese und Herkunft geschlossen wird. Die räumliche Verteilung der Grundwasserinhaltsstoffe muß dazu erfaßt und dargestellt werden.

Mit Hilfe kommerzieller Interpolations- und Darstellungsprogramme wie SURFER werden detaillierte Karten von den Grundwasserinhaltsstoffen, physikochemischen Parametern bzw. allen anderen Kenngrößen, die die Grundwasserbeschaffenheit beschreiben, angefertigt. Diese Karten sollen dann als Grundlage für die Interpretation der Meßdaten dienen bzw. als Entscheidungshilfe für die Planung von weiterführenden Maßnahmen, wie z.B. die Errichtung neuer Meßstellen. Der Zuverlässigkeit der Karten kommt dabei eine besondere Bedeutung zu.

Wie schon in Kap 3.1 dargelegt, liefert das geostatistische Interpolationsverfahren *Kriging* neben einer optimalen räumlichen Schätzung der Zufallsvariablen Z zusätzlich ein Zuverlässigkeitsmaß, die Krigingstandardabweichung. Im folgenden Abschnitt sollen Möglichkeiten zur Regionalisierung multivariater Datensätze dargelegt werden.

Die multivariate Geostatistik unterscheidet sich von der multivariaten Statistik durch die Berücksichtigung des Ortsbezugs geowissenschaftlicher Daten: dieser wird zwar in der klassischen multivariaten Statistik zur Interpretation genutzt (z.B. Plot der Faktorenwerte in einer Karte), aber er wird nicht quantitativ analysiert und zur Schätzung oder Prognose verwendet.

Das *Cokriging* ist ein Verfahren, das es erlaubt, gemeinsam räumlich korrelierende Variablen zu interpolieren, die nicht unbedingt die gleiche Datendichte aufweisen müssen, d.h. eine unterbeprobte Variable kann mit Hilfe einer Co-Variablen zuverlässiger interpoliert werden.

Eine Verbindung des *Krigings* mit den herkömmlichen Analysemethoden der multivariaten Statistik (Faktorenanalyse) wird an einem praktischen Beispiel vorgestellt.

3.2.1
Co-Kriging

Das *Co-Kriging* ist ein Verfahren, das bei multivariaten Problemen eingesetzt werden kann. Es basiert auf der Tatsache, daß regionalisierte Variablen (ReV) nicht nur räumlich autokorrelieren sondern auch untereinander korreliert sein können, wie dies bei geochemischen Variablen oft der Fall ist. So ist es möglich, am Ort x den Schätzwert Z_1^* nicht nur mit den Probenwerten von Z_1 sondern auch mit den Werten der Variablen Z_2, Z_3 usw. zu bestimmen.

Der Arbeitsaufwand erhöht sich dabei erheblich, weil die räumliche Strukturanalyse umfangreicher wird: Es müssen die Variogramme und die Kreuz-Variogramme für alle Variablen bzw. Variablenpaare berechnet und modelliert werden. Das Verfahren ist dann zu empfehlen, wenn bestimmte Variablen nicht an allen verfügbaren Probenpunkten bestimmt sind (Unterbeprobung) und die Korrelation mit einer lückenlos gemessenen Variablen zu Verbesserung der Schätzung herangezogen werden kann.

Im folgenden werden die Co-Kriging-Gleichungen für zwei Variable U, V (bivariat) abgeleitet (s. Isaaks u. Srivastava 1989). Die Verallgemeinerung auf k Variable findet man bei Journel u. Huijbregts (1978). Eine ausführliche Darstellung der Multivariaten Geostatistik bietet das Buch von Wackernagel (1996). Durch die Beschränkung auf den bivariaten Fall vereinfacht sich nicht nur die Darstellung; die Erfahrung hat gezeigt, daß bei multivariaten Aufgaben des Typs $k > 2$ die praktischen Probleme der Modellierung der räumlichen Struktur größer sind als der Nutzen, d.h. die Verbesserung der Schätzergebnisse.

3.2.1.1
Das Co-Kriging Gleichungssystem

Aufgabe sei die Schätzung der Variablen U im Punkt x_0. Bekannte Daten sind in der Umgebung von x_0 die Meßwerte der Variablen U sowie der Variablen V:

$$u_1, u_2,...,u_n \text{ und } v_1, v_2,...,v_m.$$

Der *Co-Kriging*-Ansatz ist eine Linearkombination aus beiden:

$$u_0^* = \sum_{i=1}^n a_i u_i + \sum_{j=1}^m b_j v_j \quad . \tag{3.18}$$

Die Gewichte a_i und b_j werden wie beim *Ordinary Kriging* (OK) so bestimmt, daß die Varianz des Schätzfehlers $R = U_0^* - U_0$ minimiert wird:

$$\begin{aligned}
\text{Var}(R) &= \text{Var}(\sum_{i=1}^n a_i U_i + \sum_{j=1}^m b_j V_j - U_0) \\
&= \sum_i^n \sum_j^n a_i a_j \text{Cov}\{U_i U_j\} + \sum_i^m \sum_j^m b_i b_j \text{Cov}\{V_i V_j\} \\
&\quad + 2\sum_i^n \sum_j^m a_i b_j \text{Cov}\{U_i V_j\} - 2\sum_i^n a_i \text{Cov}\{U_i U_0\} \\
&\quad - 2\sum_j^m b_j \text{Cov}\{V_j U_0\} + \text{Cov}\{U_0 U_0\}.
\end{aligned} \tag{3.19}$$

Es gelten die beiden Bedingungen, daß

(1) die Schätzung unverzerrt (ohne Bias) und
(2) die Varianz des Fehlers R ein Minimum sein soll.

$$\begin{aligned}
\text{E}\{U_0^*\} &= \text{E}\left\{\sum_i^n a_i U_i + \sum_j^m b_j V_j\right\} \\
&= \sum_i^n a_i \text{E}\{U_i\} + \sum_j^m b_j \text{E}\{V_j\} \\
&= m_U \sum_i^n a_i + m_V \sum_j^m b_j .
\end{aligned} \tag{3.20}$$

Hieraus folgt, daß eine Schätzung ohne Bias dann garantiert ist, wenn

$$\sum_{i}^{n} a_i = 1 \quad \text{und} \quad \sum_{j}^{m} b_j = 0 \quad \text{ist.} \tag{3.21}$$

Diese Nebenbedingungen werden wie beim OK über Lagrange-Multiplikatoren bei der Minimierung der Schätzvarianz eingebracht: Setzt man $w^t = (a_1,...,a_n,b_1,...,b_m,-1)$ und $Z^t = (U_1,...,U_n,V_1,...,V_m)$, so erhält man anstelle von (3.19) die zu minimierende Funktion:

$$\varphi = w^t C_Z w + 2\mu_1 (\sum_{i}^{n} a_i - 1) + 2\mu_2 (\sum_{j}^{m} b_j). \tag{3.22}$$

Um diese Funktion φ zu minimieren, werden die partiellen Ableitungen nach den $n+m$ Gewichten a_i, b_j und den beiden Lagrange-Multiplikatoren μ_1, μ_2 gebildet und Null-gesetzt. Damit erhält man das *Co-Kriging*-Gleichungssystem:

$$\sum_{i}^{n} a_i \operatorname{Cov}\{U_i U_j\} + \sum_{i}^{m} b_i \operatorname{Cov}\{V_i U_j\} + \mu_1 = \operatorname{Cov}\{U_0 U_j\} \quad \text{für j=1,n}$$

$$\sum_{i}^{n} a_i \operatorname{Cov}\{U_i V_j\} + \sum_{i}^{m} b_i \operatorname{Cov}\{V_i V_j\} + \mu_2 = \operatorname{Cov}\{U_0 V_j\} \quad \text{für j = 1,m}$$

$$\sum_{i}^{n} a_i = 1$$

$$\sum_{j}^{m} b_j = 0. \tag{3.23}$$

Es sei nochmals darauf hingewiesen, daß *Co-Kriging* nur bei unterschiedlich dicht beprobten Variablen eine nennenswerte Verbesserung der Schätzung liefert.

3.2.1.2
Kreuz-Kovarianzen und Kreuz-Variogramme

Sind die beiden Variablen U, V stationär (2. Ordnung), so sind die Kreuz-Kovarianzen wie folgt definiert:

$$\operatorname{Cov}_{UV}(h) = \operatorname{E}\{[U(x) - m_U][V(x+h) - m_V]\} \tag{3.24}$$

mit: $\quad m_U = \operatorname{E}\{U\}$ und
$\quad\quad\quad m_V = \operatorname{E}\{V\}.$

Es zeigt sich (Journel u. Huijbregts 1978), daß i.A. $\text{Cov}_{UV}(h) \neq \text{Cov}_{VU}(h)$, aber $\text{Cov}_{UV}(h) = \text{Cov}_{VU}(-h)$ ist. Gilt die Intrinsische Hypothese, so wird das Kreuz-Variogramm wie folgt definiert:

$$\gamma_{UV}(h) = \tfrac{1}{2} \text{E}\{[U(x+h) - U(x)][V(x+h) - V(x)]\}. \quad (3.25)$$

Im stationären Fall gilt - analog zu Kovarianz und Variogramm - der Zusammenhang

$$\gamma_{UV}(h) = \text{Cov}_{UV}(0) - \frac{1}{2}[\text{Cov}_{UV}(h) + \text{Cov}_{VU}(h)]. \quad (3.26)$$

Damit ist das Kreuzvariogramm immer symmetrisch bzgl. h und $-h$. Die experimentellen Kreuz-Kovarianzen und Kreuz-Variogramme können wie die normalen Variogramme berechnet werden. Mit Hilfe des Programmpaketes VARIOWIN (Pannatier 1996) ist die Berechnung experimenteller Kreuzvariogramme möglich. Bei der Anpassung dieser Kreuzvariogramme liegt jedoch die Hauptschwierigkeit darin, daß die Modellfunktionen positiv definit sein müssen. Myers (1982) schlägt deshalb vor, den Umweg über die Summenvariable $Z = U + V$ zu gehen. In diesem Fall ergibt sich

$$\gamma_Z(h) = \tfrac{1}{2}[\gamma_{UV}(h) - \gamma_U(h) - \gamma_V(h)]. \quad (3.27)$$

Man kann somit die Variogramme von U, V und Z modellieren und kann damit $\gamma_{UV}(h)$ bestimmen. Dabei muß jedoch die Einhaltung der Cauchy-Schwarz' schen Ungleichung (3.28) beachtet werden:

$$|\gamma_Z(h)| \leq \sqrt{\gamma_U(h) + \gamma_V(h)}. \quad (3.28)$$

Beim *Co-Kriging* von k Variablen sind k Variogramme und zusätzlich $k*(k-1)/2$ Kreuzvariogramme (bzw. Summenvariogramme) zu berechnen und zu modellieren. Bei zwei Variablen sind dies insgesamt drei Variogramme, bei fünf Variablen erhöht sich die Zahl der Variogramme schon auf 15. Außerdem ist es notwendig, genügend Probenpaare zur Verfügung zu haben, bei denen jeweils zwei Variablen gemessen sind. Die Strukturanalyse wird dadurch recht umfangreich, weshalb *Co-Kriging* in der Praxis seltener Verwendung findet. Ahmed u. De Marsily (1989) untersuchen in einer Studie Grundwasserhöhen und Transmissivitäten als Ergebnis einer Inversen Modellierung und vergleichen diese mit dem *Co-Krigingergebnis* dieser Variablen, das als Eingabe für ein Grundwasserströmungsmodell dienen kann.

3.2.2
Kriging von Einflußfaktoren[6]

Eine Alternative zur Behandlung multivariater räumlicher Schätzprobleme bieten die bekannten Verfahren der multivariaten Statistik. Diese unterstützen die Interpretation entweder durch Klassifizierung von Proben im Hinblick auf ihre Ähnlichkeit (Q-Modus-Verfahren: Clusteranalyse, Diskriminanzanalyse) oder sie fassen die Variablen in Gruppen zusammen, die ein Identifizieren gemeinsamer Ursachen erleichtern (R-Modus-Verfahren: Faktorenanalyse).

Oft ist das Ziel einer umfassenden hydrogeologischen Untersuchung die Erforschung der Gesamtsituation eines Gebietes. Neben der Ermittlung von hydraulischen Kenngrößen (z.B.: Grundwasserhöhen) steht dabei auch ein umfangreiches hydrochemisches Meßprogramm. Dabei stehen folgende Fragen im Vordergrund:

- Wie ist die Grundwasserbeschaffenheit zu charakterisieren?
- Wie kommt es zu der derzeitigen Situation, und gibt es zeitliche Entwicklungen?
- Kann die geogene Grundlast von einer anthropogenen Belastung getrennt werden? Als Beispiel kann die Versalzungsgefahr norddeutscher Grundwasserleiter genannt werden, die entweder von den tieferen salinaren Permischen Grundwasserleitern ausgeht oder durch künstlichen Salzeintrag an der Oberfläche hervorgerufen wird.
- Wo sind hydrochemische Anomalien zu verzeichnen?
- Wie können sich ausgehend vom hydrochemischen Inventar bei künstlichen Eingriffen in den Grundwasserhaushalt die physiko-chemischen Verhältnisse ändern?

Viele dieser Fragen benötigen weniger die Kenntnis der räumlichen Verteilung der einzelnen hydrochemischen Parameter als vielmehr das Lokalisieren von Gegenden, in denen bestimmte Beeinflussungen - sei es anthropogener oder natürlicher Art - überwiegen bzw. kaum in Erscheinung treten. Außerdem ist die gleichzeitige Analyse, Darstellung und Beurteilung einer Vielzahl von Meßgrößen sehr schwierig. Die Faktorenanalyse bietet die Möglichkeit, eine Vielzahl von Variablen auf Einflußfaktoren zu reduzieren. In Verbindung mit geostatistischen Verfahren wird damit auch die räumliche Interpretation erleichtert. Im folgenden werden kurz die Grundzüge der Faktorenanalyse beschrieben und dann die geostatistische Behandlung anhand hydrochemischer Grundwasseranalysen dargestellt.

Die mathematische Formulierung der Faktorenanalyse findet man in den Standardwerken der multivariaten Statistik oder auch bei Hötzl 1982.

---

[6] Die geostatistische Analyse einer Faktorenanalyse ist nicht zu verwechseln mit dem „Faktoriellen Kriging". Bei letzterem wird die räumliche Varianz-Kovarianzmatrix in „räumliche Komponenten" zerlegt, z.B. in lokale und regionale Strukturen, vergl. Wackernagel (1996) und Kap. 2.2.3.

3.2.2.1
Faktorenanalyse

Ziel der Faktorenanalyse ist es, eine große Anzahl von Variablen auf unabhängige Einflußgrößen (Faktoren) zu reduzieren. Die Ausgangsvariablen zeigen häufig ursächliche Zusammenhänge; sie sind korreliert. Das bedeutet aber auch, daß jede einzelne für sich genommen nur unwesentlich zur Information über die Struktur des Datensatzes beiträgt: wenn beispielsweise in einem hydrochemischen Datensatz steigende Chloridkonzentrationen immer mit steigendem Gehalt an Natriumionen zu verzeichnen sind (positive Korrelation), könnte die ausschließliche Angabe des Chloridgehaltes als Auskunft über den Grad der Versalzung verwendet werden. Jedoch würde dann der Verlust derjenigen Information, die darüber hinaus hinter der Natriumkonzentration steht, in Kauf genommen. Dieser Informationsverlust soll durch Einführen weniger „neuer" synthetischer Variablen, den Faktoren, möglichst gering gehalten werden.

Das Verfahren der Faktorenanalyse basiert auf der Analyse der Varianz-Kovarianzmatrix bzw. der Korrelationsmatrix der Variablen. Die neu zu bildenden Faktoren sollen beobachtete Zusammenhänge zwischen den Variablen möglichst vollständig erklären. Innerhalb eines Faktors sollen die Variablen hoch miteinander korrelieren. Die Variablen unterschiedlicher Faktoren korrelieren kaum. Die Faktoren stehen häufig für einen ursächlichen Zusammenhang der Ausgangsvariablen, den der Bearbeiter jedoch erst interpretieren muß. Diese Faktoren sind quantitativ darstellbar und lassen sich quasi als „nicht direkt meßbare" Ursachen verstehen.

Die Faktorenanalyse beginnt zumeist mit einer Hauptkomponentenanalyse (PCA), anhand derer man die wesentlichen Eigenschaften der Faktorenanalyse beschreiben kann (s.a. Davis 1973). Die einzelnen Arbeitsschritte der Faktorenanalyse sind:

1. Auswahl und Standardisierung der m Variablen aus der $n*m'$ Datenmatrix (n Proben, m'[7] Variablen):
   Es sollen die Variablen verwendet werden, die nicht in einem funktionalen Zusammenhang mit einer oder mehreren andern Variablen stehen (z.B. Summenvariablen oder Variablenverhältnisse, wenn deren Einzelparameter auch verwendet werden sollen).
   Da den Varianzen der Variablen eine wesentliche Bedeutung bei der Faktorenanalyse zukommt, sollten diese durch Standardisieren der Meßwerte in ein einheitliche Größenordnung überführt werden.
2. Berechnung der symmetrischen ($m*m$) Korrelations- bzw. Varianz-Kovarianzmatrix und Ermittlung der Eigenvektoren, bzw. Eigenwerte der Varianz-Kovarianzmatrix.
   Die Eigenvektoren sind die Hauptachsen des Varianz-Kovarianz-Ellipsoids. Die Eigenwerte entsprechen der Länge dieser Hauptachsen. Ihre Summe ist gleich der Summe der Diagonalelemente der Varianz-Kovarianzmatrix. Es ist leicht nachvollziehbar, daß gut korrelierende Variablen ein sehr langge-

---

[7] m' bezeichnet alle verfügbaren Variablen, m nur diejenigen, die in die Faktorenanalyse eingehen.

strecktes Varianz-Kovarianzellipsoid zeigen (Abb. 3.14), während schlecht korrelierende Variablen beinahe kreisförmige Ellipsoide aufweisen. In letzterem Fall bringt die Zerlegung in Faktoren mit annähernd gleich großen Eigenwerten (Länge der Hauptachsen) gegenüber dem Ausgangsvariablen keinen Vorteil.

3. Faktorenextraktion

Insgesamt gibt es genau so viele Hauptachsen wie Variablen. Bringt nach der Standardisierung jede Variable den Informationsgehalt 1 (= Varianz) ein, so ist die Summe aller Eigenwerte gleich m. Nur einige wenige Hauptkomponenten reichen jedoch schon aus, um einen hohen Anteil der Gesamtinformation (= Summe der Einzelvarianzen) auszudrücken. Durch Extraktion dieser wenigen Faktoren[8] kann somit der Gesamtdatensatz in einer Weise dargestellt werden, daß nur ein geringer Informationsverlust hingenommen werden muß.

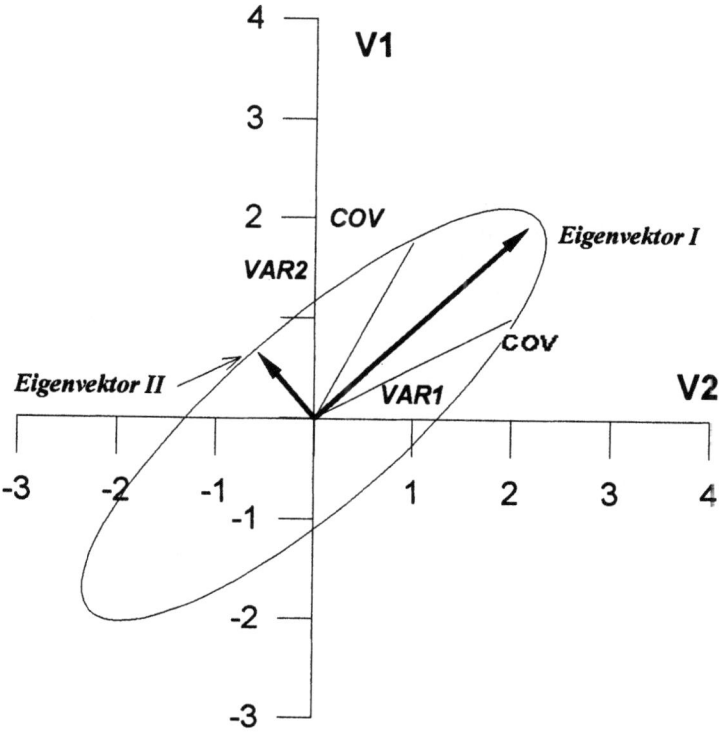

Abb. 3.14. Varianz-Kovarianzellipse für zwei Variable.

---

[8] Üblicherweise sind es nur diejenigen Faktoren, deren Eigenwert > 1 ist, und die damit einen höheren Informationsgehalt als jede einzelne Ausgangsvariable tragen.

4. Bildung des Faktorenmodells:
Durch Projektion der Ausgangsdaten auf die Hauptachsen werden neue Variablenwerte Y, die Faktorenwerte (factor-scores), berechnet. Damit stellen die Eigenvektoren das neue Bezugssystem im Variablenraum dar. Die Komponenten α_{ij} der Eigenvektoren heißen Faktorenladungen und sind ein Maß für die Stärke, mit der eine Variable an diesen Faktor gebunden ist. Zur besseren Interpretation der Faktoren können die Hauptachsen des V-K-Ellipsoids rotiert (z.B. Varimax-Verfahren) werden. Man erhält dann eine rotierte Faktorenmatrix.

Diese neuen, synthetischen „Variablen" (Faktoren) korrelieren untereinander nicht; sie sind unabhängig. Jeder einzelne Faktor kann zumeist aufgrund der Gemeinschaft derjenigen Variablen interpretiert werden, die ihn mit den höchsten Faktorenladungen stützen. Die Regionalisierung solcher Einflußfaktoren kann oft viel mehr über die Struktur eines Untersuchungsgebietes aussagen als eine Karte der Einzelvariablen.

3.2.3
Fallbeispiel: Multivariate Schätzung

Im Rahmen eines durch die Deutsche Forschungsgemeinschaft geförderten[9] Projektes werden derzeit flächendeckend die hydrochemischen Verhältnisse im oberflächennahen pleistozänen Grundwasserleiter des Oderbruchs an bis zu 117 Grundwassermeßstellen erforscht.

Das Oderbruch liegt etwa 60 km nordöstlich von Berlin im ostbrandenburgischen Jungmoränengebiet und ist mit einer Gesamtfläche von ca. 900 km^2 (Längenerstreckung ca. 60 km, Breite 10 bis 15 km) das größte geschlossene Flußpoldergebiet Deutschlands. Die Oder bildet den östlichen Rand, während im Westen die Barnimer und Lebuser Hochflächen das Oderbruch begrenzen.

Die seit dem 18. Jahrhundert ackerbaulich intensiv genutzte Flußpolderlandschaft wird neben vereinzelten Altarmen der Oder vor allem von zahlreichen Entwässerungsgräben durchzogen, die aufgrund der vielfältigen Meliorationsmaßnahmen in den letzten 250 Jahren entstanden sind. Die Grundwasserdruckfläche liegt heute unterhalb des mittleren Oderwasserspiegels, wodurch entlang der Oder influente Grundwasserverhältnisse herrschen. Das Grundwasserregime des Oderbruchs wird in weiten Teilen durch die unterirdischen Zuflüsse von der Oder (Oderinfiltrat) und am westlichen Rand durch Grundwasserzuflüsse der Geschiebemergelhochflächen bestimmt. Die Grundwasserströmung folgt vorzugsweise der Reliefgestaltung, d.h. die in das Innere des Oderbruchs gerichteten Zuflüsse aus der Oder bzw. von den westlichen Hängen vereinen sich zu einem nach Nordwesten gerichteten Abstrom, der schließlich im Raum Wriezen/Bad Freienwalde gebündelt wird und über die Alte Oder abfließt (zur hydrogeologischen Situation s.a.: Pöhler 1997, Kabelitz et al. 1994).

---

[9] Projektnehmer: FR Rohstoff- und Umweltgeologie der FU (A. Pekdeger) und das Zentrum für Agrarlandschafts- und Landnutzungsforschung e.V. (ZALF, J. Quast).

Der untersuchte oberflächennahe Grundwasserleiter besteht im wesentlichen aus 10 bis 40 m mächtigen Kiesen und Sanden pleistozänen Alters. Darüber lagern bis zu 3 m mächtige Auelehme bzw. -tone, die stellenweise jedoch fehlen können und damit lokal eine potentielle Gefährdung des Grundwassers durch direkte, landwirtschaftlich bedingte Nähr- und Schadstoffeinträge aufkommen lassen.

Zur Beurteilung der hydrochemischen Gesamtsituation wurde in mehreren Meßkampagnen seit 1994 etwa 30 Einzelparameter bestimmt. Es sind dies

- **physiko-chemische Parameter**: *pH*-Wert, Redoxpotential (E_H), Temperatur, elektrolytische Leitfähigkeit,
- **Kationen**: Natrium, Kalium, Kalzium, Magnesium, Eisen, Mangan, Ammonium, Lithium, Strontium,
- **Anionen**: Sulfat, Chlorid, Hydrogenkarbonat, Nitrat, Nitrit, Phosphat,
- **gasförmige Stoffe**: Sauerstoff, Kohlensäure,
- **Spurenstoffe**: Kupfer, Blei, Kadmium, Zink, Arsen, Chrom, Kobalt, Nickel, Selen,
- **weitere Stoffe**: gelöster organischer Kohlenstoff (*DOC*), Silizium.

Im folgenden wird gezeigt, wie mit Hilfe des *Co-Krigings* die Zuverlässigkeit der räumlichen Schätzung der in der Wintermeßkampagne 1995 weniger dicht bestimmten E_H-Werte ($n = 52$) durch Einbeziehen der Sommermeßdaten 1994 ($n = 116$) verbessert werden kann.

Daran anschließend wird die Regionalisierung von Faktorenwerten aus 23 Einzelparametern der Sommerkampagne 1994 dargestellt.

3.2.3.1
Interpolation der räumlichen Verteilung des Redoxpotentials im Grundwasser des Oderbruchs im Winter 1995

Ein Ziel der Untersuchungen im Oderbruch ist es, zeitliche Entwicklungen der hydrochemischen Bedingungen zu erfassen. Dazu sollen vergleichbare Karten einzelner Parameter angefertigt werden. Zur Erstellung dieser Karten stehen für die einzelnen Meßkampagnen unterschiedlich dichte Meßnetze zur Verfügung: so ist beispielsweise im Frühjahr 1994 an insgesamt 116 Meßstellen das Redoxpotential bestimmt worden, aus Gründen der Zeitersparnis im Winter 1995 jedoch nur noch an 52 Meßstellen.

Es ist zu erwarten, daß die räumliche Verteilung der Meßdaten basierend auf einem um mehr als die Hälfte reduzierten Datensatz nur lückenhaft und bereichsweise weniger zuverlässig interpoliert werden kann.

Die E_H-Messungen im Frühjahr 1994 und im Winter 1995 (Abb. 3.15) zeigen eine signifikant positive Korrelation ($r = 0,56$). Insgesamt liegen die Winter'95-Werte etwas niedriger ($m = 113$ mV) als im Frühjahr'94 ($m = 145$ mV). Zwei besonders hohe, im Westen und Südosten gemessene Winter'95-Werte weichen von diesem generellen Bild ab.

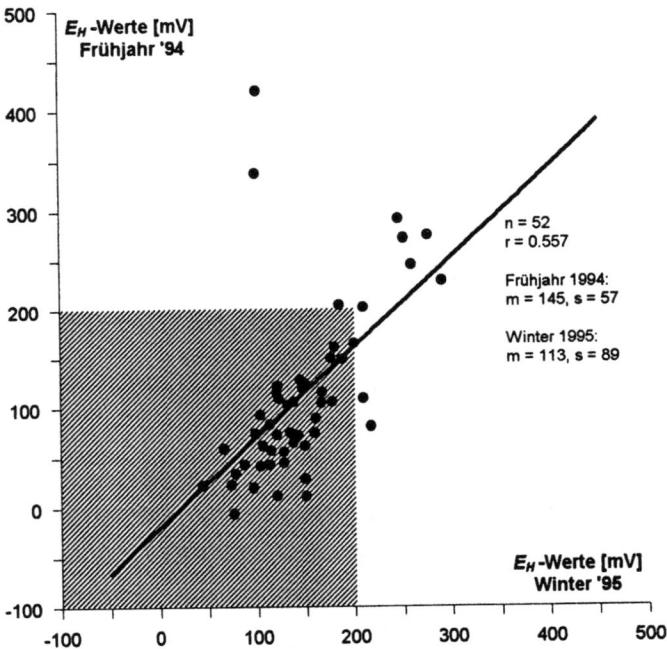

Abb. 3.15. Streudiagramm und Regressionsgerade der gemessenen E_H-Werte für zwei Meßkampagnen. (Die Schraffur deutet den Bereich eher reduzierenden Milieus an.)

Tabelle. 3.3. Parameter der sphärischen Variogrammodelle für das Redoxpotential

E_H [mV]	Nugget-Effekt	Sill	Reichweite (sphärisch, isotrop)
Winter 1995 (Primärvariable)	500	5800	7 km
Frühjahr 1994 (Sekundärvariable)	500	2200	7 km
Co-Variogramm	500	2600	7 km

Die Variogrammanalyse der Redoxwerte im Winter 1995 bzw. Frühjahr 1994 erbrachte zwei ähnliche Variogramme (Abb. 3.16), die jedoch unterschiedliche Sills aufweisen. Die wesentlich höhere Varianz (Sill) der Wintermessungen deutet eine größere Variabilität des Redoxpotentials an, die durch die zwei hohen Werte noch unterstrichen wird. Das Kreuzvariogramm ist überall positiv definit.

Zur Schätzung der E_H-Werte der Winter'95-Kampagne wurde zunächst das *Ordinary Kriging* mit einem isotropen sphärischen Variogramm (Tabelle 3.3) verwendet.

Das Variogramm der E_H-Meßwerte der Frühjahrskampagne 1994 und das Co-Variogramm wurden dann in der *Co-Kriging*-Routine COK3D (GSLIB, Deutsch u. Journel 1992) verwendet, um die Zuverlässigkeit des Schätzergebnisses zu verbessern.

3.2 Multivariate Geostatistik

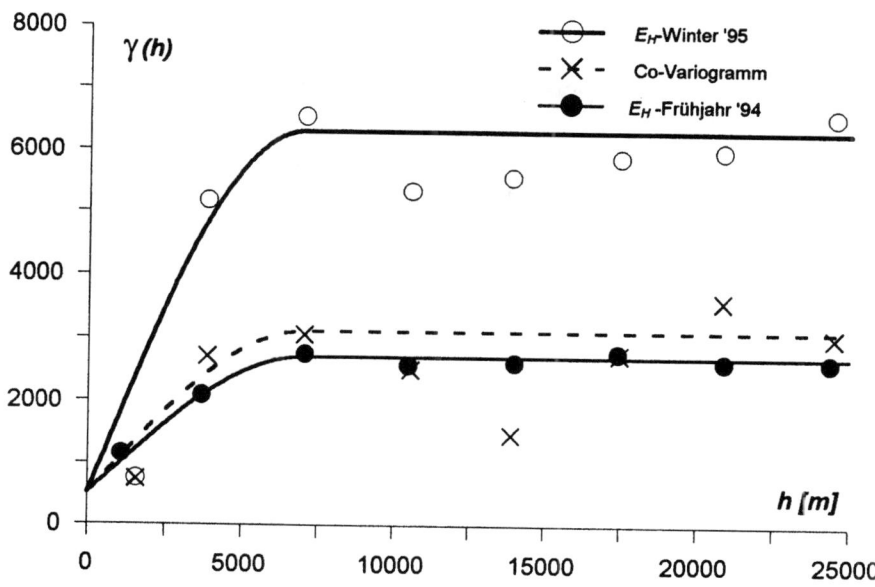

Abb. 3.16. Variogramme und Kreuzvariogramm der E_H-Werte Frühjahr 1994 und Winter 1995.

Die beiden resultierenden Karten der räumlichen Verteilung des Redoxpotentials im Winter 1995 unterscheiden sich wenig. Auch auf der Basis von nur 52 Messungen, die in diesem Fall jedoch gleichmäßig das Untersuchungsgebiet abdecken (Abb. 3.17), konnten überall Werte geschätzt werden. Danach sind mit Redoxwerten unterhalb von 200 mV reduzierende Verhältnisse in beinahe dem gesamten Gebiet des Oderbruchs anzutreffen. Nur im Nordwesten und Westen sind Erhöhungen mit Werten von bis zu 400 mV zu beobachten, die auf lokal oxidierendes Milieu hinweisen. Die Schätzstandardabweichung liegt einheitlich zwischen ±50 und 70 mV, was etwa zwischen 56 und 78 % der globalen Standardabweichung von ±89 mV liegt. Nur sehr vereinzelt, werden Krigingstandardabweichungen von weniger als ±50 mV angezeigt, dafür steigen jedoch an zwei Stellen im Nordwesten bzw. Süden die Werte auf mehr als ±70 mV. An diesen Stellen muß die Interpolation als nicht ausreichend zuverlässig beurteilt werden.

Die mit Hilfe des *Co-Krigings* erstellte Karte (Abb. 3.18) zeigt ebenfalls die beiden E_H-Maxima im Nordwesten und Norden, jedoch liegen die interpolierten Werte etwas höher als in (Abb. 3.17), wodurch sich der Flächenanteil erhöhter Redoxwerte vergrößert. Anhand der Lage der zusätzlichen Meßpunkte der Frühjahr 1994-Kampagne (dargestellt als x) zeigt sich, daß aufgrund der Korrelation der beiden Datensätze das geschätzte Gebiet erhöhter Redoxwerte größer wird.

Ein Vergleich der Fehlerkarten zeigt, daß der Bereich höherer Schätzfehler durch das Co-Kriging deutlich verkleinert werden konnte. Nur im Süden verbleibt noch ein Restgebiet mit Krigingschätzfehlern von mehr als ±70 mV, in weiten Teilen dagegen unter ±50 mV.

68 3 Erstellen von Karten hydrogeologischer Kenngrößen

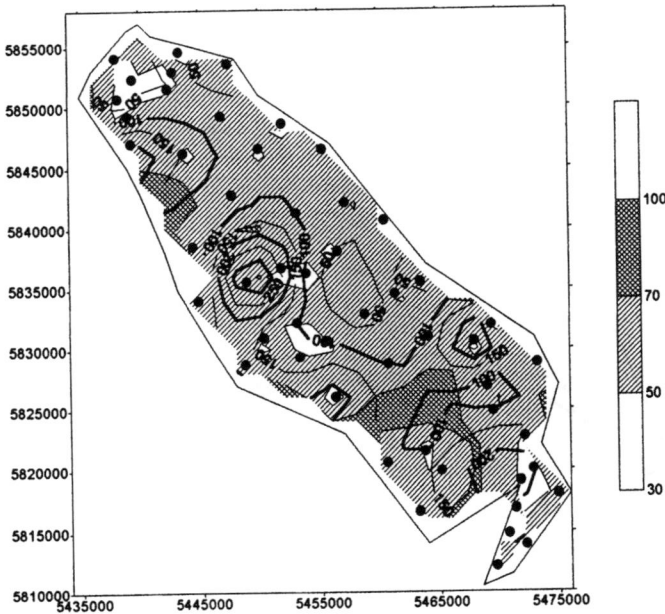

Abb. 3.17. Karte des Redoxpotentials [mV] Winter 1995, interpoliert mit *Ordinary Kriging*, 52 Datenwerte, Schraffur: Krigingfehler [mV].

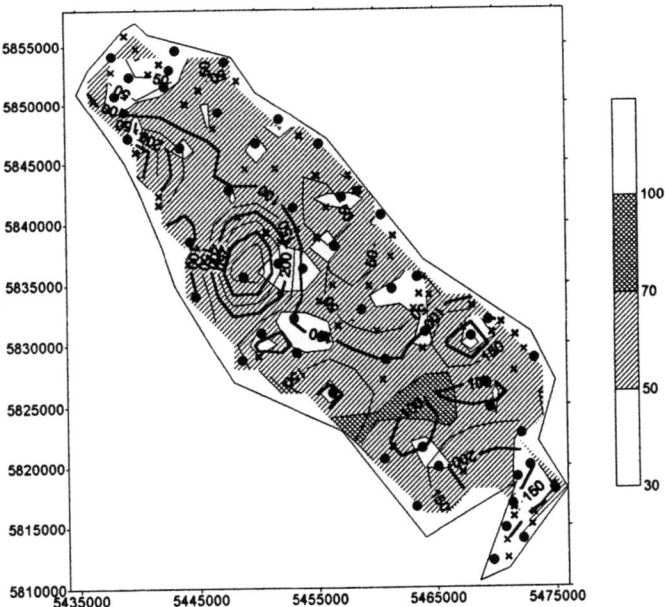

Abb. 3.18. Karte des Redoxpotentials [mV] Winter 1995, interpoliert mit *Co-Kriging*, 52 Datenwerte und 64 zusätzliche Probenpunkte (x) mit E_H-Meßwerten vom Frühjahr 1994, Schraffur: Krigingfehler [mV].

3.2 Multivariate Geostatistik 69

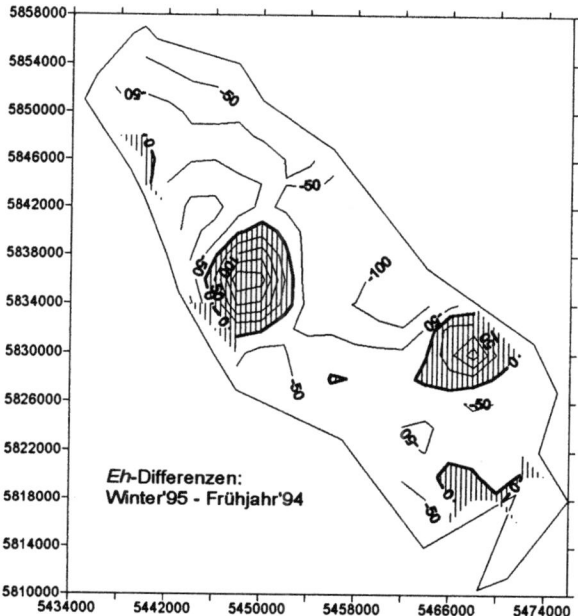

Abb. 3.19. Differenzenkarte der interpolierten E_H-Werte Winter'95 und Frühjahr'94.

Das Ergebnis macht deutlich, daß im vorliegenden Beispiel die Zuverlässigkeit der interpolierten Karte der E_H-Werte im Winter 1995 aufgrund deren raumzeitlichen Korrelation mit den Meßwerten einer früheren Kampagne deutlich verbessert werden kann, obwohl gegenüber Frühjahr 1994 nur etwa die Hälfte an Meßwerten zur Verfügung steht. Der zusätzliche Aufwand für die Strukturanalyse ist hier bei nur zwei Variablen durchaus in Kauf zu nehmen. Damit kann das *Co-Kriging* als ein hilfreiches Verfahren zur Erstellung von Karten weniger dicht beprobter Meßgrößen eingesetzt werden.

Abb. 3.19 zeigt eine Karte der Differenzen zwischen den interpolierten E_H-Werten von Winter '95 und Frühjahr '94 (s.a. Abb. 3.24). Danach wird deutlich, daß sich insgesamt betrachtet die Redoxbedingungen etwas mehr in Richtung reduzierender Verhältnisse verschieben. Davon ausgenommen sind ein ausgedehnter Bereich am westlichen Rand des Oderbruchs und ein direkt an der Oder gelegenes Areal im Süden.

3.2.3.2
Räumliche Analyse der hydrochemischen Beeinflussung im Grundwasser des Oderbruchs

Das Grundwasser des Oderbruchs ist im wesentlichen nur schwach bis mittelmäßig mineralisiert (elektr. Leitfähigkeit ≈ 1000 µS cm^{-1}, Abb. 3.20). Es kann als Ca-HCO$_3$- SO$_4$- bzw. Ca-SO$_4$- HCO$_3$- Wasser eingestuft werden. Die gemessenen E_H-Werte liegen zum größten Teil deutlich unter 200 mV (Abb. 3.21) und deuten damit in weiten Teilen auf ein reduzierendes Milieu hin.

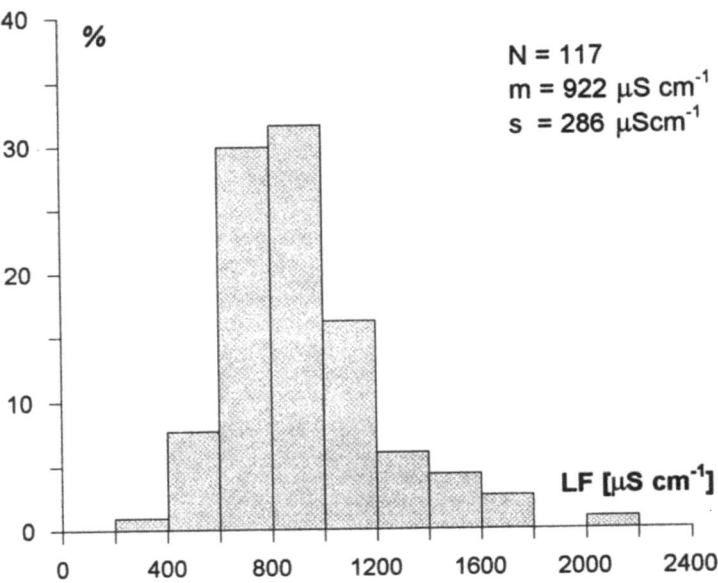

Abb. 3.20. Häufigkeitsverteilung der elektrolytischen Leitfähigkeit.

Da der Grundwasserabstrom von der Oder landeinwärts gerichtet ist, muß durch den Uferfiltratanteil des Grundwassers mit einem Eintrag von Schadstoffen aus der Oder in das Grundwassersystem gerechnet werden.

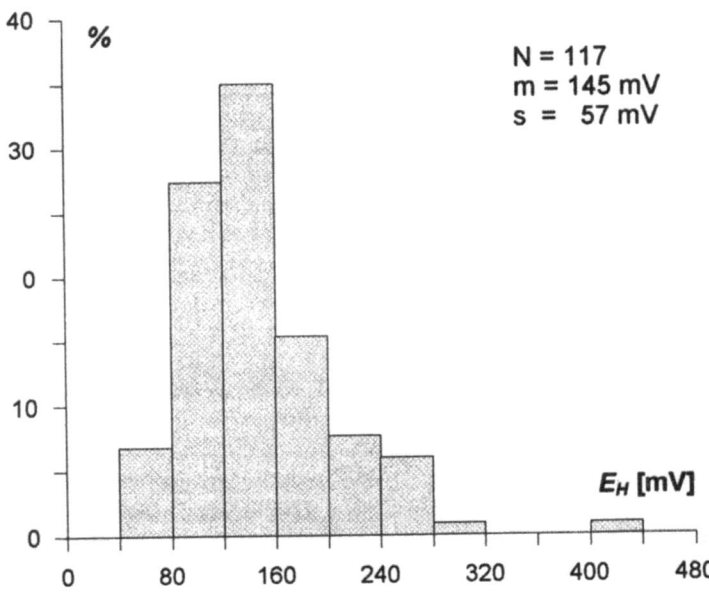

Abb. 3.21. Häufigkeitsverteilung des Redoxpotentials.

Mit Ausnahme von der Temperatur, einiger Spurenstoffe und der elektrolytischen Leitfähigkeit (Summenparameter) wurden alle übrigen im Frühjahr 1994 bestimmten (insgesamt 23) Parameter in der Faktorenanalyse verwendet. Beinahe alle Inhaltsstoffe zeigen erwartungsgemäß eine mehr oder minder stark ausgeprägte positiv schiefe Verteilungsfunktion und werden daher in Form ihrer ln-Transformierten weiter behandelt.

Mit Hilfe der Faktorenanalyse konnten sechs Faktoren extrahiert werden, die zusammen 67 % der Gesamtvarianz erklären. Tabelle 3.4 zeigt die nach dem Varimax-Verfahren rotierte Faktorenmatrix, in der hohe Ladungen (> |0,5|) hervorgehoben sind.

Die Faktoren lassen sich wie folgt interpretieren:

- **Faktor 1** umfaßt diejenigen Parameter, die empfindlich auf die Redoxbedingungen reagieren; dies sind neben dem Redoxwert selbst Eisen(II) und Mangan(II) sowie die Stickstoffverbindungen. Die Vorzeichen der Faktorenladungen geben die Art der Korrelation zwischen den Variablen und dem Faktor an: danach nimmt Faktor 1 steigende Werte an, wenn die Eisen-, Mangan- und Ammoniumgehalte zunehmen und der E_H-Wert bzw. die Nitrat-, Nitritgehalte abnehmen. Kurz: je reduzierender das Milieu, desto stärker wird Faktor 1, der damit als *Redoxindikator* gedeutet werden kann. Dieser Faktor trägt zur Erklärung von 23 % der Gesamtvarianz bei und ist damit der dominante Einflußfaktor in diesem Untersuchungsgebiet.
- **Faktor 2** wird im wesentlichen durch *Erdalkalien* sowie durch Sulfat und Hydrogenkarbonat gebildet. Diese Inhaltsstoffe charakterisieren die typische Mineralisation des Grundwassers im Oderbruch. Die Herkunft der z.T. hohen Sulfatkonzentrationen steht derzeit noch in der Diskussion und soll in o.g. DFG-Vorhaben untersucht werden (T. Liedholz, freundl. mündl. Mitteilung). Eine mögliche Ursache ist die Oxidation von reduzierten Schwefelverbindungen (z.B. Pyrit) in den im Oderbruch weit verbreiteten organogenen Ablagerungen (Torfe, Mudden). Vergleichsweise erhöhte Magnesiumkonzentrationen sind vor allem für die Grundwässer im westlichen Randgebiet charakteristisch und spiegeln damit auch den Einfluß der von den Hochflächen zuströmenden Grundwässern wider. Mit 13 % erklärter Varianz ist dieser Faktor die zweitstärkste Einflußkomponente.
- **Faktor 3** wird durch die Ionen des *Steinsalzes* beeinflußt. Eine immer noch hohe, jedoch negative Ladung trägt auch das Silizium. Natrium, aber vor allem Chlorid wird aus der Oder mit dem Uferfiltratwasser in das Grundwasser transportiert. Deshalb kann dieser Faktor, der mit 9,3 % die drittstärkste Einflußkomponente ist, vorsichtig als Indikator für die Beeinflussung des Grundwassers durch Uferfiltration gedeutet werden.
- **Faktor 4** wird vor allem durch die *Schwermetalle* Blei, Kadmium und Kupfer bestimmt, die mit Sicherheit auf anthropogen bedingte Einträge in das Grundwasser hindeuten. Die absoluten Gehalte dieser Stoffe sind jedoch zumeist deutlich unterhalb der entsprechenden Grenzwerte der Trinkwasserverordnung, so daß diesem Faktor keine besondere Bedeutung zugemessen werden muß (8 % erklärte Varianz).

Tabelle 3.4. Faktorenladungen der sechs extrahierten Faktoren aus 117 Proben und 23 Variablen.

Parameter	Faktor 1 redoxsensitive Parameter	Faktor 2 Erdalkalien	Faktor 3 Versalzung	Faktor 4 Schwermetalle	Faktor 5 organisch-pH	Faktor 6 Düngemittel
E_H	-0,854	0,036	-0,165	0,050	0,104	-0,083
Fe	0,837	0,049	0,078	-0,082	0,313	-0,244
NH_4	0,812	0,083	0,138	0,049	0,280	-0,063
NO_3	-0,800	0,081	-0,013	0,100	0,118	0,240
Mn	0,754	0,162	0,227	-0,021	0,333	-0,079
NO_2	-0,672	0,239	0,033	-0,011	0,194	0,412
Sr	-0,023	0,834	0,074	0,112	-0,086	-0,111
Ca	-0,007	0,800	-0,153	-0,145	0,349	0,096
Mg	0,001	0,682	0,102	-0,010	-0,017	-0,127
SO_4	-0,225	0,549	0,352	-0,418	0,341	0,081
HCO_3	0,457	0,495	-0,469	0,098	-0,066	0,324
Li	0,135	0,411	0,365	0,248	-0,301	-0,082
Na	0,348	0,090	0,797	0,197	0,070	0,071
Cl	0,403	0,152	0,762	0,025	0,275	-0,069
Si	0,145	0,078	-0,534	0,444	0,406	-0,037
Pb	0,109	0,101	0,026	0,766	-0,062	0,014
Cd	-0,168	-0,055	0,043	0,656	0,203	-0,045
Cu	-0,126	-0,046	0,060	0,542	-0,142	0,207
DOC	0,167	-0,021	0,110	-0,102	0,697	0,165
pH	-0,089	-0,134	-0,022	-0,215	-0,634	0,432
K	-0,262	0,092	0,182	0,102	0,140	0,708
PO_4	-0,227	-0,228	-0,242	0,330	0,054	0,613
Zn	0,036	0,081	0,036	0,031	0,081	-0,538

- **Faktor 5** ist mit einem Anteil von 7 % der Gesamtvarianz ebenfalls von untergeordneter Bedeutung. Der gelöste organische Kohlenstoff (*DOC*), dessen Herkunft mit dem Vorkommen organischer Sedimente erklärt werden kann, trägt wesentlich zu Bildung dieses Faktors bei. Daneben steht, jedoch mit negativem Vorzeichen, der *pH*-Wert. Die Stärke dieses Faktors nimmt also mit steigenden *DOC*-Gehalten und zunehmend sauren Grundwasserverhältnissen zu.
- **Faktor 6** wird durch Komponenten von Düngemitteln charakterisiert und ist damit ein Indikator für Grundwasserbelastungen aus landwirtschaftlicher Aktivität. Er trägt nur noch etwa 6 % zur Erklärung der Gesamtvarianz bei.

Die Interpretation der Faktoren legt die Betrachtung ihrer räumlichen Verteilung nahe. Mit Hilfe der Variogrammanalyse können möglicherweise unterschiedliche Typen der räumlichen Erhaltungsneigung der einzelnen Einflußfaktoren charakterisiert werden. Eine Darstellung der mit Kriging interpolierten Faktorenwerte unterstützt dann die regionale Beurteilung des Grades der Beeinflussung durch einen Faktor.

3.2 Multivariate Geostatistik

Tabelle. 3.5. Variogrammparameter der sechs Einflußfaktoren.

	Faktor 1 redoxsensitive Parameter	Faktor 2 Erdalkalien	Faktor 3 Versalzung	Faktor 4 Schwermetalle	Faktor 5 organisch-pH	Faktor 6 Düngemittel
Typ	sphärisch	exponentiell	sphärisch, lineare Drift	sphärisch	sphärisch	exponentiell
Reichweite[10]	14 km	15 km	18 km	9 km	20 km	3,5 km
Nugget-Effekt	0,2	0,25	0,3	0,3	0,4	0,3
Sill	0,8	0,5	0,7	0,7	0,6	0,7
Hauptrichtung	165°	140°	-	100°	140°	-
Anisotropie	2,9	3,3	-	1,4	3,3	-

Die Variogramme der Faktoren 1, 2 und 5 (Redoxsensitiv, Erdalkalien, organisch-pH) zeigen eine ausgeprägte geometrische Anisotropie, deren Hauptachse etwa parallel zum Oderverlauf liegt (NW-SE). Das Anisotropieverhältnis beträgt etwa 1 : 3. Eine Ausnahme bilden der Faktor 4 (Metalle), dessen Variogramm nahezu isotrop ist, und der Faktor 6 (Düngung) mit einer sehr kurzen Reichweite von nur 3,5 km. Damit zeigt der Faktor 6 die geringste räumliche Erhaltungsneigung, die nahezu einem reinen Nugget-Effekt entspricht.

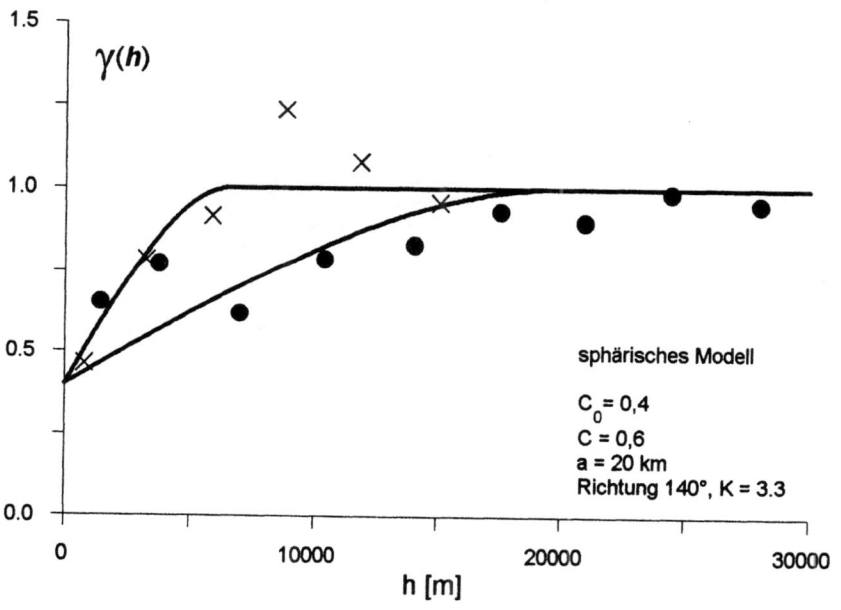

Abb. 3.22. Experimentelle Richtungsvariogramme des Faktor 5 (organisch-pH) und angepaßte anisotrope Modellfunktion. • NW-SE-, × NE-SW-Richtung.

---

[10] Beim Exponentiellen Variogrammtyp ist aus Gründen der Vergleichbarkeit das Dreifache des Modellparameters angegeben.

Die Reichweiten der übrigen Faktoren liegen zwischen 9 und 20 km für die Hauptachse der Anisotropieellipse.

Abgesehen von Faktor 3 (Uferfiltrat), der eine Drift senkrecht zum Oderverlauf erkennen läßt, sind alle Faktoren als stationäre ReV (2. Ordnung) anzusehen. Der Nuggeteffekt liegt zwischen 20 und 40 % der Varianz, was für eine relativ hohe engräumige Variabilität der Einflußfaktoren spricht.

Die Parameter der Variogrammodelle sind in Tabelle 3.5 zusammengefaßt. Als Beispiel zeigt Abb. 3.22 das Variogramm des Faktors 5 organisch-*pH*). Die Variogrammanalyse kann folgendermaßen zusammengefaßt werden:

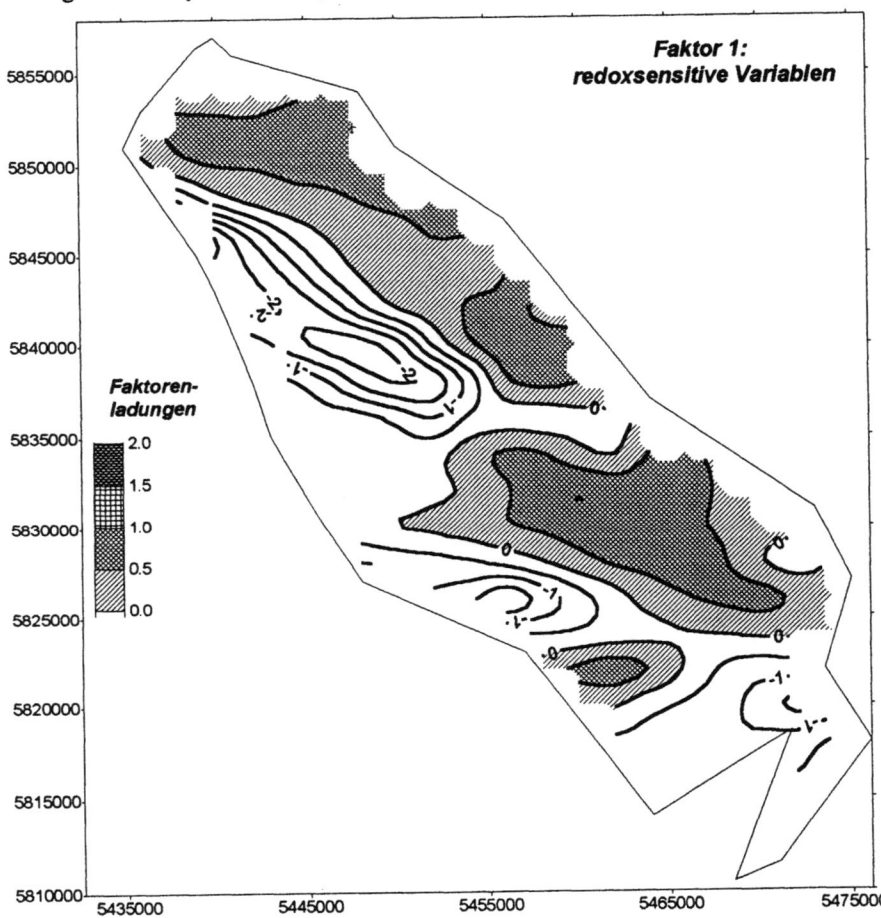

Abb. 3.23. Räumliche Verteilung des Redoxindikators (Faktor 1). Faktorenwerte > 0 sind schraffiert dargestellt.

3.2 Multivariate Geostatistik

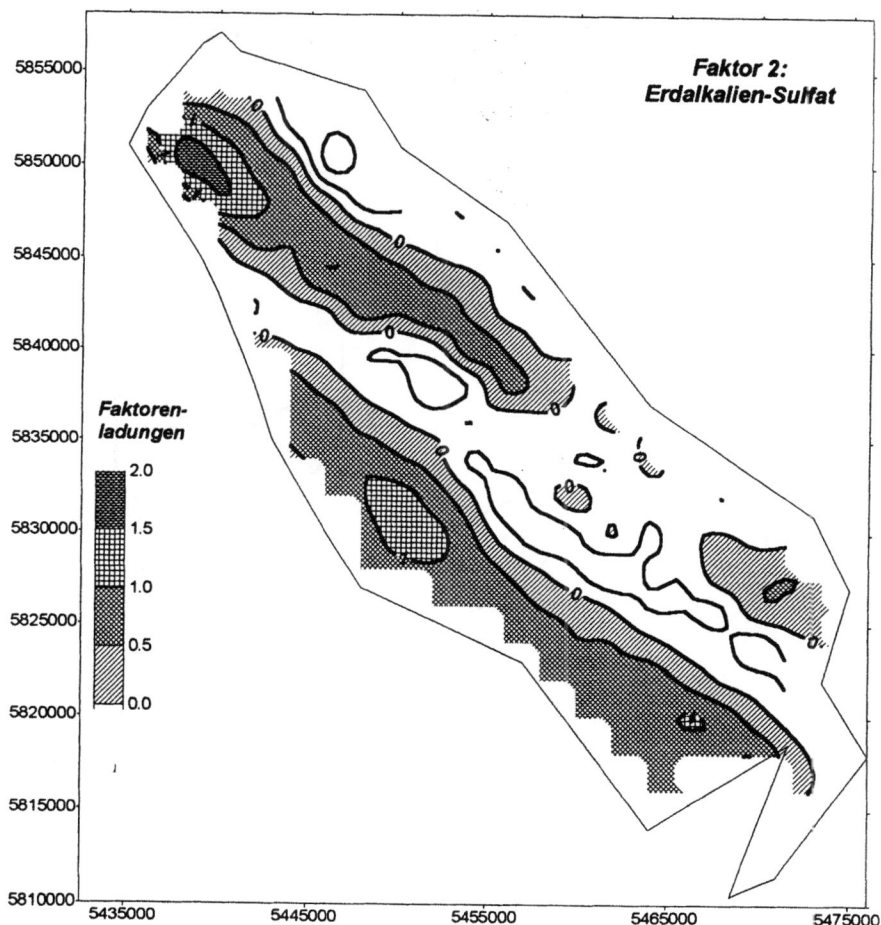

Abb. 3.24. Räumliche Verteilung des Faktors 2 (Erdalkalien, Sulfat). Faktorenwerte > 0 sind schraffiert dargestellt.

Die Faktoren, die auf eine anthropogene Ursache zurückzuführen sind (Schwermetalle und Düngeparameter), weisen eine isotrope räumliche Struktur mit einer kleinen räumlichen Erhaltungsneigung auf. Dagegen zeigen die übrigen Faktoren eine deutliche Ausrichtung des Variogramms parallel zu den Hauptachsen des Fließsystems. Das läßt für die beiden anthropogenen Faktoren den Schluß zu, daß ihr Einfluß zumeist lokal sehr begrenzt und wahrscheinlich eher zufälliger Natur ist. Denn nur dort, wo ein Schadstoffeintrag an der Oberfläche stattfindet und zusätzlich der Auelehm fehlt, ist von einer direkten Beeinträchtigung des Grundwassers auszugehen.

Die Variogrammparameter wurden verwendet, um alle Faktoren räumlich auf ein regelmäßiges 2x2 km-Raster zu interpolieren. Für Faktor 3 (Uferfiltrat) wurde das *Universal Kriging* (s.a. Kap 3.1.2) unter der Annahme einer linearen Drift verwendet. Beispielhaft sind Karten des Redoxfaktors (Abb. 3.23), des Erdalkalifaktors (Abb. 3.24) und des Versalzungsfaktors (Abb. 3.25) dargestellt.

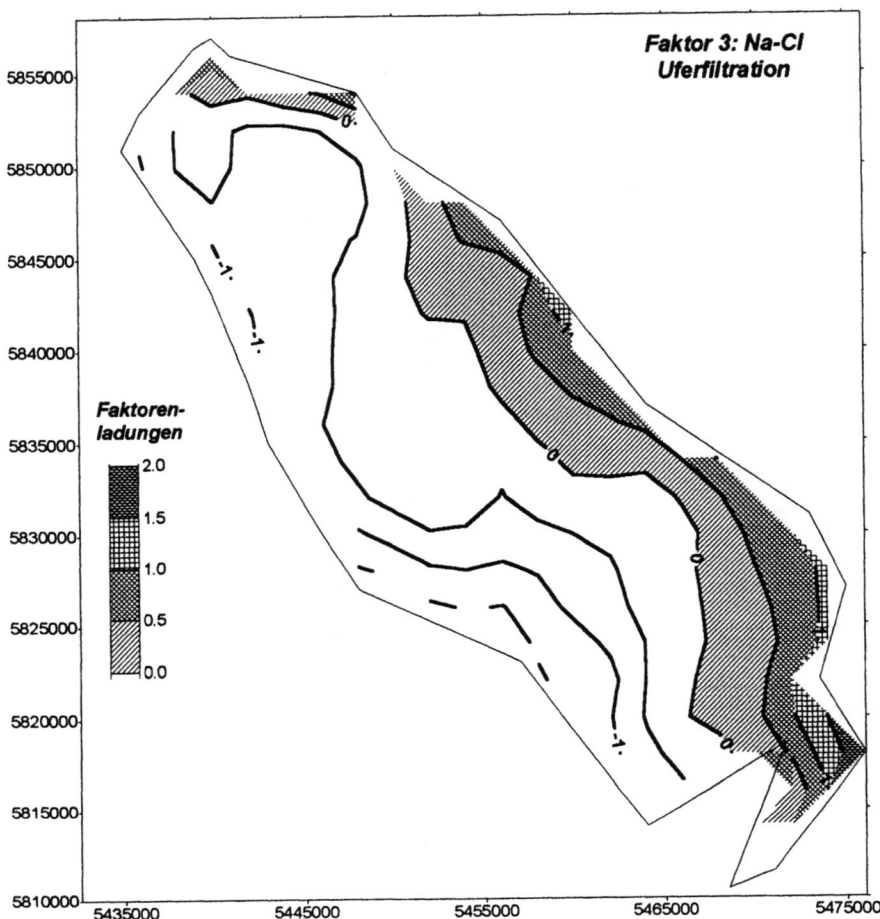

Abb. 3.25. Räumliche Verteilung des Uferfiltratindikators (Faktor 3: Versalzung). Faktorenwerte > 0 sind schraffiert dargestellt.

Man sieht, daß in weiten Teilen des Oderbruchs die niedrigen Redoxbedingungen (Faktorenwerte > 0) die hydrochemischen Verhältnisse des oberflächennahen Grundwasserleiters bestimmen. Eine Ausnahme bilden die westlichen Randgebiete, in denen kleine Faktorenwerte (< 0) den oxidierenden Einfluß des randlichen Zuflusses widerspiegeln (erhöhte E_H-Werte, deutlich höhere Nitrat und Sauerstoffkonzentrationen, geringe Eisen- und Mangan-Gehalte).

Ein anderes Bild zeigt die Karte des Faktors 2: sein Einfluß läßt in größeren Entfernungen von den westlichen Hängen nach. Dagegen nehmen die Werte des Faktors 3 (Versalzung), der ja als Indikator für Uferfiltrateinfluß steht, deutlich in Richtung der Oder zu.

3.2 Multivariate Geostatistik 77

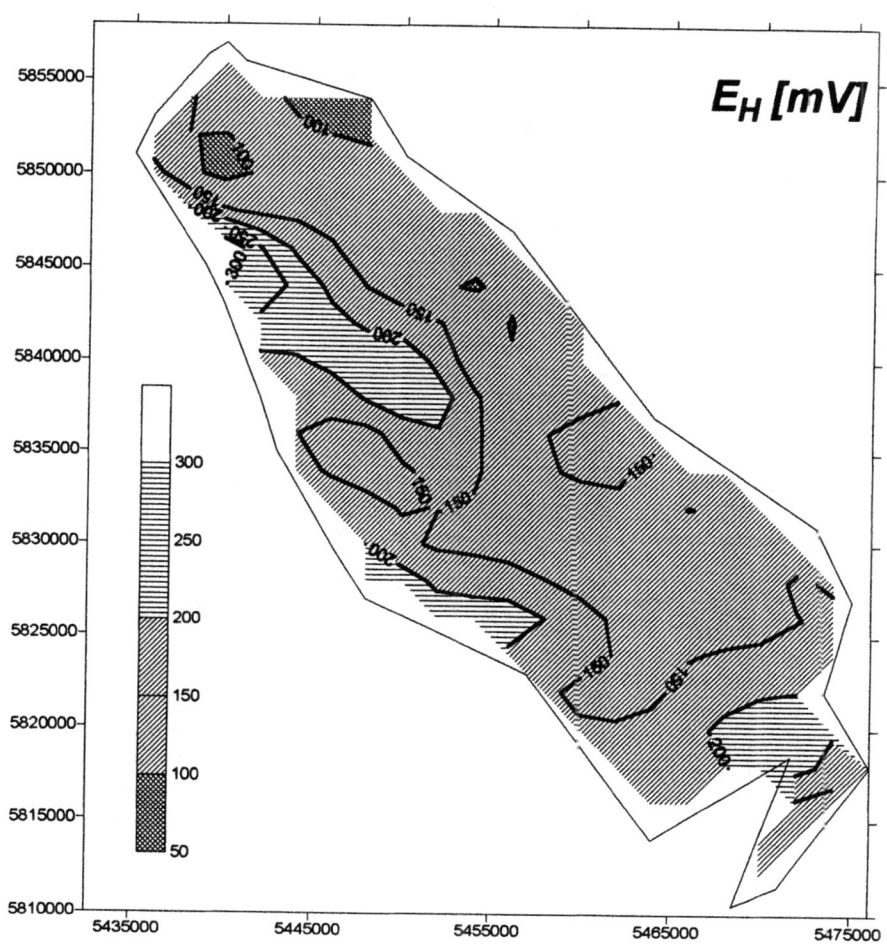

Abb. 3.26. Räumliche Verteilung des Redoxpotentials (E_H-Wert).

Zum Vergleich wurden für einige ausgewählte Inhaltsstoffe und den E_H-Wert Variogramme (Tabelle 3.6) berechnet und eine Kriginginterpolation durchgeführt. Es zeigt sich, daß die Karte des Redoxpotentials (Abb. 3.26) beinahe identisch mit der des Faktors 1 ist. Dieser wird in einem solch hohen Maße (Faktorenladung: -0,85) durch den E_H-Wert bestimmt, daß diese Übereinstimmung, die auch an der Ähnlichkeit der Variogrammparameter ersichtlich ist, nicht überrascht. Ähnlich verhält es sich mit der Karte des Hydrogenkarbonats (Abb. 3.28) und der des Faktors 2.

Ein durchaus anderes Bild zeigt jedoch die Karte des Magnesiums (Abb. 3.27), die eher punktuelle Maxima erkennen läßt. Ebensowenig kommt durch die Karte des Magnesiums alleine die graduelle Abnahme der für das Oderbruch typischen hydrochemischen Zusammensetzung (Ca(Mg)-SO_4-(HCO_3)-Wässer), die auf die zunehmende Uferfiltratbeeinflussung (Faktor 3) zurückzuführen ist, zum Ausdruck.

78   3 Erstellen von Karten hydrogeologischer Kenngrößen

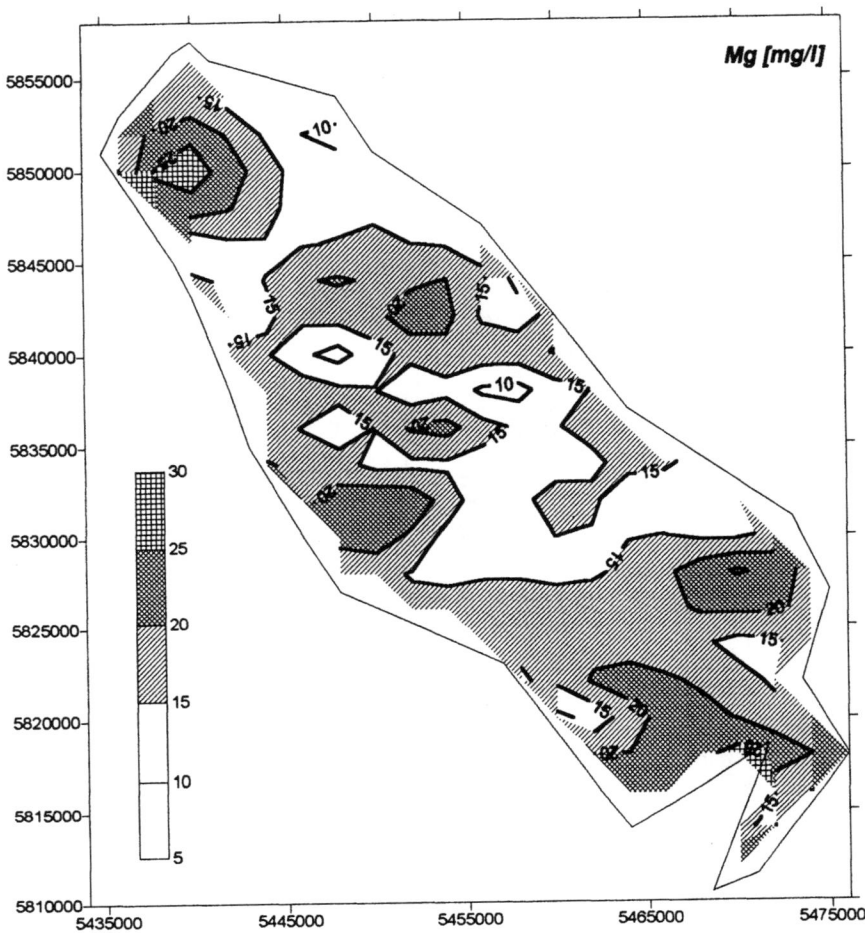

Abb. 3.27. Räumliche Verteilung des Magnesiums.

Tabelle 3.6. Variogrammparameter einiger ausgewählter Inhaltsstoffe

	E_H [mV]	HCO_3 [mg l^{-1}]	Mg [mg l^{-1}]
Typ	sphärisch	sphärisch	sphärisch
Reichweite [km]	13	12	6
Nugget-Effekt	500	4000	3
Sill	3000	9500	35
Hauptrichtung	160°	145°	0°
Anisotropie	2,0	3,3	2,0

3.2 Multivariate Geostatistik

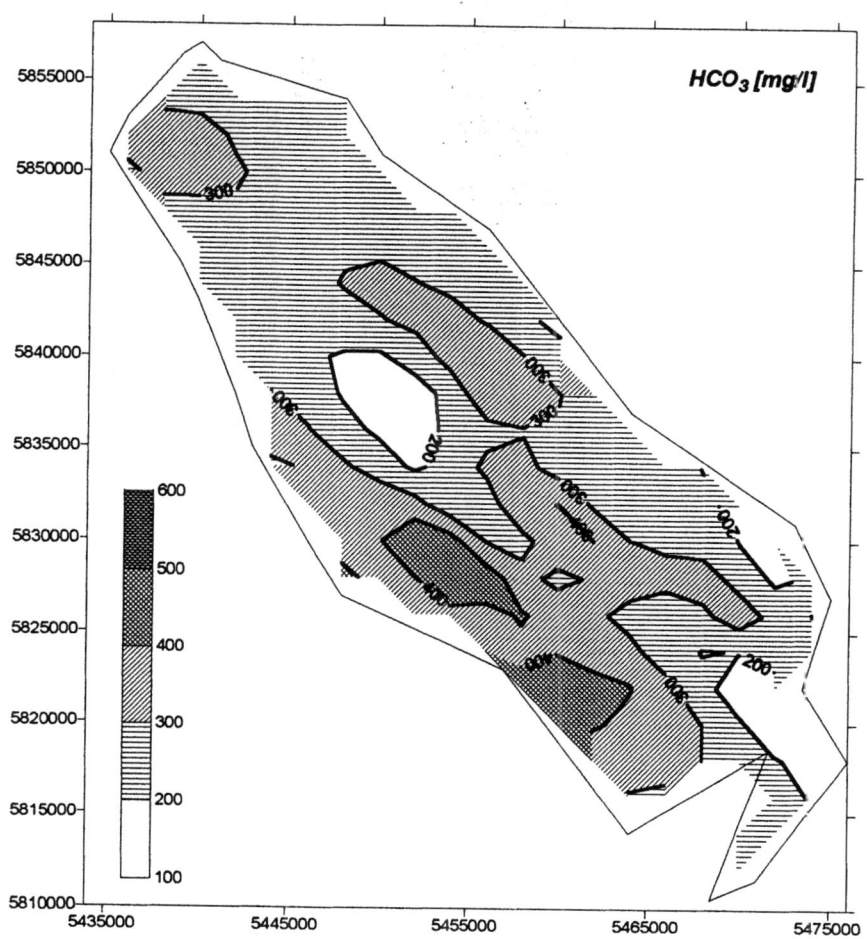

Abb. 3.28. Räumliche Verteilung des Hydrogenkarbonats

Zusammenfassend kann gesagt werden, daß mit Hilfe der Faktorenanalyse einige grundlegende Beeinflussungen des Grundwassers im Oderbruch deutlich erkannt und interpretiert werden können. Basierend auf dem Faktorenmodell kann eine räumliche Strukturanalyse durchgeführt werden, die für jeden Einflußfaktor ein differenziertes Verteilungsmuster zutage fördert, das so umfassend nicht anhand der Ausgangsdaten erkannt werden kann[11].

---

[11] Auf eine detailliertere Interpretation des Ergebnisses soll hier verzichtet werden, da die untersuchten Daten Teil eines noch andauernden Untersuchungsprogrammes sind.

4 Regionalisierung hydrodynamischer Eigenschaften

Kap. 3 behandelte geostatistische Regionalisierungsmethoden, deren Ziel eine möglichst erwartungstreue Interpolation unregelmäßig im Raum verteilter Meßgrößen hydrogeologischer Parameter ist. Diese Verfahren wirken als *Punktschätzer*. „Punkt"-Schätzung (point estimation) bedeutet im statistischen Sinne die Schätzung eines einzelnen Parameters der lokalen Verteilungfunktion. Dies ist z.B. der Erwartungswert oder ein bestimmter Perzentilwert.

Die Krigingverfahren, die bisher behandelt wurden, sind solche Punktschätzer, die den Erwartungswert der lokalen Verteilungsfunktion schätzen und zusätzlich das Vertrauensintervall angeben. Im nun folgenden Abschnitt steht die Modellierung *lokaler Verteilungsfunktionen* regionalisierter Variablen im Vordergrund.

Die physikalische Bedeutung einer Vielzahl von hydrogeologischen Kenngrößen wird weniger durch exakte numerische Werte als vielmehr durch ihre lokalen Verteilungsspektren deutlich, da diese der Einschätzung möglicher Risiken („worst-case" Studien) durch abhängige Prozesse, wie beispielsweise dem Transport von Schadstoffen im Grundwasser, besser gerecht werden.

Die häufig zu beobachtenden (s. Kap. 2) polymodalen Verteilungsspektren hydrogeologisch relevanter Kenngrößen, die nicht ausreichend mit den gängigen parametrischen Verteilungfunktionen zu modellieren sind, erfordern nichtparametrische geostatistische Regionalisierungsverfahren. Diese haben weniger eine optimale räumliche Schätzung als vielmehr die Modellierung der Unsicherheit, d.h. des möglichen lokalen Variationsspektrums zum Ziel (Journel 1989).

Basierend auf der Kenntnis lokaler Verteilungsfunktionen einer regionalisierten Variablen, können Aussagen getroffen werden, die zielgerichtet auszuwerten sind. Beispielsweise ist in einem mit Schwermetallen belasteten Boden weniger der Erwartungswert von Interesse, als vielmehr die Wahrscheinlichkeit, mit der lokal ein bestimmter Grenzwert überschritten wird.

Die für Fragen der Grundwasserbewegung und des Stofftransportes wesentlichen Eigenschaften wie der k_f-Wert, der Tongehalt oder der Gehalt an organischem Kohlenstoff sind Kenngrößen, die in der hydrogeologischen Praxis in Form von Wertebereichen angegeben werden, die für ein bestimmtes hydrodynamisches Verhalten charakteristisch sind. Zu nennen ist hier die Klassifizierung von Grundwasserleitern in nicht-leitende, gering-leitende und gut-leitende Medien entsprechend ihrem k_f-Wertebereich (s.a. Freeze u. Cherry 1979, Matthess u. Ubell 1983, De Marsily 1986).

Als weitere ortsabhängige Kenngrößen, die den Wasserkreislauf beeinflussen, sind qualitative Beschreibungen, etwa die lithostratigraphische Einordnung einer

Probe bzw. die Klassifizierung als Grundwasserleiter-oder Nichtgrundwasserleitergestein, zu nennen. Diese Information wird als Nominalvariable behandelt und erfordert eine gegenüber den oben genannten kontinuierlichen Variablen modifizierte geostatistische Untersuchungsweise, die hier als Indikatoransatz beschrieben wird (Journel 1989).

Im folgenden wird der *Indikatoransatz* für Nominalvariablen sowie für Variablen des Intervalltypes zur Schätzung lokaler Verteilungsfunktionen vorgestellt. Eine Auswahl von räumlichen stochastischen *Simulationstechniken* wird anschließend am Beispiel des Durchlässigkeitsbeiwertes (k_f-Wert) vorgestellt. Die Aufgabe der stochastische Simulation ist es, aus der Menge der möglichen räumlichen Verteilungen der Zufallsfunktion Z eine oder mehrere Realisationen zu ziehen, um damit Risikoanalysen durchzuführen.

4.1
Indikatoransatz

Unter dem Begriff Indikatoransatz werden zwei unterschiedliche Betrachtungsweisen verstanden, bei denen aber jeweils eine oder mehrere Indikatorvariablen definiert werden:

Einerseits können *qualitative* Beschreibungen oder Datenklassen als Zustandsvariablen (Nominalvariablen) angesehen werden. Wird dann am Ort x ein bestimmter Zustand E bzw. eine bestimmte Datenklasse angetroffen, so nimmt die Indikatorvariable den Wert 1 an; andernfalls 0 (Gl. 4.1):

$$I(x;E) = \begin{cases} 1, & \text{wenn in } x \text{ Zustand } E \text{ zutrifft,} \\ 0, & \text{sonst.} \end{cases} \quad (4.1)$$

Der Zustand E kann die Zugehörigkeit zu einem Gesteinstyp, die Art des Grundwasserleiters (Grundwasserleiter, -geringleiter, -schlechtleiter) oder andere Eigenschaften umschreiben.

Durch das Einführen von Grenzwerten z_c (Cut-Off-Werte) können auch die Verteilungen von Variablen des *Intervalltyps*, wie beispielsweise der k_f-Wert, der Flurabstand, hydrochemische Grundwasserinhaltsstoffe u.a., in Indikatorvariablen überführt werden (Gl. 4.2):

$$I(x;z_c) = \begin{cases} 1, & \text{wenn } z(x) \leq z_c, \\ 0, & \text{sonst.} \end{cases} \quad (4.2)$$

4.1.1
Kriging von Nominalvariablen

Die Indikatorvariable kann in der gewohnten Weise geostatistisch behandelt werden. Im Falle verschiedener Gesteinstypen T_j, $j=1,...,m$ erhält man m Variogramme

$$\gamma_j(h) = \frac{1}{2} \mathrm{E}\left[(I_j(x) - I_j(x+h))^2\right], \quad j = 1, \ldots, m. \tag{4.3}$$

Man schätzt die Indikatorvariable in einem Punkt x durch die gewichteten Indikatorwerte der Umgebungsdaten:

$$i_j^*(x) = \sum_{i=1}^{n} \lambda_i I_j(x_i). \tag{4.4}$$

In der üblichen Weise wird das Kriginggleichungssystem (KGS) aufgestellt. Man erhält so in jedem Punkt x einen Schätzwert $i^*(x)$ zwischen 0 und 1. Dieser Wert kann als Wahrscheinlichkeit (Prob) interpretiert werden, daß der Typ T_j vorliegt:

$$\mathrm{Prob}\{\text{Gesteinstyp in } x \text{ ist } T_j\} = i_j^*(x). \tag{4.5}$$

Der Typ, für den die höchste Wahrscheinlichkeit in x geschätzt wurde, wird - wie in Klassifizierungsverfahren üblich - als in x anzutreffender Typ gewählt.

Da jede Indikatorvariable unabhängig von den anderen geschätzt wird, ergeben sich bei ungünstiger Probenpunktanordnung Einzelwahrscheinlichkeiten, deren Summe nicht 1 ist. Eine entsprechende Normierung auf die Gesamtsumme 1 ist leicht durchzuführen und beeinträchtigt das Ergebnis qualitativ nicht. Dennoch ist vor allem bei der Verwendung des Indikatoransatzes auf eine regelmäßige räumliche Datendichte zu achten. Eine lokale Anhäufung von Probenpunkten (Cluster) innerhalb eines Typs führt zu dessen Überproportionierung. In solchen Fällen sollte unbedingt ein Declustering, d.h. entweder ein Ausdünnen des Datenclusters oder eine entsprechende Gewichtung der einzelnen Datenpunkte (s.a. Programm DECLUS in GSLIB, Deutsch u. Journel 1992) vorgeschaltet, bzw. bei der Probennahme von vornherein ein möglichst regelmäßiges Punktraster gewählt werden.

4.1.2
Indikatorkriging für Variablen des Intervalltyps

In ähnlicher Weise behandelt man Grenzwertprobleme. Ist $Z(x)$ eine regionalisierte Variable mit Werten im Gebiet D, so definiert man für jeden Punkt x in D

$$I(x; z_c) = \begin{cases} 1, & \text{wenn } z(x) \leq z_c, \\ 0, & \text{sonst.} \end{cases} \tag{4.2}$$

Die lokale Variabilität einer Meßgröße Z kann als das Verteilungsspektrum innerhalb eines kleinen Teilvolumens A verstanden werden (Journel 1983). Dieses Teilvolumen kann für einen Abbaublock in einer Lagerstätte als auch für die Diskretisierungeinheit eines Grundwassermodells (FE, FD) stehen. Vorausgesetzt, es lägen in A ausreichend Datenwerte z vor, so bilden diese, der Größe nach geordnet, eine diskrete lokale Verteilungsfunktion (Abb. 4.1). Der Anteil

4 Regionalisierung hydrodynamischer Eigenschaften

von Werten unter dem Grenzwert z_c im Teilvolumen $A \subset D$ ist gegeben durch (Gl. 4.6):

$$\Phi(A;z_c) = \frac{1}{A} \int I(x;z_c)dx \quad (4.6)$$

Schätzwerte von $\Phi^*(A;z_c)$ für verschiedene Grenzwerte erlauben es, die entsprechenden Anteile zu berechnen.

$$\Phi^*(A;z_c) = \sum_{k=1}^{N} \lambda_k I(x_k;z_c), \text{ für } x_k \in R. \quad (4.7)$$

Die rechte Seite der Gleichung ist analog zum gewöhnlichen Kriging (*Ordinary Kriging*) der Schätzwert der Indikatorfunktion $I(x,z_c)$ im Teilvolumen A anhand des gewichteten Mittels der Indikatorwerte innerhalb des Suchradius R. Da nun aber die Beziehung gilt,

$$E[I(x;z_c)] = 1 * \text{Prob}\{z(x) \leq z_c\} + 0 * \text{Prob}\{z(x) > z_c\} = F(z_c), (4.8)$$

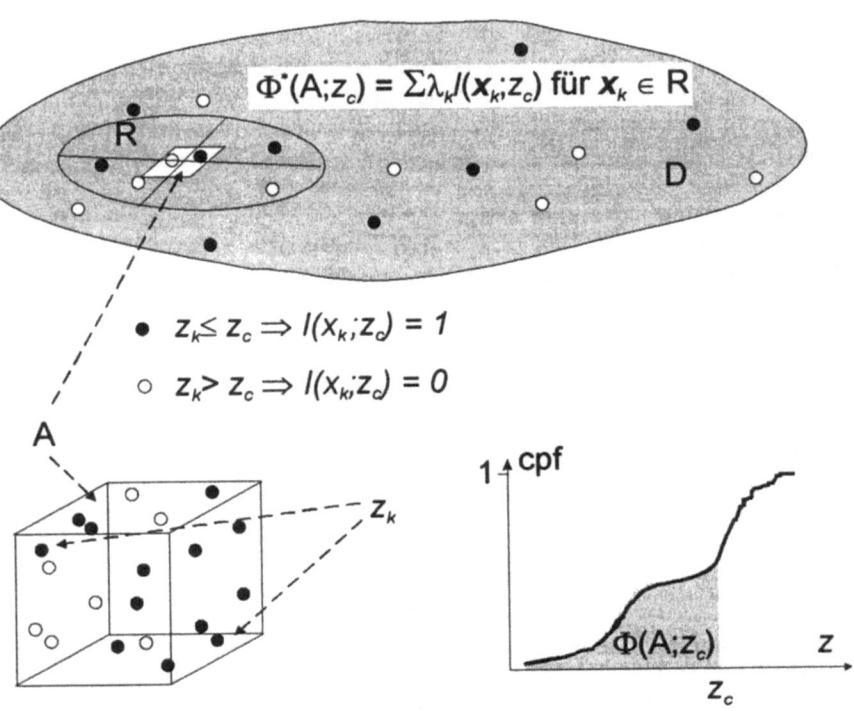

Abb. 4.1. Schätzung der lokalen Variabilitätsfunktion von Z in Block A mit Hilfe der Indikatorwerte $I(x_k;z_c)$ in R.

4.1 Indikatoransatz

kann die lokale Verteilungsfunktion von Z in einem Teilgebiet $A \subset D$ mit Hilfe der Indikatorfunktionen $\Phi^*(A;z_c)$ für verschiedene Cut-off-Werte geschätzt werden. $\Phi^*(A;z)$ kann als bedingte Verteilungsfunktion von Z in A betrachtet werden:

$$\Phi^*(A;z) = \frac{1}{A} \int \text{Prob}\{Z(x) \leq z | z(x_k), k=1,\ldots,N; x_k \in A\} dx \quad (4.9)$$

Die lokale Verteilungsfunktion enthält natürlich wesentlich mehr Information über Z als der Krigingschätzwert Z_K^* des Erwartungswertes. So kann anhand der lokalen Verteilungsfunktion sofort die Wahrscheinlichkeit abschätzt werden, mit der ein Grenzwert z_c überschritten wird - eine häufig aufkommende Fragestellung bei Umweltproblemen.

Die Einzelschritte des *Indikatorkrigings* sind wie folgt (Abb. 4.2):

1. Ordnen der Daten der Größe nach zur Darstellung der Verteilungsfunktion,
2. Festlegung von m Werten z_{cj} zur diskreten Approximation der Verteilungsfunktion,
3. Indikator-Kodierung der Datenwerte liefert m Indikatorfunktionen $I_j(x;z_{cj})$, $j=1,\ldots,m$,
4. Berechnung der m Indikatorvariogramme,
5. Kriging der m Indikatorvariablen,
6. Auswertung der geschätzten Verteilungsfunktion,
7. Erstellung einer Karte der geschätzten lokalen Verteilungsfunktionen von Z.

Da man die gesamte Verteilungsfunktion für jeden Punkt des Untersuchungsgebietes nicht graphisch darstellen kann, wird man wieder geeignete Punktparameter extrahieren (z.B. Plot des Medianwertes oder der Überschreitungswahrscheinlichkeit eines Grenzwerts). Der Medianwert kann wie der Krigingschätzwert als Punktschätzer der lokalen Verteilungfunktion verstanden werden.

Ein kritischer Punkt ist die geeignete Auswahl der Grenzwerte z_c. Eine Möglichkeit ist, augenscheinlich markante Grenzwerte auszuwählen: dies sind beispielsweise bei Grundwasserkontaminanten die Nachweisgrenze, Grenzen für den weiteren Handlungsbedarf bzw. die Sanierungsgrenze (vergl. Niederländische Liste, Berliner Liste). Für den hydraulischen Kennwert k_f könnten markante Grenzwerte, die die hydraulische Leitfähigkeit eines Grundwasserleiters definieren, gewählt werden. Häufig bieten sich auch anhand der zumeist polimodalen Histogramme markante Grenzen an. Die Erfahrung zeigt jedoch, daß eine Unterteilung des experimentellen Verteilungsspektrums in Intervalle mit gleichen Wahrscheinlichkeitsdichten, also eine Einteilung nach Quartilen oder Perzentilen, für die Berechnung der Indikatorvariogramme von Vorteil ist.

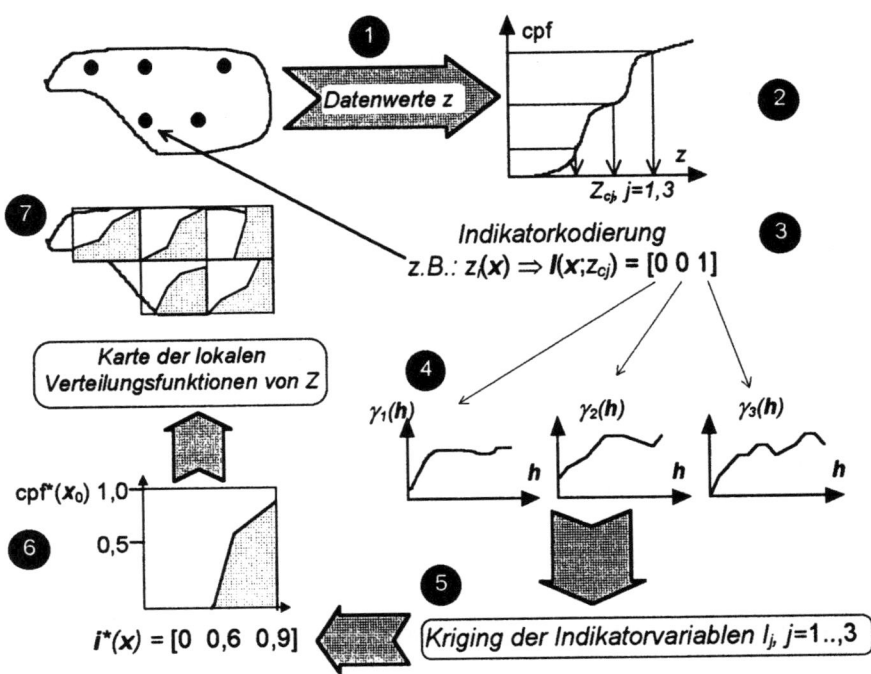

Abb. 4.2. Schematischer Ablauf des Indikatorkrigings für die lokale Verteilungsfunktion der Variable Z mit $m=3$ Indikatorvariablen.

Die schon beim Indikatorkriging von Nominalvariablen erwähnte Forderung nach einer möglichst gleichmäßigen räumlichen Probenverteilung gilt auch hier. Die unabhängige Schätzung der Indikatorvariablen I_j kann zu Ergebnissen i_j^* führen, die keine gültige Verteilungsfunktion ergeben: neben Schätzwerten außerhalb des Intervalls [0,1] treten mitunter auch Verletzungen der Reihenfolge (order relation violation) auf, worunter verstanden wird, daß die geschätzte lokale Verteilungsfunktion nicht stetig ansteigt (Abb. 4.3). Diese können jedoch leicht korrigiert werden (s.a. Programm IK3D in GSLIB, Deutsch u. Journel 1992), z.B durch Up/Downward-Korrektur (Abb. 4.3) oder durch Ignorieren einzelner nach unten abweichender Wahrscheinlichkeiten, bevor der Anwender das Schätzergebnis weiter verarbeitet. Eine Korrektur auf der Basis von Spline-Funktionen wird für ein ähnliches Problem bei der Interpolation von Schichtoberkanten von Burger (1997) vorgeschlagen.

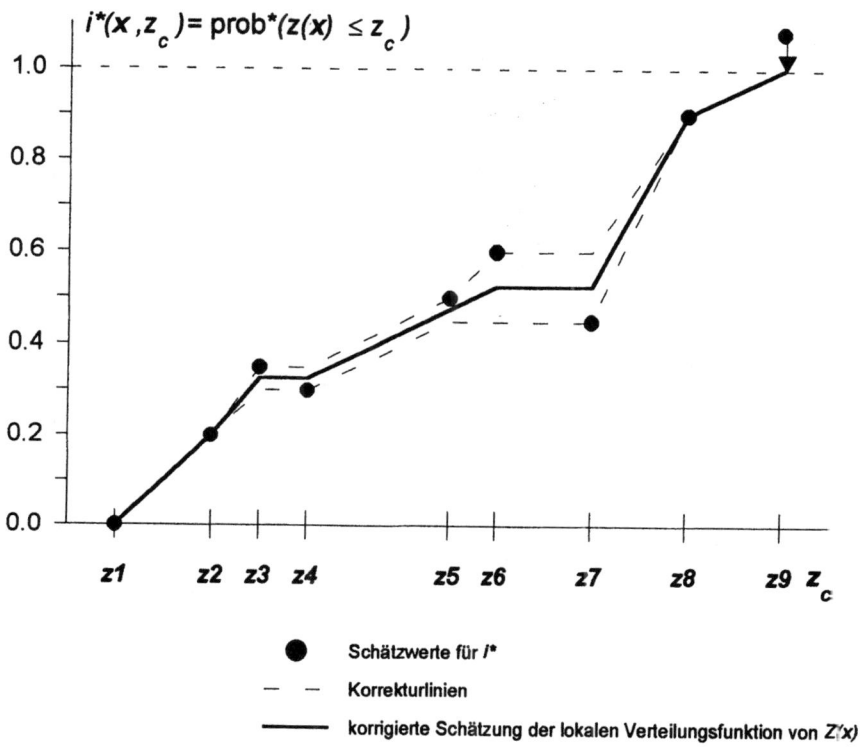

Abb. 4.3. Korrektur ungeordneter Indikatorschätzergebnisse (Order relation problem), verändert nach Deutsch u. Journel 1992.

4.2 Stochastische Simulationsverfahren

Mit Hilfe des Indikatoransatzes wird anstelle des wahrscheinlichsten Wertes in x die gesamte Verteilungsfunktion geschätzt. Dieses Verfahren der Krigingfamilie liefert aufgrund der gleitenden gewichteten Mittelwertsbildung ein räumlich geglättetes Ergebnis. D.h. abrupte Veränderungen in der Form der Verteilungsfunktion werden nicht reproduziert.

In manchen Fragestellungen ist jedoch nicht das durchschnittliche Verhalten einer Variablen von Interesse, sondern vielmehr die möglichen Extreme. Diese werden in „Worst-Case" Betrachtungen, z.B. des Schadstofftransportes im Grundwasser, gebraucht; besonders dann, wenn im engräumigen Bereich hohe Differenzen zwischen Variablenwerten physikalische Prozesse beeinflussen (erratisches Verhalten), wie es für k_f-Werte häufig zu beobachten ist. In solchen Fällen sollte dem glättenden Schätz- (Interpolations-) verfahren Kriging eine Methode vorgezogen werden, die es erlaubt, die engräumige Variabilität einer ortsabhängigen Variablen, d.h. ihre Heterogenität realistisch nachzuvollziehen.

Die Regionalisierungsverfahren, die unter dem Begriff „Stochastische Simulationen" zusammengefaßt werden, bieten dazu die Möglichkeit.

„Die Stochastische Simulation ist die Erzeugung von alternativen, gleichwahrscheinlichen, hochauflösenden Modellen der räumlichen Verteilung von $Z(x)$" (Deutsch u. Journel 1992).

Der Einsatz eines Regionalisierungsverfahrens aus der Gruppe der *stochastischen Simulationstechniken* ist vor allem für die hydrodynamischen Eigenschaften von Bedeutung, die den Stofftransport beeinflussen.

Einige Parameter seien hier beispielhaft angesprochen: Das Porenvolumen eines Gesteinskörpers hat auf die hydrodynamischen Prozesse einen wesentlichen Einfluß: es bestimmt das Speichervermögen und somit den Grundwasserhaushalt; die durchflußwirksame (effektive) Porosität (n_e) geht in die Berechnung der Abstandsgeschwindigkeit ein; darüberhinaus ist die Porosität ein Maß für die für Sorptionsprozesse oder den Ionenaustausch zur Verfügung stehende Kornoberfläche. Obwohl zumindest das Gesamtporenvolumen (n) labortechnisch relativ zuverlässig zu bestimmen ist, so ist doch seine räumliche Variabilität regional selten genau bekannt. Noch mehr gilt dies für die durchflußwirksame Porosität (n_e), deren Kenntnis Voraussetzung für die Berechnung des Transportes gelöster Stoffe im Grundwasser ist. Der Mangel, der in der unzureichenden Meßgenauigkeit für die Porosität sowie in der Unkenntnis ihres räumlichen Verteilungsmusters begründet liegt, kann durch die Angabe von lokalen Verteilungsspektren ausgeglichen werden.

Der *Durchlässigkeitsbeiwert* (k_f) ist eine auf engstem Raum hoch variable hydraulische Kenngröße. Sie gilt als nicht exakt quantifizierbar, da ihre Werte z.T. erheblich in Abhängigkeit von den physikalischen Grundannahmen der Bestimmungsmethode (Labor, Gelände, indirekt, direkt s.a. Tabelle 2.1) sowie von der Größenordnung des Bezugsvolumens schwanken. Umgekehrt richtet sich ihre numerische Darstellung, z.B. in einem deterministischen Grundwassermodell, auch nach der Größenordnung des Kontrollvolumens sowie dessen Orientierung zu den Hauptachsen des hydraulischen Systems (Desbarats 1987, Gómez-Hernández 1993).

Möglichkeiten, diese wesentliche Kenngröße des Wasserkreislaufes in ihrer Variabilität räumlich umfassend zu modellieren, bieten die geostatistischen Simulationsverfahren. Gleiches gilt für solche ortsabhängigen Parameter, die die Sorption von im Grundwasser gelösten Stoffen beeinflussen, wie etwa der Tongehalt oder der Gehalt an organischem Kohlenstoff, und einen verzögerten Stofftransport bewirken. Die Retardation kann unter der Annahme eines geeigneten Sorptionskonzeptes (Sorption nach HENRY, FREUNDLICH oder LANGMUIR) mit Hilfe des stoff- und sedimentspezifischen Verteilungskoeffizienten (K_d) berechnet werden. Dieser ist dann ebenso als eine ortsabhängige Zufallsvariable anzusehen (Haley et al. 1994, Bachhuber et al. 1986).

Im folgenden wird die stochastische, räumliche Simulation benutzt, um räumliche Realisationen bereitzustellen, die die engräumige Variabilität von Z abbilden. Diese Realisationen sind eine Basis für die Modellierung von Fluktuationen hydrodynamischer Kenngrößen, die sich entscheidend auf das Transportverhalten im Grundwasser auswirken, oder für die Darstellung der tatsächlichen

4.2 Stochastische Simulationsverfahren

Variationsbreite von Bodenkontaminationen. Die Simulation ortsabhängiger Variablen soll in der Weise erfolgen, daß

(a) die Wahrscheinlichkeitsdichte von $Z(x)$, geschätzt durch das Histogramm, und
(b) die räumliche Kovarianz $C(h)$, geschätzt durch das Variogramm, reproduziert werden.
(c) Die Variablenwerte $z(x_i)$ an den Meßpunkten x_i sollen erhalten bleiben (Konditionierung durch Datenpunkte).

Sind diese Anforderungen erfüllt, so stellt das Simulationsergebnis **eine** mögliche Realisation der Zufallsvariablen $Z(x)$ dar, die die engräumigen Fluktuationen der Variablen widerspiegelt, jedoch nie der Realität selbst entspricht (Abb. 4.4). Vorteile der Verwendung simulierter Realisationen sind z.B., daß

1. das gesamte Variationsspektrum der Daten in weiterführende Betrachtungen eingeht,
2. die engräumigen Fluktuationen berücksichtigt werden,
3. eine große Anzahl von gleichwahrscheinlichen Realisationen erzeugt werden kann, die beispielsweise bei Sicherheitsstudien die Verwendung statistischer Testverfahren erlaubt.

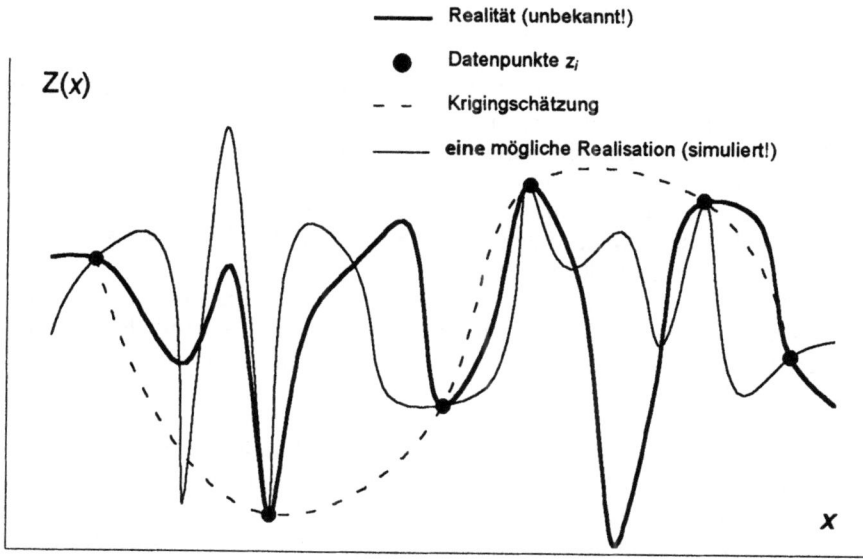

Abb. 4.4. Vergleich von stochastischer Simulation und Kriging

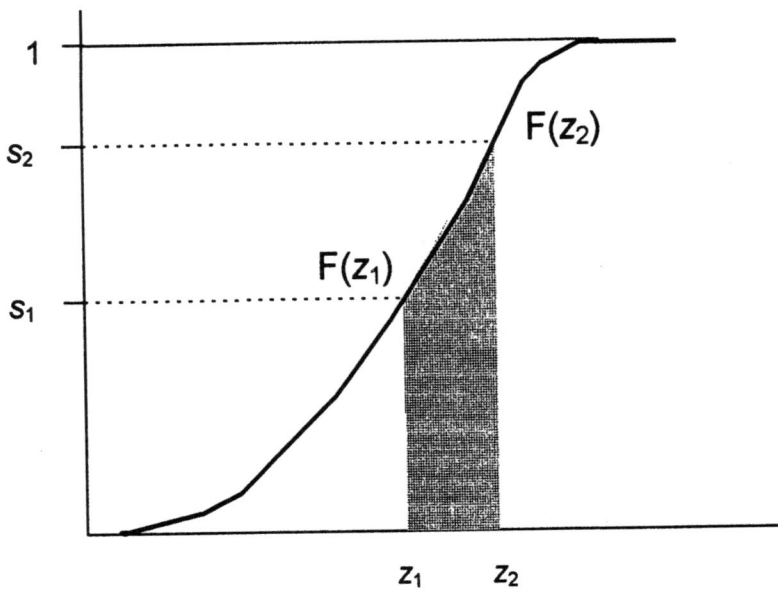

Abb. 4.5. Erzeugung einer Zufallsverteilung aus der Summenkurve einer Meßgröße Z.

Ergebnisse *stochastischer Simulationen* bieten vor allem bei weiterer Verwendung in Prozeßmodellen Vorteile. Auf diese Weise können Schwankungsbereiche von Prozeßergebnissen statistisch bewertet werden[1]. Im Bereich des Grundwasserschutzes werden daher Simulationstechniken in Kombination mit deterministischen Modellen nutzbringend eingesetzt (Ramarao et al. 1995, Lavenue et al. 1995). Stark vereinfacht wurden Simulationstechniken auch schon in kommerzielle Grundwassermodelle integriert (ASM, Kinzelbach u. Rausch 1995, PMWIN, Chiang u. Kinzelbach 1996).

Es gilt jedoch weiterhin, daß ein Schätzer wie *Kriging* verwendet werden sollte, wenn eine Problemstellung den für den Ort x wahrscheinlichsten Variablenwert $E[Z(x)]$ erfordert. Dies ist z.B. bei Fragen der Kartenerstellung immer der Fall (vergl. Abb. 4.4).

In den vergangenen Jahren beschäftigten sich eine Vielzahl von Veröffentlichungen im Bereich der Geostatistik mit der Entwicklung von Algorithmen zur Erzeugung von *ortsabhängigen stochastischen Simulationen* (Journel 1974, Gómez-Hernández u. Srivastava 1990, Deutsch 1992 u.v.m.) sowie mit deren Einsatz in praktischen Fragestellungen (Teutsch et al. 1990, Schafmeister 1990). Die folgenden Erläuterungen zur Vorgehensweise der einzelnen Simulationsalgorithmen halten sich im wesentlichen an die Ausführungen der Programmbibliothek GSLIB von Deutsch u. Journel (1992, 1997).

---

[1] Das in anderen Naturwissenschaften übliche Vorgehen der Experimentwiederholung ist in den Geowissenschaften vielfach nicht durchführbar, da eine Probe eines Gesteinskörpers nicht mehrfach genommen werden kann. Die stochastische Simulation bietet hier eine Möglichkeit, wiederholte Experimente zu simulieren.

4.2 Stochastische Simulationsverfahren

Ausgangspunkt jeder stochastischen Simulation ist die Erzeugung von Zufallszahlen, die im Intervall [0,1] gleichverteilt sind. Wegen der Wichtigkeit der Simulationsmethode gibt es zahlreiche Verfahren zur Erzeugung gleichverteilter Zufallszahlen. Aus gleichverteilten Zufallszahlen lassen sich über einfache Transformationen normalverteilte Zufallsvariable erzeugen und mit Hilfe der Summenkurve eines Datensatzes beliebig viele Zufallsverteilungen, die dieselbe Verteilungsfunktion besitzen. (Abb. 4.5).

Es gilt bei gleichverteilten (0,1)-Zufallszahlen:

$$P\{s|s_1 \leq s \leq s_2\} = s_2 - s_1$$
$$= F(z_2) - F(z_1) \quad (4.10)$$
$$= P\{z|z_1 \leq z \leq z_2\}.$$

Diese Verfahren werden seit dem Einzug von Computern in Wissenschaft und Technik unter dem Begriff „Monte-Carlo-Simulation" vielfach eingesetzt.

In der Geostatistik muß zusätzlich eine räumliche Korrelations-Struktur simuliert werden. Da es einfach ist, unabhängige normalverteilte Zufallsvariable zu erzeugen und hieraus durch geeignete Transformation eine vorgegebene Varianz-Kovarianz-Struktur, liegt es nahe, die Daten auf Normalverteilung zu trimmen (Gauß-Anamorphosis,). Hat man eine Normalverteilung mit vorgegebener Varianz-Kovarianz-Struktur simuliert, so verwendet man die Umkehrfunktion der Gauß-Transformation, um die originale Verteilungsfunktion zu erhalten.

4.2.1
Methode der Turning Bands

Diese Simulationsmethode ist mehr von historischem Interesse. Lange Zeit, nämlich seit Mitte der siebziger Jahre (Journel 1974) bis Ende der achtziger Jahre, war sie jedoch aufgrund ihrer Flexibilität das Verfahren, das in der Praxis zur Erzeugung von Realisationen räumlich korrelierter Zufallsfunktionen eingesetzt wurde.

Mit Hilfe eines Zufallszahlengenerators werden normalverteilte Zufallswerte auf einer Geraden (1-D) erzeugt. Diese werden durch Filterung (Faltung) so transformiert, daß sie einer vorgegebenen, auf die Dimension einer Strecke (1-D) reduzierten Variogramm-Funktion $C^1(h)$ entsprechen. Durch Rotation mehrerer dieser Geraden („Bänder") und Aufsummierung der Projektionen der einzelnen simulierten Werte werden 2- oder 3-dimensionale Realisationen erzeugt, die zunächst unkonditioniert sind, d.h. die Bedingung (c) - Berücksichtigung der Datenwerte in den Probenpunkten - der geostatistische Simulation nicht erfüllen.

Daher sollten die simulierten Realisationen anschließend an die Datenpunkte konditioniert werden. Hierzu geht man von folgender Zerlegung aus (vgl. Journel u. Huijbregts 1978):

$$z(x) = z^*(x) + [z(x) - z^*(x)], \quad (4.11)$$

wobei der Klammerausdruck die Differenz zwischen wahrem, aber unbekanntem Wert $z(x)$ beschreibt und $z^*(x)$ seinen Schätzer.

Der Fehler ist natürlich unbekannt, weil der tatsächliche Wert von z unbekannt ist. Kann man jedoch eine Zufallsfunktion $Z_s(x)$ simulieren, die dieselbe Kovarianzfunktion wie Z besitzt, so kann mit Hilfe der bekannten simulierten Werte in der Umgebung von x der Kriging-Schätzfehler bestimmt werden. Ausgehend von den simulierten Werten an den Orten x, an denen Datenwerte vorliegen, wird der Krigingschätzer $z_s^*(x)$ und damit der Fehler wie folgt berechnet:

$$z_s(x) = z_s^*(x) + \left[z_s(x) - z_s^*(x)\right]. \tag{4.12}$$

Der Fehlerterm $z_s(x) - z_s^*(x)$ ist hier bekannt, weil in x auch ein simulierter Wert $z_s(x)$ vorliegt. Mit Hilfe dieses Fehlers erhält man eine konditionierte Simulation durch

$$z_{sc}(x) = z^*(x) + \left[z_s(x) - z_s^*(x)\right]. \tag{4.13}$$

Bei allen Simulationsverfahren ist das Verhältnis von simulierter Gebietsgröße und Reichweite des Variogramms zu beachten: Ist das Gebiet kleiner oder gleich der Größenordnung der Reichweite, so können die vorgegebenen statistischen Kenngrößen (Mittelwert, Varianz) noch nicht reproduziert sein (Prä-Ergodische Bedingungen).

4.2.2
Sequentielle Simulation

Während die *Turning Band Methode* Realisationen einer ortsabhängigen Variablen erzeugt, die vor der Konditionierung zwar dieselbe Wahrscheinlichkeitsdichte und dasselbe Variogramm wie die Datenwerte aufweisen, aber dennoch zunächst völlig unabhängig von existierenden Datenwerten in ihren Meßpunkten sind, wurde mit der *Sequentiellen Simulation* eine Technik entwickelt, die Werte im Ort x erzeugt, die aus der bedingten lokalen Wahrscheinlichkeitsdichte in der Nachbarschaft von x zufällig gezogen werden. Dazu bedient sich dieses Verfahren schon während der Erzeugung der Realisationen des Kriginggleichungssystems (KGS) und ist damit definitionsgemäß bereits an vorhandene Datenwerte konditioniert.

Das Prinzip der *Sequentiellen Simulation* wurde für Gauß'sche Verteilungsfunktionen sowie für Indikatorfunktionen entwickelt. Letzteres hat sich zu Beginn der 90-er Jahre in der Kohlenwasserstoffvorratsschätzung sowie auch in Fragen der Durchlässigkeitsverteilung von Grundwasserleitern erfolgreich durchgesetzt (Gómez-Hernández u. Srivastava 1990, Teutsch 1992), da sich zeigt, daß diese Variablen aufgrund polymodaler Verteilungsfunktionen nur unzureichend mit der Normal- bzw. der Log-Normalverteilung, sondern besser mit nichtparametrischen Methoden zu modellieren sind.

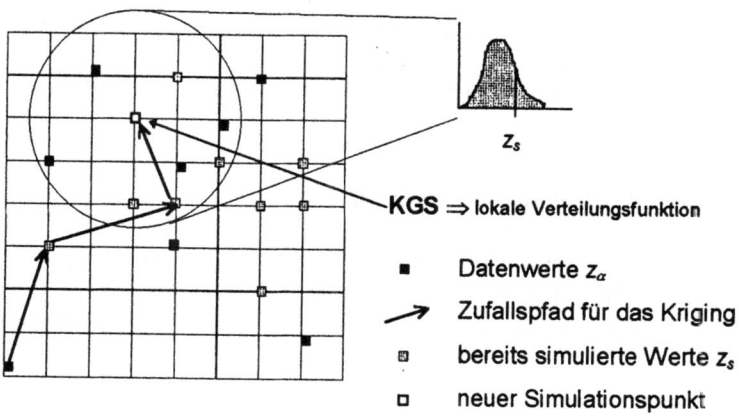

Abb. 4.6. Schematische Darstellung des *Sequentiellen Simulationsverfahrens*.

4.2.2.1
Sequentielle Gauß-Simulation

Die Datenwerte werden z-transformiert. Entlang eines zufällig gewählten Pfades (random path) durch das zu simulierende Gebiet werden für jeden Gitterpunkt die benachbarten Datenwerte (und die bereits simulierten Werte) im Kriginggleichungssystem zusammengestellt (Simple Kriging[2] mit Variogrammodell der z-Transfomierten). Hieraus lassen sich für jeden dieser Gitterpunkte der lokale Mittelwert und die lokale Varianz bestimmen. Diese beschreiben die lokale Verteilung der Variablen, aus der eine Zufallszahl gezogen werden kann, die jetzt als neuer „Daten"-wert den bekannten Proben hinzugefügt wird. Hierdurch erhält man eine Konditionierung der Daten. Ist $Z(x)$ eine Gauß-verteilte stationäre ReV, so läßt sich die sequentielle Gauß-Simulation wie folgt beschreiben (Abb. 4.6):

1. Bestimmung der univariaten Verteilungsfunktion von Z,
2. Gauß-Transformation: $y = \varphi(z)$[3], (mit φ = geeignete Transformationsfunktion)
3. Festlegung eines Zufallsweges durch das Untersuchungsgebiet,
4. *Simple Kriging* (SK)[2] zur Bestimmung von Erwartungswert und Varianz im Punkt x,

---

[2] *Simple Kriging*, d.h. Kriging bei bekanntem Mittelwert. Bei ausreichender Datenmenge kann auch das Gewöhnliche Kriging (OK, *Ordinary Kriging*) verwendet werden (Deutsch u. Journel 1997).

[3] Bei der Gauß-Transformation wird die univariate Verteilung der Daten mittels geeigneter Funktionen in eine Normal-Verteilung überführt. Dies ist eine notwendige aber nicht hinreichende Bedingung dafür, daß $Z(x)$ einer räumlichen Multinormal-Verteilung folgt, die in der Theorie der räumlichen Schätzung (Mathéron 1965) gefordert, in der Praxis aber lediglich als Arbeitshypothese angenommen wird.

5. Ziehung eines Zufallswertes aus dieser Normalverteilung,
6. dieser simulierte Wert wird den Daten hinzugefügt,
7. Wiederholung von 4, 5 und 6 am nächsten Gitterpunkt des Zufallspfades, bis alle simuliert sind,
8. Rücktransformation der simulierten Werte mittels $z_s = \varphi^{-1}(y_s)$.

4.2.2.2
Sequentielle Indikator Simulation

In Kap. 4.1.2 wurde gezeigt, daß mit Hilfe des *Indikator-Kriging* die Schätzung lokaler Verteilungsfunktionen möglich ist. Dadurch läßt sich die Wahrscheinlichkeit bestimmen, daß die ReV $Z(x_0)$ einen vorgegebenen Grenzwert z_c überschreitet:

$$\text{Prob}\{z_0^* \geq z_c | Z(x_1), \dots Z(x_i)\}. \qquad (4.14)$$

Die Methode der *Sequentiellen Indikatorsimulation* besteht darin, auf einem regelmäßigen Gitter über das Gebiet D sukzessiv Indikatorwerte zu erzeugen und zwar so, daß bei jedem Schritt die vorangegangenen Simulationsergebnisse berücksichtigt werden. Die *Sequentielle Indikatorsimulation* verfährt für die Erzeugung einer Realisation nach folgendem Ablaufschema:

1. Kodierung der Datenwerte mittels m Indikatorfunktionen,
2. Berechnung der m Indikatorvariogramme,
3. Bestimmung eines Zufallsweges, der alle Gitterpunkte enthält,
4. Indikatorkriging der m Indikatorfunktionen im Gitterpunkt x_j
5. Ziehung eines Zufallswertes z_m aus der lokalen Verteilungsfunktion. Dieser Wert wird an der Stelle x_j eingefügt: $z(x_j) = z_m$.

Für weitere Realisationen werden nur die Schritte 4 und 5 wiederholt, wenn derselbe Zufallspfad und damit dieselben Punktkonfigurationen beibehalten bleiben sollen.

Die Methode der Sequentiellen Indikator Simulation (Gómez-Hernández u. Srivastava 1990) hat aufgrund ihrer Flexibilität bei der Behandlung von ortsabhängigen Variablen, deren Verteilungsfunktionen sich nur unzureichend mit den gängigen parametrischen Verteilungsmodellen beschreiben lassen, gerade bei der stochastischen Simulation von Durchlässigkeitsparametern (Permeabilität, k_f-Wert, Transmissivität) besondere Bedeutung erlangt.

4.2.3
Simuliertes Abkühlen (Simulated Annealing)

Dieses Verfahren (Deutsch 1992) vollzieht mathematisch den Abkühlungsprozeß eines Metalls nach: Wird ein glühendes Metall plötzlich abgekühlt, so sind die einzelnen Metallpartikel noch völlig zufällig angeordnet. Wird die Schmelze jedoch langsam abgekühlt („annealing"), so regeln sich die Metallteilchen allmählich ein, bis eine typische Struktur erreicht ist.

Der *Annealing*-Ansatz benutzt als „typische Struktur" eine Zielfunktion („objective function"), die es möglichst anzunähern gilt. Bezogen auf die Simulation einer ortsabhängigen Variablen (ReV) ist es die räumliche Kovarianzfunktion (Variogramm), die approximiert werden soll. Die Annealing-Methode arbeitet jedoch auf dieselbe Weise auch für andere Zielfunktionen.
Ausgehend von:

1. einem regelmäßigen Gitter, das an einigen Stellen mit Datenwerten belegt ist $z_\alpha = z(x_\alpha)$,
2. einer Verteilungsfunktion F(z), die durch das Histogramm geschätzt wird, und
3. dem Variogramm $\gamma(h)$,

können eine Vielzahl von räumlichen Realisationen der ortsabhängigen Variablen erzeugt werden.

Der Unterschied zu den beiden bereits genannten Methoden besteht darin, daß gleich zu Beginn der Simulationsroutine von einem vollständig mit Werten belegten Gitter ausgegangen wird: zunächst die Datenwerte z_α, die bei vom Gitter abweichender Position auf den nächsten Gitterpunkt verlagert werden, und den Werten z_s, die zufällig aus der vorgegebenen Verteilungsfunktion F(z) gezogen werden. Ausgehend von diesem vollständig belegten Gitter werden die Werte $z_s \neq z_\alpha$ sequentiell derart modifiziert, daß

(a) die Datenwerte z_α unverändert bleiben,
(b) die simulierten Werte z_s der Verteilungsfunktion F(z) genügen und
(c) das Variogramm $\gamma^*(h)$ der simulierten Werte eine Approximation von $\gamma(h)$ wird, d.h. die Zielfunktion Φ (4.15) wird minimiert:

$$\Phi = \sum_h \frac{[\gamma^*(h) - \gamma(h)]^2}{\gamma(h)^2} \to 0 \qquad (4.15)$$

Folgende Arbeitsschritte werden im *Simulated Annealing* Verfahren verarbeitet (Abb. 4.7):

1. Initialisierung von $z_s \approx F(z)$ (Monte-Carlo-Methode) in allen Gitterpunkten $z_s \neq z_\alpha$,
2. Modifikation der Werte z_s in Gitterpunkten, die entlang eines zufälligen Pfades liegen, und Neuberechnung der Zielfunktion Φ.
3. Die Modifikation wird akzeptiert auf der Basis der Wahrscheinlichkeitsfunktion P:

$$P_{Annahme} = \begin{cases} 1 & \text{wenn } \Phi_{n+1} < \Phi_n \\ \exp\left\{-\frac{\Phi_{n+1} - \Phi_n}{t}\right\} & \text{sonst}, \end{cases} \qquad (4.16)$$

wobei der Parameter *t* („Temperatur") in progressiver Weise verkleinert wird. Die Punkte 2 und 3 werden pro Abkühlungsintervall wiederholt.

Die Aktualisierung des Variogramms geschieht nicht durch Neuberechnung, sondern Rückrechnung des vorangegangenen Wertes und Ersetzen mit dem neuen *z*-Wert. Sei z_i der modifizierte (alte) Wert und z_j der neu simulierte, dann gilt:

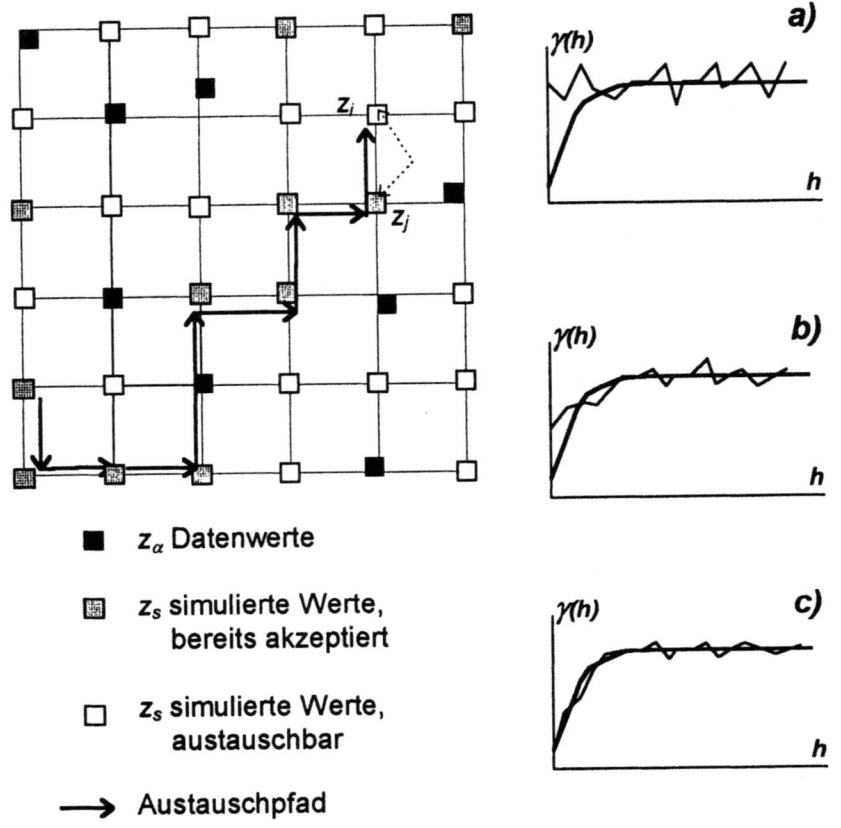

- ■ z_α Datenwerte
- ▨ z_s simulierte Werte, bereits akzeptiert
- ☐ z_s simulierte Werte, austauschbar
- → Austauschpfad

Abb. 4.7. Schematische Darstellung des *Simulated Annealing*. Rechts sind das vorgegebene Modell und das experimentelle Variogramm direkt nach der zufälligen Erzeugung der Werte z_s (a), nach der Hälfte der „Abkühlung" (b) und am Ende der Prozedur (c) dargestellt.

$$\gamma_{n+1}^*(h) = \gamma_n^*(h) + \frac{1}{2N(h)}\left[(z-z_j)^2 - (z-z_i)^2\right] \quad (4.17)$$

Das *Simulated Annealing* (Deutsch 1992) erweist sich in der Praxis als ein flexibles Verfahren, das jedoch ausgesprochen rechenaufwendig (CPU) wird, wenn nur wenige Datenpunkte als Anfangswerte vorliegen. Es wird vorgeschlagen (Deutsch u. Journel 1997), schnelle Simulationstechniken, wie z.B. die *sequentiellen Simulationsalgorithmen*, dem *Annealing* voranzustellen, um so ein gröberes Gitter als Ausgangsbasis zu erzeugen.

4.2.4
Fallbeispiel: Simulation

Im folgenden sollen zwei Beispiele für die Vorgehensweise und die Einsatzmöglichkeit der stochastischen Simulation vorgestellt werden. In beiden Fällen handelt es sich um die stochastische Erzeugung von Durchlässigkeitsmatrizen entlang eines vertikalen Profilschnittes für die weitere Verwendung in einem numerischen FD-Grundwassermodell.

Die Beweggründe, eine stochastische Simulation durchzuführen, sind hier zum einen, die Möglichkeit, das gesamte Spektrum des hydrodynamischen Verhaltens zu modellieren und anschließend analysieren zu können. Mögliche extreme Bedingungen hinsichtlich der Fließbahnen und -zeiten können so mit berücksichtigt werden. Darüber hinaus kann die stochastische Simulation auch dazu verwendet werden, die physikalischen Systemzusammenhänge in hypothetischen geologischen Strukturen mit Hilfe eines numerischen Experimentes zu untersuchen.

Die Durchlässigkeitsverteilung des Testfeldes Glass-Block-Site (Chalk-River, Kanada) wird mit Hilfe des *Simulated Annealing* (Deutsch 1992) erzeugt. Da die k_f-Werte dieses Feldes innerhalb nur einer Zehnerpotenz schwanken, kann dieser Grundwasserleiter als in sich relativ homogen bezeichnet werden.

Für den aus Sedimenten der jüngsten Kaltzeit in Norddeutschland (Weichselglazial) bestehenden Grundwasserleiter in Berlin Kladow-Gatow wird aufgrund der großen Variationsspanne der k_f-Werte von ca. fünf Zehnerpotenzen die *Sequentielle Indiktorsimulation* (SIS, Goméz-Hernández u. Srivastava 1990) eingesetzt.

Beide simulierten Durchlässigkeitsmatrizen werden in einem numerischen Grundwassermodell verwendet, um den Transport von Schadstoffen auch unter den im Sinne der Trinkwassergefährdung ungünstigsten Bedingungen zu verfolgen.

4.2.4.1
Worst-Case Modellstudie für den Transport von Schadstoffen in einem porösen Grundwasserleiter in Ontario/Kanada

Veranlassung - der Tracerversuch. Mitte der fünfziger Jahre initiierte das AECL (Atomic Energy Canada Ltd., Chalk River/Ontario) ein Forschungsprogramm zur Entwicklung und Erprobung von Methoden zur ökologisch sicheren Endlagerung, Verwertung und Entsorgung radioaktiver Abfälle. Dabei wurde ein Verfahren entwickelt, bei dem flüssige und daher sehr mobile radioaktive Stoffe durch Einschmelzen in Glaskörper gebunden und somit in einen festen Zustand umgewandelt werden können. Nach vorangegangenen Feld- und Labortests startete im Mai 1960 das bis heute andauernde „Glass-Block-Experiment". Hierbei wurden fünfundzwanzig aus Nephelin-Syenit-Glas bestehende Halbkugeln mit einem Gewicht von jeweils 2 kg und einem Gesamtradionuklidinventar von 21 TBq (570 Ci), hauptsächlich ^{90}Sr und ^{137}Cs, in einem rechteckigen Gitter von 5x5 Kugeln angeordnet und ca. 3 m unter der Geländeoberkante im grundwassergesättigten Bereich verankert (Bancroft 1960).

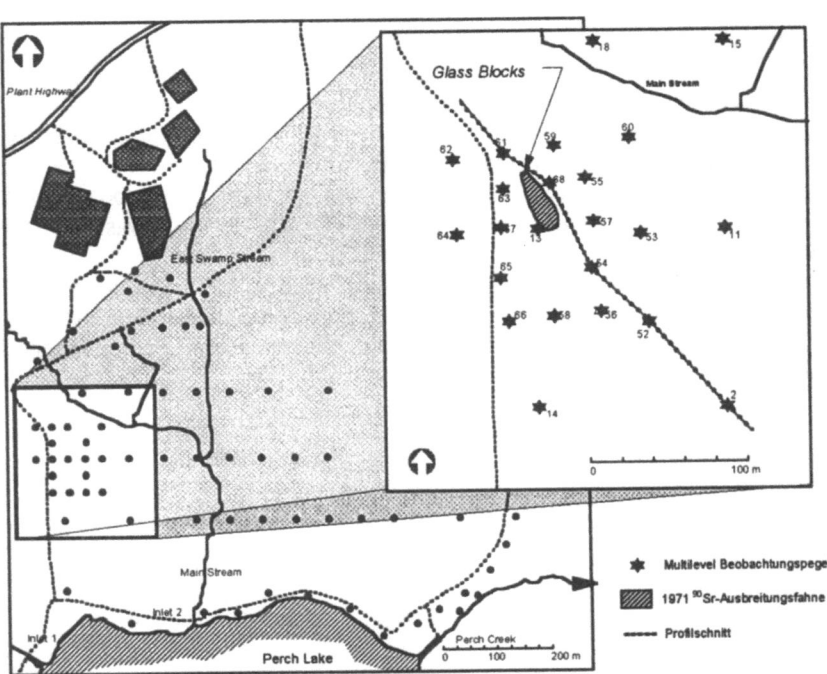

Abb. 4.8. Lage des Testfeldes Glass-Block-Site auf dem Versuchsgelände des AECL, Chalk River Ontario/Kanada. Die Detailkarte zeigt den Verlauf des Vertikalprofils parallel zum südöstlich gerichteten Grundwasserabstrom. Die schraffierte Fläche kennzeichnet die ^{90}Sr-Ausbreitung nach 10 Jahren Versuchsdauer (aus Killey et al. 1990).

4.2 Stochastische Simulationsverfahren

Die Ziele dieses groß angelegten Geländeversuches sind, das Schadstoffrückhaltevermögen des Glases unter natürlichen Bedingungen im Boden zu testen, das Sorptionsverhalten der Stoffe an den Sedimenten des Grundwasserleiters zu untersuchen sowie die Ausbreitung der von den Kugeloberflächen entlassenen Radionuklide zu studieren (Bancroft u. Gamble 1958, Merritt u. Parsons 1964, Merritt 1976, Melnyk et al. 1983, Lyon u. Patterson 1985).

Im Rahmen dieser Ziele konzentrieren sich viele Forschungsvorhaben auf die Erfassung und Analyse der geologischen und hydrogeologischen Gegebenheiten im Testgebiet mit Hilfe eines äußerst dichten Meßstellennetzes (Abb 4.8) und der Durchführung von Tracertests. Die Untersuchungen werden sowohl durch kontinuierliche Pegelstandsmessungen und regelmäßige Analysen von Boden- und Grundwasserproben als auch durch die Entwicklung numerischer Strömungs- und Transportmodelle zur Abschätzung des Ausbreitungsverhaltens der Schadstoffe im Grundwasserleiter unterstützt (Parsons 1960, Merritt u. Parsons 1964, Killey et al. 1990, 1994).

Die im Verlauf der vergangenen dreißig Versuchsjahre gewonnen Daten und Erkenntnisse bieten eine ideale Ausgangsbasis zu einer detaillierteren Untersuchung des hydrodynamischen Verhaltens in einem - makroskopisch betrachtet - relativ homogenen Grundwasserleiter.

Das Ausbreitungsverhalten, d.h. die hydrodynamische Dispersion wird zu einem entscheidenden Anteil durch die engräumige Fluktuation der Fließvektoren bestimmt. Dabei addieren sich zu der molekularen Diffusion die Effekte der Variabilität des Geschwindigkeitsfeldes in der Einzelpore bzw. des Kornverbandes und letztendlich des gesamten Grundwasserleiters (Kinzelbach 1987). Eine Vorstellung von der engräumigen Variabilität des Geschwindigkeitsfeldes kann durch die räumliche Analyse der Durchlässigkeitsverteilung im Grundwasserleiter erlangt werden.

Durch geeignete Parameterbelegung eines numerischen Grundwassermodells kann deterministisch das Ausbreitungsverhalten von Schadstoffen prognostiziert werden. Geeignete Parameter sind solche, die im Gelände zuverlässig bestimmt wurden bzw. die sich durch Kalibrierung des Modells einstellen. Dabei sind Datenlücken entweder durch Zonierung, d.h. durch Ausweisung homogener Teilkörper, oder durch Interpolation von Meßwerten zu schließen. Beide Verfahren erzeugen aber geglättete Variablenverläufe, die im Falle der Durchlässigkeit jedoch nicht in der Lage sind, die Variabilität des Geschwindigkeitsfeldes widerzuspiegeln. Die geostatistische Simulation erzeugt eine beliebige Anzahl von Realisationen, die die engräumige Variabilität der Durchlässigkeitsverteilung nachbilden und darüber hinaus nicht nur die Abschätzung des wahrscheinlichsten Ausbreitungsverhaltens sondern auch möglicher extremer Situationen und deren Wahrscheinlichkeit erlauben (Schafmeister u. Burger 1989, Schafmeister u. Pekdeger 1989, Schafmeister 1990, Schafmeister u. De Marsily 1994a). Diese probabilistische Sichtweise soll die Ergebnisse des Geländeversuches ergänzen.

Im folgenden werden, soweit nicht anders gekennzeichnet, die Arbeiten von Both (1996) zusammengefaßt.

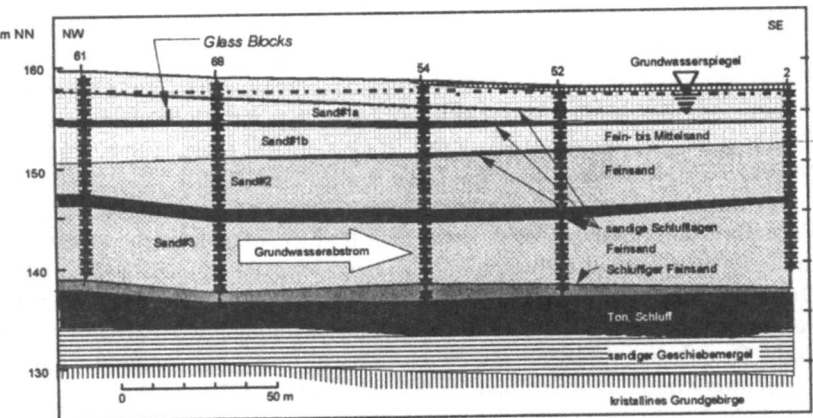

Abb. 4.9. Geologischer Profilschnitt durch das Untersuchungsgebiet, parallel zur Abstromrichtung, 3,3-fach überhöht (verändert nach Killey et al. 1990).

Geologische Situation und Datenbeschreibung. Das Glass-Block Testfeld liegt auf dem Gelände der Chalk River Nuclear Laboratories (CRNL) des AECL in Chalk River/Ontario, ca. 190 km nordwestlich der kanadischen Hauptstadt Ottawa. Im Untersuchungsgebiet wird der kanadische Schild, der hier aus granitisch-monzonitischen Gneisen des Präkambriums gebildet wird, direkt von den Glazial Sedimenten des Wisconsin-Glazials (70.000 bis 12.000 a B.P.) überlagert (Catto et al. 1982).

Im Untersuchungsgebiet setzt sich der ca. 25 m mächtige Glass-Block Grundwasserleiter aus gut geschichteten fluviatilen und äolischen Feinst- und Feinsanden des Wisconsin-Glazials und des frühen Holozäns mit zwischengeschalteten, unterschiedlich mächtigen Schlufflagen zusammen (Killey et al. 1990, 1994). Ca. 3 m unter der Grundwasseroberfläche wurden die Glaskugeln in den obersten Grundwasserleiter (Sand #1a, Abb. 4.9) eingebracht.

Das hydraulische Gefälle des freien Grundwasserspiegels ist mit etwa 5,2 ‰ südöstlich auf den Perch Lake gerichtet, der seinerseits nach Osten, in Richtung des Ottawa Flusses entwässert.

Die Heterogenität des Grundwasserleiters leitet sich im Sinne des Stofftransportes aus der räumlichen Variabilität der Durchlässigkeiten und der Sorptionsparameter ab.

Die Durchlässigkeitsverteilung des obersten, mit Sand #1a bezeichneten Grundwasserleiters wurde anhand von 537 Sedimentproben untersucht, die 31 im Umfeld der Ausbreitungsfahne niedergebrachten Bohrungen entnommen wurden. Die horizontalen Probenabstände liegen zwischen einem und zehn Metern; vertikal wurde ein regelmäßiger Probenabstand von 15 cm eingehalten. Die k_f-Werte wurden anhand der Siebkornlinien nach Beyer (1964) abgeleitet. Auf diese Weise kann für einen dreidimensionalen Block von ca. 80 m Länge (in Abstromrichtung), 9 m Breite und 3 m Tiefe des obersten freien Grundwasserleiters ein Modell der Durchlässigkeitsverteilung erstellt werden.

Die k_f-Werte bewegen sich in einem schmalen Spektrum von 1×10^{-5} bis $3{,}2 \times 10^{-4}$ m·s^{-1} bei einer Standardabweichung von $0{,}55 \times 10^{-4}$ m·s^{-1} und einem

Mittelwert von $1{,}5 \times 10^{-4}$ m·s^{-1}. Innerhalb dieses engen Wertebereiches deutet sich eine bimodale Verteilungsstruktur an, deren Hauptanteil mit einem Modus von $1{,}6 \times 10^{-4}$ m·s^{-1} etwa 80 % der Werte einnimmt. Die verbleibenden Werte mit einem Nebenmodus von $0{,}6 \times 10^{-4}$ m·s^{-1} stehen für die sehr feinkörnigen Partien des Grundwasserleiters. Die für Durchlässigkeitsverteilungen charakteristische schiefe Verteilungsfunktion (Freeze 1975, Hoeksema & Kitanides 1985, Sudicky 1986, Schafmeister 1990), die eine weitere statistische Bearbeitung auf der Basis der log-transformierten Werte nahelegt, ist hier nicht zu beobachten. Dies ist neben dem engen Wertebereich der Daten ein weiteres Anzeichen für eine räumlich vergleichsweise homogene Durchlässigkeitsstruktur des betrachteten Grundwasserleiters.

Das Variogramm (Abb. 4.10) zeigt deutlich eine geometrische Ansiotropie im Verhältnis von 1 : 3,75 vertikal zu horizontal. Ein ähnliches Verhältnis wurde von k_f-Werten von Glazialsedimenten des norddeutschen Raumes, die ebenfalls sehr engräumig untersucht wurden (Schafmeister u. Pekdeger 1990, Schafmeister u. Pekdeger 1993) berichtet. Die experimentellen Variogramme in horizontaler und vertikaler Richtung werden gut mit Hilfe des exponentiellen Variogrammtyps beschrieben. Dabei besteht in horizontalen Entfernungen von über 3 m (exponentielle Reichweite 1 m) keine räumliche Korrelation mehr. Ein Nugget-Effekt, der einerseits ein Indiz für zufällige Fluktuationen der Durchlässigkeiten auf engstem Raum andererseits aber auch ein Hinweis auf Meßungenauigkeiten ist, wird hier nicht beobachtet. Der Verlauf der experimentellen Variogramme schließt darüber hinaus die Instationarität der Variablen im betrachteten Bereich des Grundwasserleiters aus.

Die ermittelten Parameter der räumlichen Kovarianz (Variogramm, Histogramm) werden verwendet, um mit Hilfe des *Simulated Annealing* Verfahrens Realisationen der räumlichen Durchlässigkeitsverteilung als Basis für ein numerisches Grundwassermodell zu erzeugen.

Neben den Durchlässigkeiten ist für den Transport sorbierbarer, gelöster Stoffe die Kenntnis der räumlichen Verteilung der Sorptionsparameter von Bedeutung. Die folgende Untersuchung beschränkt sich auf das radioaktive Isotop ^{90}Sr, dessen Halbwertszeit mit 28,5 Jahren angegeben ist.

Die durch die Sorption von ^{90}Sr hervorgerufene Retardation R wurde nach Gl. 4.18 anhand von Messungen der Abstandsgeschwindigkeit v_a und der Transportgeschwindigkeit v_s von ^{90}Sr während des Feldversuches bestimmt (Killey et al. 1994). Dabei liegen mittlere Werte für das nutzbare Hohlraumvolumen n_e und der Gesamtdichte des Sedimentes ρ_b zugrunde (Parson 1960).

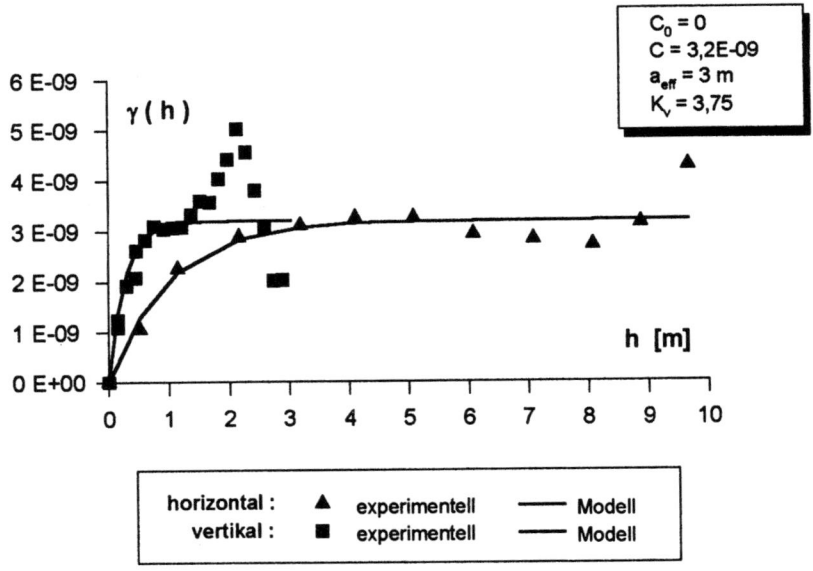

Abb. 4.10. Variogramm der k_f-Werte des Glass-Block-Feldes und Modellanpassung (aus Both 1996).

$$R = \frac{v_a}{v_s} = 1 + \left(\frac{\rho_b}{n_e} \cdot K_d\right) \qquad (4.18)$$

Hierbei wird die lineare Sorptionsisotherme nach dem HENRY'schen Gesetz für kleine Konzentrationen angewendet. Mit $\rho_b = 1,6$ g·cm^{-3}, $n_e = 0,38$ und $K_d = 5,8$ cm^3·g^{-1} ist der Retardationsfaktor 25,4.

Die Retardation wird im vorliegenden Beispiel als räumlich invariant angenommen und geht somit als konstanter Faktor in die Transportgleichung ein. Dieser Ansatz erscheint zulässig, da die Sorptionsparameter (n_e, ρ_b) aufgrund der Gleichförmigkeit des Sedimentes, verglichen mit den k_f-Werten, nur in sehr geringem Maße variieren.

Modellkonzept. Ziel er Untersuchung ist es, die Variationsbreite des Fließverhaltens, die auf die Heterogenität des Grundwasserleiters zurückzuführen ist, zu erfassen. Die im Sinne des Schadstofftransportes ungünstigsten Fließbedingungen sollen auf diese Weise ermittelt werden. Die Heterogenität wird hier im wesentlichen durch die Variabilität der Durchlässigkeiten bestimmt; diejenige der Sorptionsparameter ist von untergeordneter Bedeutung.

Die Lösung des Transportproblems wird für einen zweidimensionalen, vertikalen Profilschnitt parallel zur Abstromrichtung (s.a. Abb. 4.8) nach der Finiten-Differenzen Methode (ASM, Kinzelbach u. Rausch 1995) und dem Bahnlinienverfahren errechnet. Dieses als *dispersionsfreie Lösung der Transportgleichung*

4.2 Stochastische Simulationsverfahren

bekannte Verfahren bietet sich im vorliegenden Fall an, da die makroskopische hydrodynamische Dispersion, hervorgerufen durch die engräumige Fluktuation der Durchlässigkeiten, mit Hilfe der stochastischen Simulation nachgebildet werden kann und nicht durch Annahme eines regional gültigen Makrodipersionswertes modelliert werden muß. Im folgenden werden daher nur Fließzeiten und -richtungen untersucht. Die absoluten Mengen an Schadstoffen, d.h. auch deren radioaktiver Zerfall, können außer acht gelassen werden.

Folgende Einzelschritte werden durchgeführt:

1. Stochastische Erzeugung von sechs vertikalen Durchlässigkeitsfeldern (Abb. 4.11) entsprechend der o.a. geostatistischen Parameter auf einem 79x20 Knoten Finite-Differenzen Gitter mit $\Delta x = 1$ m und $\Delta y = 0,15$ m (Gesamtfläche: 79 x 3 m^2). Die Häufigkeitsverteilungen und experimentellen Variogramme zufällig gezogener Stichproben dieser Felder belegen, daß die Forderung nach Erhaltung der Wahrscheinlichkeitsdichte und der räumlichen Kovarianz erfüllt wird. Ein Vergleich der Originaldaten mit den simulierten Feldern zeigt darüber hinaus, daß auch die dritte Bedingung - Konditionierung an den Dantenpunkten - eingehalten wird.
2. Einbindung dieser Felder in das numerische Vertikalmodell unter stationären, gespannten Grundwasserverhältnissen. Durch die Annahme von Festpotentialrändern am nördlichen sowie südlichen Rand wird ein regionales hydraulisches Gefälle von 5,2 ‰ entsprechend den örtlichen Gegebenheiten erzeugt. Die nutzbare Porosität wird mit 38 % angesetzt. Bei einem mittleren k_f-Wert von $1,5 \times 10^{-4}$ m·s^{-1} beträgt die nach DARCY zu erwartende Abstandsgeschwindigkeit des Grundwassers 0,18 m·d^{-1}; d.h. daß eine Transportdistanz von 76 m nach ca. 420 Tagen zurückgelegt ist.

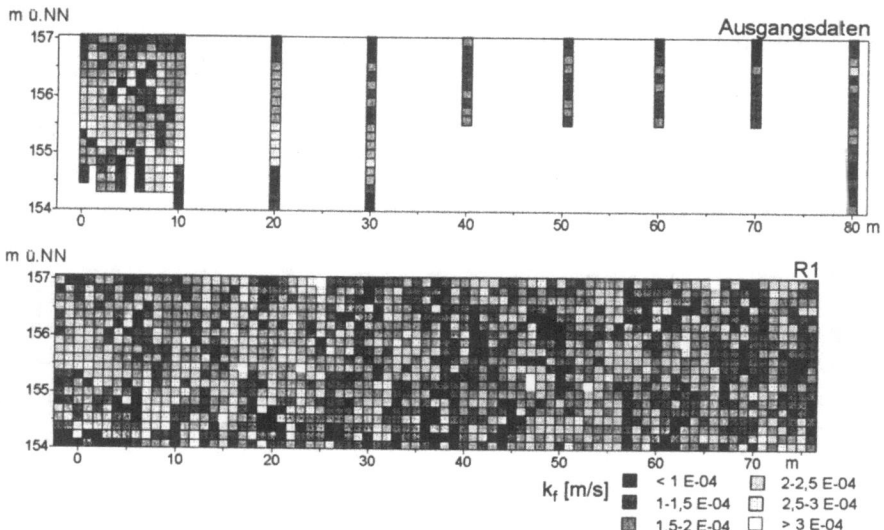

Abb. 4.11. Probenpunktkarte und eine Realisation der Durchlässigkeitsverteilung im Profilschnitt (sechsfach überhöht).

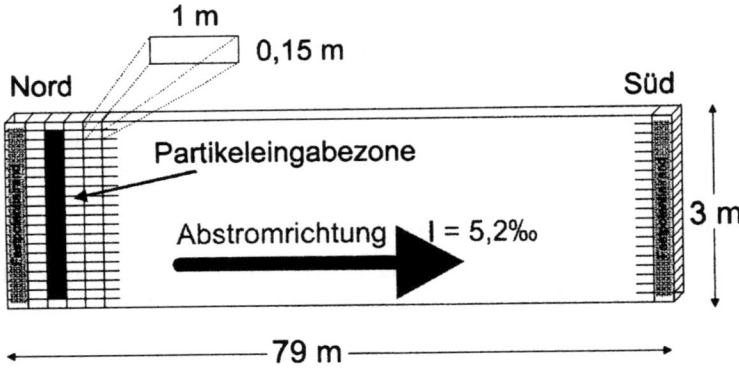

Abb. 4.12. Schematische Darstellung des Modellaufbaus (verändert nach Both 1996).

3. Einmalige Zugabe von 35 Tracerpartikeln nahe des nördlichen Randes, gleichförmig über die gesamte Mächtigkeit des Modellgrundwasserleiters verteilt (Abb. 4.12). Diese Tracerpartikel stehen stellvertretend für die Radionuklide (^{90}Sr), die von den in diesem Niveau eingebrachten Glaskugeln entlassen werden.

Die Fließvektoren der einzelnen Realisationen bzw. die Bahnlinien und Tracerankunftszeiten in 76 m Distanz von der Impfstelle werden analysiert und mit Geländebeobachtungen verglichen.

Ergebnisse. Die engräumigen Richtungs- und Geschwindigkeitsfluktuationen, die aus der räumlichen Variabilität der k_f-Werte resultieren, werden am Beispiel von Realisation 1 deutlich (Abb. 4.13). Alle simulierten Realisationen weisen ähnlich gekrümmte Bahnlinien auf, führen aber zu sehr unterschiedlichen Ergebnissen für die Ankunftszeiten am Beobachtungspunkt in 76 m Entfernung.

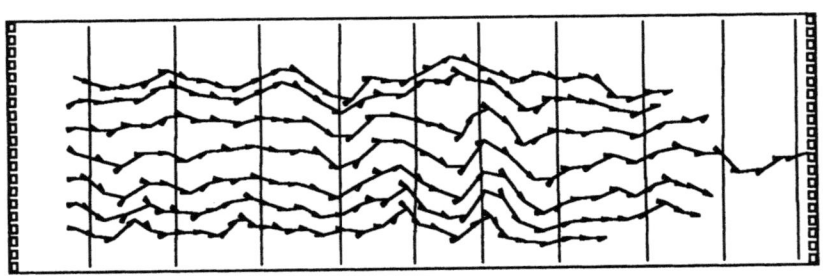

Abb. 4.13. Äquipotential- und Bahnlinien für Realisation 1 (achtfach überhöht). Abstand der Symbole: zehn Tage (aus Both 1996).

4.2 Stochastische Simulationsverfahren

Tabelle 4.1. Durchbruchszeiten der Partikel bei 76 m und abgeleitete hydrodynamische Größen (Abstandsgeschwindigkeit, zeitl. Unschärfe und Dispersivität) für sechs k_f-Realisationen Extremwerte sind fettgedruckt.

Real. Nr.	1. Eintreffen [d]	10%-	50%-Durchbruch	100%- [d]	$\Delta t = t_{84} - t_{16}$ [d]	v_a [cm·d^{-1}]	Dispersivität [cm]
1	360	377,5	**430,5**	494	78	17,7	31,2
2	387	392,0	**411,0**	508	33	18,5	6,1
3	385	396,0	414,5	**465**	48	18,3	12,7
4	**397**	**407,0**	422,5	482	51	18,0	13,8
5	380	390,0	413,0	**533**	46	18,4	11,8
6	**359**	**373,5**	416,0	526	**117**	18,3	**75,1**

Tabelle 4.1 zeigt für sechs Realisationen die Durchbruchszeiten der Tracerpartikel (ohne Retardation). Hieraus lassen sich Extremwerte für Durchbruchszeiten ablesen. Darüber hinaus sind die aus den Durchbruchskurven abgeleiteten Kenngrößen v_a und zeitliche Unschärfe ($\Delta t = t_{84} - t_{16}$) bzw. Dispersivität[1] angegeben.

Im Sinne einer 'Worst-Case'-Studie interessiert neben den möglichen extremen Ankunftszeiten auch die Wahrscheinlichkeit, daß ein solcher Extremfall eintritt. Dies läßt sich auf einfache Weise anhand der kumulativen Häufigkeitsverteilung der Ankunftszeiten basierend auf einer ausreichenden Anzahl[2] von Realisationen ableiten (Abb. 4.14).

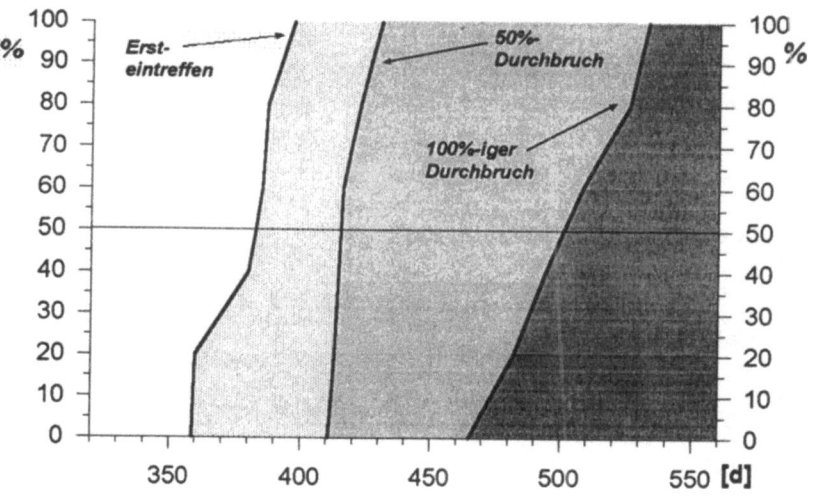

Abb. 4.14. Kumulative Häufigkeitsverteilungen des erstmaligen, 50%-igen und 100%-igen Tracerdurchbruchs im Beobachtungspunkt (76 m Entfernung).

---

[1] Die Dispersivität in Fließrichtung α_L [cm] kann als Quotient aus Dispersion D_L und Abstandsgeschwindigkeit berechnet werden: v_a: $\alpha_L = D_L/v_a$.(L: longitudinal). Die Dispersion D_L [cm^2·s^{-1}] leitet sich aus: $D_L = 0,25*(v_a*\Delta t)^2/(2*t_{50})$ ab (s.a Schröter 1983, Schafmeister 1990).

[2] Das Beispiel basiert auf nur sechs Realisationen und ist daher in statistischem Sinne nicht abgesichert. Hier soll nur das generelle Vorgehen veranschaulicht werden.

Danach muß für einen konservativen Tracer aufgrund der Heterogenität des betrachteten Grundwasserleiters mit einem extrem frühen Eintreffen des Tracers schon nach 359 Tagen gerechnet werden. Zwanzig Prozent der Realisationen zeigen einen Erstdurchbruch nach 360 Tagen. Während die Zeitpunkte des Ersteintreffens bzw. des 50%-igen Tracerdurchgangs noch ein vergleichsweise enges zeitliches Variationsspektrum aufweisen, schwanken die Gesamtdurchbruchszeiten (100 %-iger Durchgang) zwischen 465 und 533 Tagen, also immerhin über 68 Tage.

Da im vorliegenden Beispiel die Sorption von ^{90}Sr in Form eines einheitlichen Retardationsfaktors ($R = 25,4$) eingeht, verlängern sich die Durchbruchszeiten entsprechend. Die mittlere (50 %) Durchbruchszeit liegt dann für ^{90}Sr zwischen 28,6 und 29,4 Jahren. Ein erster Tracerdurchbruch ist schon nach 25 Jahren möglich, spätestens aber nach 27,6 Jahren. Die Durchbruchsdauer des retardierten Tracers (^{90}Sr) am Beobachtungspunkt bei 76 m schwankt zwischen 5,6 und 11,6 Jahren; d.h. daß eine um das Doppelte erhöhte Verweilzeit des Schadstoffes im Grundwasserleiter, allein aufgrund der heterogenen Durchlässigkeitsstruktur, in eine Risikoabschätzung einkalkuliert werden muß.

Ein Vergleich mit der nach 31 Jahren Versuchsdauer durch Killey et al. (1994) kartierten ^{90}Sr-Fahne (Abb. 4.15) zeigt eine gute Übereinstimmung mit den simulierten Fließzeiten, so daß davon ausgegangen werden kann, daß mit Hilfe der stochastischen Simulation ein realistisches Bild der räumlichen k_f-Wertverteilung erzeugt wurde, das als Basis für eine Gefährdungsabschätzung dienen kann.

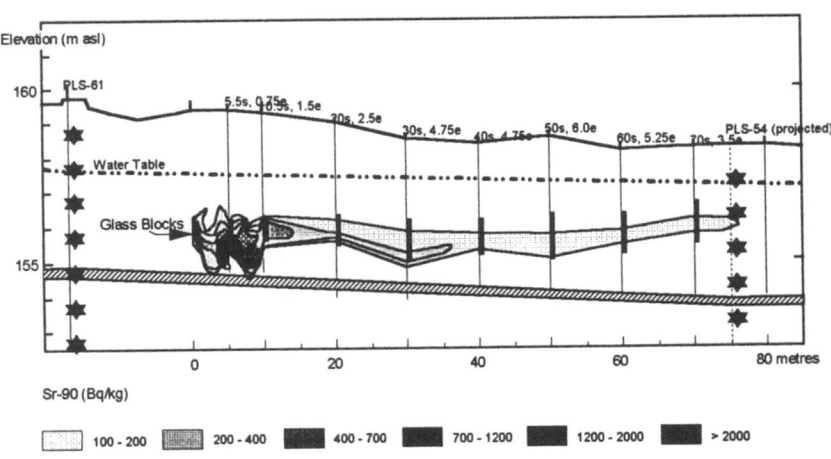

Abb. 4.15. Kartierte ^{90}Sr-Schadstoffahne nach 31 Jahren Versuchsdauer (verändert nach Killey et al. 1994).

Diskussion. Die Modellierung der Strömungs- und Transportverhältnisse des Glass-Block Grundwasserleiters zeigt, daß die Berücksichtigung der räumlichen Heterogenität der Durchlässigkeitsbeiwerte die Modellergebnisse maßgeblich beeinflußt. Unter räumlich homogenen Strömungsbedingungen können nur tendenzielle, d.h. regional gültige Werte für Abstandsgeschwindigkeit, Abstromrichtung und Schadstoffdurchbruchszeiten berechnet werden. Auf der Basis interpolierter Durchlässigkeitsfelder werden die regionalen Strömungsbedingungen enger an die tatsächlichen Gegebenheiten angepaßt. Aufgrund der Glättung engräumiger Durchlässigkeitsunterschiede werden jedoch die natürlichen hydrodynamischen Bedingungen, die im wesentlichen die Ausbreitung (Dispersion) gelöster Stoffe beeinflussen, nicht realistisch nachvollzogen.

Die dargestellte Studie könnte durch Einbeziehung der Heterogenität der Sorptionsparameter ergänzt werden. Es besteht die Möglichkeit, räumliche Realisationen dieser Kenngrößen durch unabhängige stochastische Simulationen oder, soweit Korrelationen zwischen den Variablen bekannt sind, durch Co-Simulation zu erzeugen. Haley et al. (1994) zeigen, daß die Art der Korrelation zwischen log-transformierten K_d- und k_f-Werten einen bedeutenden Einfluß auf die effektive Verzögerung der Schadstoffwolken hat. Bei negativer Korrelation wurde beobachtet, daß der Retardationsfaktor mit der Zeit zunimmt, während er zeitlich konstant bleibt bei positiver Korrelation. Diese Studie bezieht sich jedoch auf rein theoretische Kovarianzmodelle, deren Gültigkeit durch intensive Geländebeprobungen und Laborbestimmungen erst bestätigt werden muß[3].

Das gezeigte Beispiel behandelt einen kleinen (< 100 m) Ausschnitt eines vergleichsweise homogenen Grundwasserleiters. Das Maß der Heterogenität nimmt häufig zu, sobald größere Ausschnitte eines Grundwasserleiters untersucht werden. Die lithofaziellen Unterschiede führen dann zu einem größeren Variationsspektrum der Durchlässigkeiten. In solchen Fällen bietet sich die Methode der *Sequentiellen Indikator Simulation* zur stochastischen Erzeugung von Durchlässigkeitsfeldern an.

4.2.4.2
Untersuchung der Abhängigkeit des Fließverhaltens von der räumlichen Erhaltungsneigung der Aquiferkomponenten - ein numerisches Experiment

Im folgenden werden die Ergebnisse einer Modellstudie zusammengefaßt, die den Einfluß der räumlichen Korrelation einzelner lithofazieller Komponenten eines Grundwasserkörpers auf dessen hydrodynamischen Verhältnisse ingesamt untersucht (Schafmeister u. De Marsily 1994b).

Geologische Situation und Datenbeschreibung. Für die Studie werden k_f-Werte verwendet, die an 163 Sedimentproben bestimmt wurden. Diese Proben entstammen Bohrungen, die entlang des westlichen Ufers der Havel in Berlin in den Stadtbezirken Kladow und Gatow abgeteuft wurden. Die Daten sowie das Unter-

---

[3] Verglichen mit den k_f-Werten, stellt sich die Strukturanalyse von K_d-Werten wesentlich schwieriger dar: zum einen ist diese Kenngröße von den Stoffen individuell abhängig und ihre Bestimmung entsprechend aufwendig; zum anderen gilt der K_d-Wert nur unter Annahme der linearen HENRY-Isotherme; bei komplexeren hydrochemischen Bedingungen ist dieses Konzept nicht unbedingt gültig.

suchungsgebiet sind bei Kerndorff et al. (1985), Schafmeister (1990) näher beschrieben.
Die Sedimente des Testgebietes bestehen aus glazifluviatilen Fein-, Mittel- und Grobsanden des Weichsel- und Saaleglazials mit eingeschalteten Geschiebemergeln. Vereinzelt treten auch Tone und Mudden als Reste des Eem-Interglazials auf. Das in diesem Gebiet flächenhaft verbreitete Holstein-Interglazial trennt den oberflächennahen Grundwasserleiter bei ca. 0 mNN bis -10 mNN von den tieferen Stockwerken des Elsterglazials sowie des Tertiärs ab. Damit beträgt die grundwassererfüllte Mächtigkeit des Aquifers zwischen 30 und 40 m.

Die Sedimentproben entstammen 21 Bohrungen, die etwa auf einer nordnordöstlich verlaufenden, 1,2 km langen Profillinie angeordnet sind bzw. auf diese Linie projiziert werden können. Der horizontale Probenabstand beträgt ca. 50 m, der vertikale Abstand bewegt sich, abhängig von der Mächtigkeit der lithofaziell differenzierbaren Schichten, zwischen wenigen Dezimetern und einigen Metern (Abb. 4.16). Die k_f-Werte wurden anhand von Siebkornsummenkurven nach Beyer (1964) bestimmt; den bindigen, grundwasserstauenden Sedimenten wurden Erfahrungswerte zugeordnet. Für die im Berliner Raum als sehr sandig bekannten Geschiebenmergel wurde danach ein k_f-Wert von 5×10^{-7} m·s^{-1} angenommen, die Tone und Mudden werden zusammenfassend mit 5×10^{-8} m·s^{-1} wiedergegeben.

Die räumliche Struktur. Das Histogramm der Datenwerte (Abb. 4.17) zeigt, daß ca. 20 % aller Proben grundwasserstauende Sedimente repräsentieren. Etwa 50 % der Werte liegen zwischen 0,5 und $1,2 \times 10^{-4}$ m·s^{-1} und repräsentieren damit die feinsandigen Aquiferpartien. Die verbleibenden 30 % der Proben stehen mit k_f-Werten von 10^{-4} bis 2×10^{-3} m·s^{-1} für sehr gut grundwasserleitende Mittel- und Grobsande.

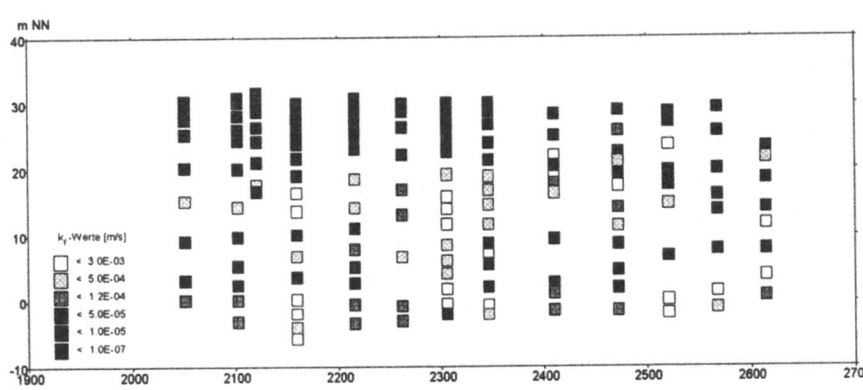

Abb 4.16. Lage der k_f-Datenpunkte innerhalb des simulierten vertikalen Profilschnittes (sechsfach überhöht).

4.2 Stochastische Simulationsverfahren

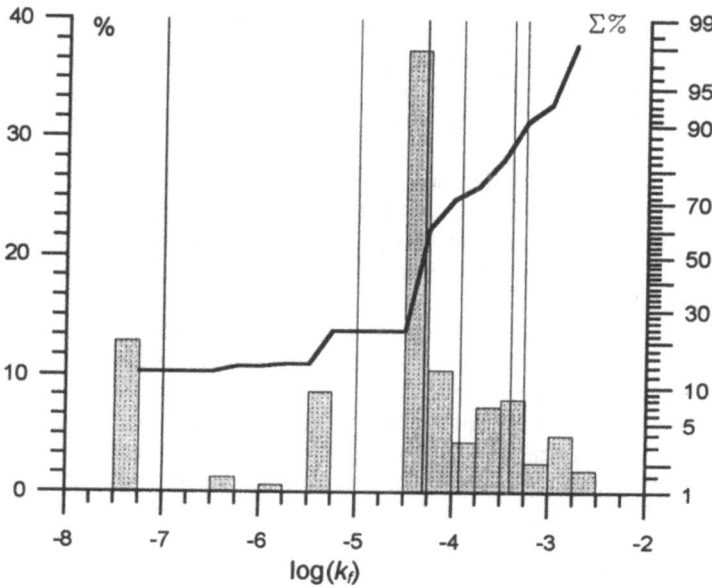

Abb. 4.17. Histogramm und Summenkurve der k_f-Werte (N=163). Die vertikalen Linien kennzeichnen die 6 Indikatorgrenzwerte (Cut-Off), die das Verteilungsspektrum in sieben k_f-Klassen einteilen.

Das Verteilungsspektrum der k_f-Werte, das ca. fünf Zehnerpotenzen umfaßt, wird in sieben k_f-Klassen eingeteilt. Die Auswahl der Indikatorgrenzwerte (Cut-Off) berücksichtigt, daß möglichst nicht weniger als 10 % (also ca. 16 Probenpunkte) in einer Klasse enthalten sind. Um trotzdem zweckmäßige, d.h. anschaulich Klassengrenzen zu erhalten, wird nach Möglichkeit auf ganzzahlige Zehnerpotenzen der Cut-Off's geachtet.

Tabelle 4.2. Indikatorklassen und Parameter der exponentiellen Indikatorvariogramme.

Klassengrenzen z_c [m·s^{-1}]	Summenprozent	Reichweite [m] $a_{hor.}$	$a_{vert.}$	Anisotropie $a_{hor.} : a_{vert.}$
1×10^{-7}	12,9	10	0,90	11,1
1×10^{-5}	23,3	20	1,27	15,8
5×10^{-5}	60,7	45	2,80	16,1
$1,2 \times 10^{-4}$	71,2	33	3,00	11,1
4×10^{-4}	82,8	30	1,60	18,8
$5,5 \times 10^{-4}$	90,8	26	1,00	26,0

Tabelle 4.2 und Abb. 4.18 geben die Parameter der Variogramme wieder. Der Sill der Indikatorvariogramme ist jeweils auf 1 normiert. Dadurch wird eine direkte Vergleichbarkeit der räumlichen Kovarianzstrukturen der einzelnen k_f-Klassen gewährleistet. Diese beim Indikatorverfahren übliche Vorgehensweise hat auf das Schätz- bzw. Simulationsergebnis keinen Einfluß (nur auf die Schätzvarianz).

Die experimentellen Indikatorvariogramme zeigen eine deutliche geometrische Anisotropie, bei der die vertikale Reichweite durchschnittlich etwa nur ein Sechzehntel der horizontalen beträgt. In vorangegangenen Untersuchungen des Gebietes (Schafmeister 1990, Schafmeister u. De Marsily 1994b) wurde ein Anisotropieverhältnis der Variogramme der log-transformierten k_f-Werte von 1:15 beobachtet. Aufgrund des weitständigen horizontalen Probenrasters müssen jedoch die in horizontaler Richtung berechneten experimentellen Variogramme bzw. ihre Modellanpassungen als relativ ungesichert betrachtet werden.

Die Reichweiten der experimentellen Variogramme nehmen tendenziell mit steigenden k_f-Werten zu. So weisen die gut grundwasserleitenden Sande verglichen mit den Geschiebemergeln und Tonen eine etwa dreimal so große räumliche Erhaltungsneigung auf. Daraus läßt sich ableiten, daß die genannten bindigen Grundwasserstauer in Form kleinerer Linsen in die grundwasserleitenden Sande eingebettet sind.

Eine Ausnahme von dieser Tendenz bildet die Klasse der gröberen Sedimentpartien ($k_f > 5{,}5 \times 10^{-4}$ m·s^{-1}), bei der die Erhaltungsneigung wieder abnimmt, das Anisotropieverhältnis jedoch ansteigt. Eine möglichen Ursache hierfür kann darin liegen, daß das experimentelle Variogramm dieser Klasse, die mit nur knapp 10 % der Daten vertreten ist, als relativ ungesichert gelten muß. Läßt man diese Erklärung jedoch außer acht, so könnte das abweichende Variogramm auch einen Hinweis auf den Sedimentations- bzw. Erosionsprozeß geben. Grobsand- und Kieslinsen in unmittelbarer Nähe von Geschiebemergelkörpern können als deren Auswaschungsreste gedeutet werden.

Stochastische Simulation und Modellaufbau. Die Ergebnisse der Variogrammstudie legen nahe, daß lithofaziell unterschiedliche Teilbereiche des Grundwasserleiters unterschiedliche räumliche Strukturen aufweisen. Dies bezieht sich im wesentlichen auf die räumliche Erhaltungsneigung. Ziele dieser Studie waren daher:

(a) die Reproduktion der beobachteten Struktur (S1) in Form von gleichwahrscheinlichen Realisationen der k_f-Verteilung mit Hilfe der *Sequentiellen Indikatorsimulation*,

(b) die Erzeugung hypothetischer räumlicher Strukturen (S2, S3) und Vergleich der Grundwasserbewegung anhand des Verteilungsspektrums der Fließzeiten, und

(c) die Modellierung der Grundwasserbewegung in diesen den natürlichen Gegebenheiten entsprechenden Medien und Erfassung des Variationsspektrums der Fließzeiten.

Die stochastische Reproduktion (a) der natürlichen Bedingungen erfolgte basierend auf den beobachteten Indikatorvariogrammen. Zehn unabhängige Realisationen der k_f-Wertverteilung wurden auf einem Profilschnitt (Abb. 4.19) erzeugt. Die Datenpunkte, die innerhalb des zu simulierenden Profilabschnittes liegen, werden im Krigingschritt (s.a. Kap. 4.2, Abb. 4.6) der *Sequentiellen Indikatorsimulation* verwendet, womit die dritte Forderung an eine stochastische Simulation, nämlich die Berücksichtigung der Datenpunkte, erfüllt ist.

Zwei hypothetische räumliche Kovarianzstrukturen wurden angenommen (b), um wiederum jeweils zehn Felder zu erzeugen und die möglichen Fließpfade zu berechnen. Die beiden hypothetischen Modelle unterscheiden sich von der natürlichen räumlichen Kovarianzstruktur in der Weise, daß

1. die Korrelationslängen mit steigenden k_f-Werten zunehmen (S2), und
2. die Korrelationslängen mit steigenden k_f-Werten abnehmen (S3).

Die Reichweiten bewegen sich bei diesem Modellexperiment innerhalb einer Spanne von 10 und 60 m horizontal bzw. 0,7 und 4 m vertikal. Das Verfahren der *Sequentiellen Simulation* erfordert eine ausreichende Anzahl von Datenpunkten. Würden jedoch alle Daten berücksichtigt, so würde zwangsläufig die beobachtete räumliche Struktur das hypothetische Modell überlagern und den Einfluß der Modellannahmen unterdrücken. Aus diesem Grunde wird die Zahl der Konditionierungspunkte auf ein Viertel des Gesamtdatensatzes reduziert.

Das Simulationsgitter, das über den Mittelpunkten der Finite-Differenzenzellen des Grundwassermodells liegt, umfaßt 125 Knoten auf einer horizontalen Distanz von 750 m ($\Delta x = 6$ m) und 60 Knoten über eine Profilteufe von 30 m ($\Delta y = 0,5$ m). Zur Überprüfung, ob die geforderten räumlichen Strukturen tatsächlich reproduziert werden konnten, werden das Histogramm und das Variogramm zufällig aus den Datenfeldern gezogener Stichproben berechnet und kontrolliert.

Die simulierten Realisationen werden bei ansonsten gleichbleibenden hydraulischen Bedingungen in einem Finite-Differenzen Modell (MODFLOW, McDonald u. Harbaugh 1988, PATH3D, Zheng 1991) verwendet. Mit Hilfe der Partikel-Tracking Methode werden die Fließpfade des Grundwassers verfolgt (c).

Folgende hydraulische Randbedingungen werden für das stationär berechnete Fließregime angenommen: Das durchflußwirksame Porenvolumen n_e ist einheitliche 10 %; über Festpotentiale am linken (oberstromigen) und rechten (unterstromigen) Profilrand wird ein hydraulisches Gefälle von 1,34 ‰ (1 m Potentialdifferenz auf 750 m Länge) eingerichtet[4]. Diese Bedingungen entsprechen in etwa den natürlichen Gegebenheiten im Untersuchungsgebiet. Am linken Rand werden 60 Partikel gleichförmig über die gesamte Profilteufe verteilt, um die Bewegung des Grundwassers zu verfolgen. Die Ankunftszeiten der einzelnen Partikel werden am unterstromigen Rand (rechts) aufgezeichnet.

---

[4] Da ein vertikaler Schnitt von 1 m Dicke durch den Grundwasserleiter als Fließdomäne modelliert wird, müssen gespannte Grundwasserverhältnisse angenommen werden. Ein derartiges Modellkonzept erlaubt keine mengenmäßigen Stofftransportsimulationen; daher wurde hier ausschließlich das Partikeltrackingverfahren eingesetzt.

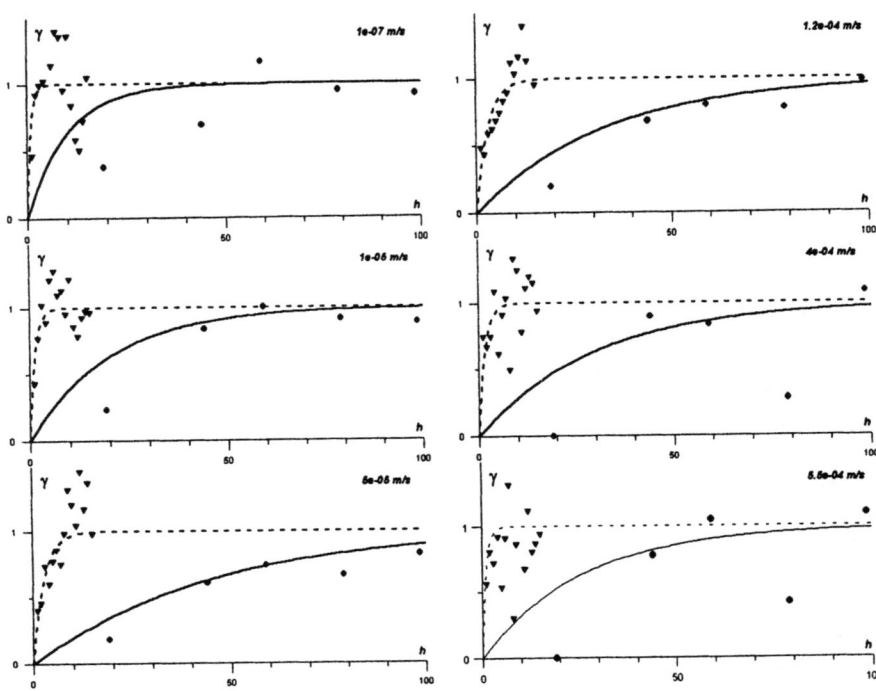

Abb. 4.18. Experimentelle Indikatorvariagramme und angepaßte exponentielle Modelle (▼, gestrichelt: vertikal; ●, durchgezogen: horizontal).

Ausgehend vom geometrischen Mittelwert der k_f-Daten (2.5×10^{-5} m/s) kann bei den genannten Randbedingungen eine Abstandsgeschwindigkeit v_a von 3,3 cm/d errechnet werden; d.h. für die Durchquerung der Fließstrecke von 750 m muß im Mittel eine Dauer von 61 Jahren angesetzt werden. Um zu gewährleisten, daß alle Partikel den rechten Rand des Modells erreichen können, wird eine Gesamtdauer von 500 Jahren modelliert.

Ergebnisse. Tabelle 4.3 zeigt die aus dem Modell resultierenden Durchbruchzeiten in einer Distanz von 750 m gemittelt über jeweils zehn Realisationen. Die Durchbruchskurven der sechzig Partikel für die Distanz von 750 m zeigen erwartungsgemäß eine linksschiefe Form (Abb. 4.20), bei der nach 100 Jahren bereits 70 % aller Partikel den Beobachtungspunkt passiert haben; die übrigen 30 % brauchen 500 Jahre.

4.2 Stochastische Simulationsverfahren

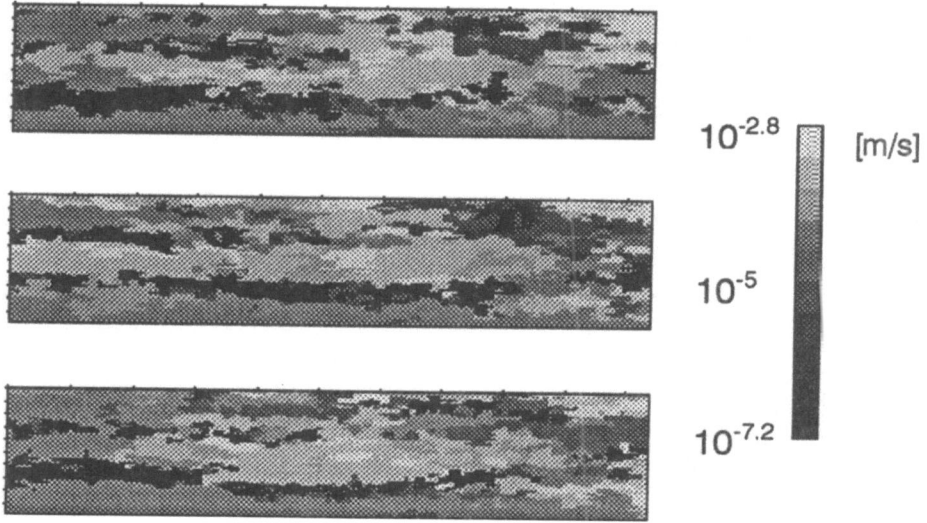

Abb. 4.19. Drei ausgewählte Realisationen der k_f-Werteverteilung (S1) auf einem Profilschnitt von 750 m Länge und 30 m Tiefe (fünffach überhöht).

Vergleicht man die Zahlenwerte für die unterschiedlichen Varianten der räumlichen Struktur der k_f-Werte, so kann beobachtet werden,

1. daß die mittleren Ankunftszeiten größenordnungsmäßig der Abschätzung nach dem DARCY-Gesetz von 61 Jahren entsprechen,
2. daß abgesehen vom 50 %-igen Durchbruch die Ankunftszeiten in der Reihenfolge S1 (beobachtete Struktur) über S2 (die räumliche Erhaltungsneigung nimmt mit steigenden k_f-Werten zu) bis zu S3 (die räumliche Erhaltungsneigung nimmt mit fallenden k_f-Werten zu) abnehmen,
3. daß sich die Verweilzeiten, angedeutet durch Δt, ebenfalls in dieser Reihenfolge verkürzen, d.h. die Durchbruchskurven werden zunehmend steil-gipflig.

Tabelle 4.3. Durchbruchszeiten der Partikel in 750 m Entfernung für drei Varianten der räumlichen Struktur (Angaben in Jahren, Mittelwerte über jeweils 10 Realisationen).

Fließstrecke: 750 m	erstes Eintreffen	10 %- Durchbruch	50 %-	mittlere Ankunftszeit	zeitliche Unschärfe $\Delta t = t_{84} - t_{16}$
beobachtete Struktur S1	7,2	9,5	44,7	72,3	318,6
hypothetische Struktur S2	6,1	8,9	24,1	58,9	129,0
hypothetische Struktur S3	5,5	8,4	27,3	47,4	93,8

4 Regionalisierung hydrodynamischer Eigenschaften

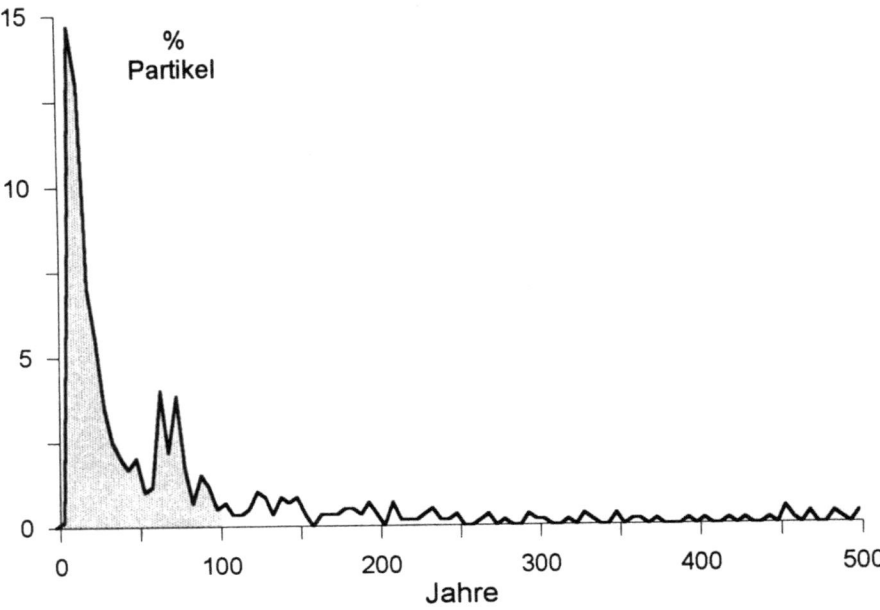

Abb 4.20. Durchbruchskurve der Partikel nach 750 m (gemittelt über 10 Realisationen der Originalstruktur S1). 70% aller Partikel (schraffiert) haben den Modellrand nach 100 Jahren erreicht.

Um zu untersuchen, ob der oben beschriebene Trend auch für andere Fließdistanzen gilt, wurden für die beiden hypothetischen Strukturen S2 und S3 die Durchbruchskurven in 200 m aufgezeichnet. Die Ergebnisse zeigt Tabelle 4.4.

Ausgehend vom geometrischen Mittelwert der k_f-Werte kann bei den vorgegebenen hydraulischen Randbedingungen mit einer durchschnittlichen Fließzeit von 16,6 Jahren gerechnet werden. Dieser Wert wird von der modellierten mittleren Fließzeit weit überschritten. Davon abgesehen deuten die Ergebnisse auf eine ähnliche Tendenz wie für die Strecke von 750 m.

Rechnet man aus den Erstdurchbruchszeiten (Tabelle 4.3 und Tabelle 4.4) zurück auf die k_f-Klasse, die hinsichtlich einer Risikoabschätzung für das frühe Eintreffen eines möglichen Schadstoffes verantwortlich ist, erhält man für alle drei simulierten Strukturen Werte, die in der dritthöchsten Klasse, die nur mit 12 % aller Daten belegt ist, zwischen 1,2 und 4×10^{-4} m·s^{-1} liegen (Tabelle 4.5).

Tabelle 4.4. Durchbruchszeiten der Partikel in 200 m Entfernung für die beiden hypothetischen Varianten der räumlichen Struktur (Angaben in Jahren, Mittelwerte über jeweils 10 Realisationen).

Fließstrecke 200 m	erstes Eintreffen	10 %- Durchbruch	50 %-	mittlere Ankunftszeit	zeitliche Unschärfe $\Delta t = t_{84} - t_{16}$
hypothetische Struktur S2	2,2	3,1	10,1	47,7	105,4
hypothetische Struktur S3	1,6	2,3	10,4	23,3	17,9

Es fällt auf, daß die Werte für die beiden Beobachtungsdistanzen nicht konstant sind. Dies kann daran liegen, daß für eine Fließstrecke von 200 m die ergodischen Bedingungen noch nicht erfüllt sind.

Diskussion. Das Modellexperiment hatte zum Ziel, die Variabilität der Fließpfade in einem natürlichen Grundwasserleiter mit stark kontrastierenden k_f-Zonen zu untersuchen, um die Variationsbreite der Ankunftszeiten zu analysieren. Bei unveränderten Mengenanteilen der einzelnen k_f-Klassen, jedoch mit unterschiedlichen räumlichen Kovarianzmodellen sollte der Einfluß auf das Fließverhalten getestet werden. Eine Ausgangshypothese war, daß bei positiver Korrelation zwischen Erhaltungsneigung (Reichweite) und Korngrößen- (k_f-) Klasse (Fall S2) die durchschnittliche Fließgeschwindigkeit ebenfalls zunimmt. Diese Erwartung wird durch das Experiment nicht bestätigt.

Tabelle 4.5. Aufstellung der aus den Erstankunftszeiten rückgerechneten k_f-Werte.

	200 m	750 m	Verhältnis
S1	-	$2,5 \times 10^{-4}$ m·s^{-1}	-
S2	$2,1 \times 10^{-4}$ m·s^{-1}	$2,9 \times 10^{-4}$ m·s^{-1}	0,72
S3	$3,0 \times 10^{-4}$ m·s^{-1}	$3,2 \times 10^{-4}$ m·s^{-1}	0,94

Die Ergebnisse können in der folgenden Weise interpretiert werden (Abb. 4.21):

Die Durchbruchskurven der beobachteten Struktur S1 (Abb. 4.20) zeigt die charakteristische linksschiefe Form mit einem langen Nachschleppen der langsameren Partikel. Die Struktur S1 ist ein Beispiel für ein poröses Medium, bei dem sich in einer mäßig gut leitenden Matrix neben zahlreichen kleinen, grundwasserhemmenden Linsen ebenso viele sehr gut durchlässige Partien befinden. Die dadurch verursachten häufigen Durchlässigkeitswechsel bewirken einen breit gestreuten Partikeldurchgang am Beobachtungspunkt. Dies drückt sich am besten durch die relativ große zeitliche Unschärfe Δt aus.

Die auffällig kürzeren Fließzeiten in S2 können damit erklärt werden, daß sich die Partikel ihren Weg überwiegend in den höher durchlässigen und aufgrund ihrer größeren Reichweite länger anhaltenden k_f-Zonen bahnen. Die zahlreichen kleinen, gering leitenden Linsen werden einfach umflossen und wirken sich nicht merklich hemmend auf den Partikeltransport aus. Das in S1 lang anhaltende Nachschleppen von Partikeln erfolgt hier nicht, d.h. die Dauer des Partikeldurchbruchs wird kürzer.

Entgegen der Erwartung ist der Partikeltransport in der Struktur S3 am schnellsten. Sowohl die frühen als auch die mittleren Durchbruchszeiten sind kürzer. Eine mögliche Erklärung ist, daß die Fließpfade aufgrund der großen Ausdehnung der Geringleiter in den besser leitenden Zonen gebündelt werden. Die schmale, spitze Form der Durchbruchskurven, repräsentiert durch kleine Δt, deutet auf eine scharfe Fließfront des überwiegenden Anteils der Partikel innerhalb der gut leitenden Zonen hin. Die innerhalb dieser Zonen auftretenden

Durchlässigkeitsübergänge von etwa einer Zehnerpotenz sind - verglichen mit dem Kontrast gegenüber den Geringleitern von zwei Zehnerpotenzen - weniger wirkungsvoll.

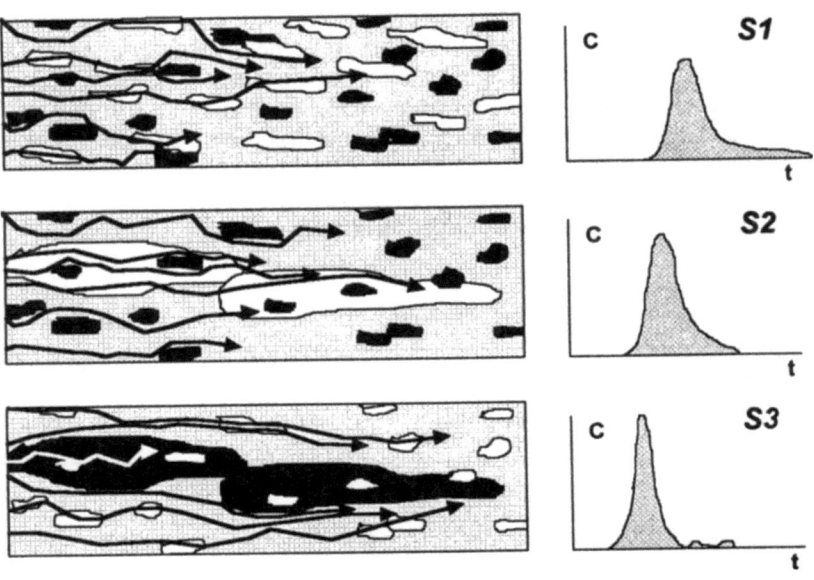

Abb 4.21. Schematische Darstellung der drei k_f-Strukturmodelle und der daraus resultierenden Durchbruchskurven. Schattierung: hell für hohe k_f-Wertzonen, dunkel für Grundwasserhemmer, grau für mittlere k_f-Werte. Die Pfeile markieren die Fließpfade.

Die große Erhaltungsneigung der Geringleiter scheint sich also dahingehend auszuwirken, daß der Partikeltransport durch die Kanalisierung in den besser leitenden Zonen eher gefördert wird.

Zusammenfassend kann festgestellt werden, daß mit Hilfe des numerischen Experimentes auf einfache Weise und ohne hohen Versuchsaufwand grundsätzliche Fragen zum hydrodynamischen Verhalten untersucht werden können. Die Möglichkeit, alternative Szenarien der geologischen Struktur eines Grundwasserleiters zu simulieren und zu testen, wird durch den Einsatz eines stochastischen Simulationsverfahrens geschaffen. Im hier vorliegenden Fall eines in seiner Durchlässigkeit extrem variablen Grundwasserleiters ist der Einsatz der *Sequentiellen Indikator Simulation* besonders vorteilhaft.

Folgende Fehlerquellen müssen bei der abschließenden Bewertung des Experimentes berücksichtigt werden:

Bei Zugrundelegung des Indikatoransatzes stellt sich die geeignete Auswahl der Cut-Off Grenzen meist problematisch dar. Im gezeigten Beispiel konnte eine relativ einheitliche k_f-Klassenbelegung mit ca. 10 % fast immer eingehalten werden. Die einzige Ausnahme bildet die Klasse von 1 bis 5×10^{-5} m·s^{-1}; in dieser Klasse, die mit 37 % belegt ist, variieren die Daten innerhalb eines sehr schmalen Wertebereichs (Abb. 4.17), der feiner zu unterteilen ist.

Für die Bestimmung repräsentativer Variogrammodelle der Indikatorvariablen ist die Datendichte von 10 % im vorliegenden Beispiel mit 163 Datenpunkten schon die untere Grenze. In der Praxis, die zumeist noch wesentlich weniger punktuelle Informationen zur Durchlässigkeit aufweisen kann, wird man Kovarianzmodelle, die anhand von Daten aus vergleichbaren geologischen Medien ermittelt wurden, heranziehen müssen. Die Simulation wäre dann jedoch nicht mit Datenwerten an die lokalen Verhältnisse konditionierbar.

Kritisch muß das numerische Experiment auch im Hinblick auf die getreue Nachbildung der vorgegebenen Modellstrukturen betrachtet werden. Die verwendete Methode der *Sequentiellen Indikatorsimulation* erfordert eine genügende Anzahl von Konditionierungspunkten. Es ist fraglich, ob nicht eine noch stärkere Reduktion der Datenpunkte die Modellierung der geforderten räumlichen Alternativstrukturen verbessern würde.

Die Interpretation der Ergebnisse stützt sich im vorliegenden Fall auf nur jeweils zehn Realisationen der drei räumlichen Strukturen. Gesicherte Aussagen zu den resultierenden hydrodynamischen Verhältnissen können erfahrungsgemäß erst auf der Basis von 100 bis 300 Realisationen gemacht werden. Dabei hängt die geeignete Anzahl der Realisationen nicht allein von der Varianz der Testgröße (hier k_f-Werte) ab, sondern auch von deren räumlichen Erhaltungsneigung. In Schafmeister u. Pekdeger (1990) wurde durch Prüfen der Entwicklung der Varianz der hydrodynamischen Ergebnisgrößen mit zunehmender Anzahl der Realisationen eine geeignete Zahl ermittelt. Für das dort behandelte, vergleichsweise homogene Material, dessen k_f-Werte nur innerhalb von zwei Zehnerpotenzen schwankt, konnten schon mit nur 20 Realisationen zuverlässige Ergebnisse erzielt werden.

Wie viele Realisationen ausreichend sind, hängt auch vom Verhältnis der Größenordnungen des räumlichen Strukturmodells (L) und der Modelldomäne (I) ab (s.a. Kap. 2.1). Dieses Verhältnis bestimmt wesentlich die Einhaltung der Ergodizitätsforderung, die bezüglich des Stofftransports besagt, daß erst, wenn die Fließstrecke der Partikel ein Vielfaches der Längenskala des Kovarianzmodells (integral scale, characteristic length) übertrifft, gewährleistet ist, daß die Partikel das gesamte Variationsspektrum der Durchlässigkeitsstruktur erfahren haben können. Dies ist nach Auffassung vieler Autoren (s.a. Dagan 1989) frühestens nach dem Zehnfachen der Reichweite der Fall. Im dargestellten Experiment zeigt sich tatsächlich, daß die Ankunftszeiten bei nur 200 m nicht auf die Beobachtungsstrecke von 750 m extrapoliert werden können. Während bei 200 m zumindest für die k_f-Klassen mit größeren Reichweiten noch präergodische Bedingungen herrschen, kann bei 750 m, also dem 16- bis 75-fachen der Reichweiten, die Erfüllung der Ergodizität angenommen werden.

Durch die laterale Begrenzung des 2D-Profils kann das tatsächliche Fließverhalten des Grundwassers nicht wirklichkeitsgetreu nachbildet werden. Eine Verbesserung des Versuchsansatzes wäre zu erreichen, wenn anstelle eines zweidimensionalen Vertikalmodells ein Modell mit dreidimensional stochastisch erzeugten Eingabefeldern erstellt würde.

4.2.5
Weitere Verfahren - Kritik

Die vorgestellten Beispiele veranschaulichen, daß auf der Basis stochastisch simulierter Parameterfelder hydrodynamische Vorgänge zuverlässig nachvollzogen und darüber hinaus im Sinne einer Sicherheitsstudie analysiert werden können. Theoretisch angenommene Szenarien können leicht erzeugt und analysiert werden. Der hier vorgestellte Ansatz der stochastischen Behandlung von Strömungs- und Transportvorgängen setzt sich in der Erforschung hydrodynamischer Prozesse und in zunehmendem Maße auch bei praktischen Fragestellungen immer mehr durch.

Der Einsatz stochastischer Simulationstechniken zur Berücksichtigung der Heterogenität der Durchlässigkeit ist generell zu empfehlen. Sind in einem interessierenden Gebiet noch keine Daten erhoben worden, so kann - basierend auf der Annahme einer schwachen Stationarität (s. Kap. 2.2.1.1) - zunächst das Kovarianzmodell eines geologisch vergleichbaren, aber besser untersuchten Grundwasserleiters verwendet werden. Hier muß allerdings dann ein Verfahren angewendet werden, das in der Lage ist, unkonditioniert, d.h. ohne aktuelle Datenpunkte auszukommen (z.B. *Turning Bands*). Die Möglichkeit, mehrere gleichwahrscheinliche Realisationen zu erzeugen, erlaubt eine zusätzliche Sensitivitätsanalyse der Modellannahmen.

Einfache Algorithmen zur stochastischen Erzeugung von Realisationen von Transmissivität, Durchlässigkeitsbeiwert oder weiteren ortsabhängigen Kenngrößen sind in einigen Programmpaketen zur Strömungs- und Stofftransportmodellierung bereits implementiert (ASM, Kinzelbach u. Rausch 1995, PMWIN, Chiang u. Kinzelbach 1996). Es sei an dieser Stelle darauf hingewiesen, daß die Parameter der räumlichen Kovarianz zunächst jedoch mit Hilfe anderer Programme zur Berechnung von Histo- und Variogrammen ermittelt werden müssen.

In der Reihe der probabilistischen Erzeugung dreidimensionaler geologischer Körper muß auch das Bool'sche Verfahren genannt werden, bei dem dreidimensionale Objekte zufällig im Raum angeordnet werden. Dabei sind die äußeren Dimensionen der Objekte variabel. Die Objekte repräsentieren Faziestypen, deren charakteristische geometrische Formen als Randbedingung vorgegeben werden müssen (Haldorsen u. Damsleth 1990).

Die genannten Verfahren basieren auf aus Stichproben abgeleiteten Parametern, die das Variationsspektrum räumlich-statistisch beschreiben. Anhand dieser Parameter kann jederzeit eine beliebige Zahl von Realisationen erzeugt werden, die dann das in anderen Naturwissenschaften übliche wiederholte Experiment ersetzen können.

Der diesen probabilistischen Verfahren am häufigsten entgegengebrachte Vorwurf ist, daß die Kenntnis des Geologen über die Genese des Grundwasserleiters außer acht gelassen wird. Es bestehen bereits vielversprechende numerische Ansätze zur Erzeugung eines Sedimentationskörpers (Tetzlaff u. Harbaugh 1989, Kolterman u. Gorelick 1992, De Marsily et al. 1998), die als Genetische Modelle zusammengefaßt werden. Hierbei wird der Transport von Sedimentfrachten auf der Basis der Diffusions-Gleichung gelöst (z.B.: Paola et al. 1992, Grandjeon 1996, Kiefer 1996). Eine andere Methode versucht den Massentransport auf dem

Wege des Particle-Tracking-Verfahrens zu lösen (De Marsily u. Teles, freundl. mündl. Mitteilung)

Zwei wesentliche Nachteile verhindern jedoch derzeit noch den Einsatz dieser Simulationsmethoden in der täglichen Praxis: zum einen sind sie noch extrem rechenzeitaufwendig und zum anderen lassen sich die so erzeugten Realisationen der Sedimentationskörper nicht an vorhandene Daten konditionieren (De Marsily et al. 1998). Auch beschränken sich diese Modelle auf eine begrenzte Anzahl klar umrissener Sedimentationsmilieus, wie z.E. Deltas oder intramontane Becken. Gerade die häufig erratisch erscheinenden Ablagerungs- und Erosionsbedingungen von Glazialsedimenten sind noch schwer numerisch zu beschreiben. Erste Ansätze werden bei Tuttle et al. (1996) behandelt. Da mit den genannten Methoden jeweils nur eine Realisation des Sedimentkörpers erzeugt wird, können keine statistisch belegten Sensitivitätsanalysen durchgeführt werden.

5 Umgang mit Fehlern und Unsicherheiten

Die vorangehenden Kapitel beschäftigten sich mit der Analyse der räumlichen Struktur Regionalisierter Variablen, mit deren optimalen Schätzung und mit der Modellierung ihrer lokalen Verteilungsspektren. Dabei wurde davon ausgegangen,

(1) daß eine genügende Anzahl von Meßwerten z_i im Beprobungsraum D vorliegt, sowie
(2) daß ihre räumliche Anordnung geeignet ist, ausreichend gesicherte Angaben über die räumliche Verteilung der ReV Z machen zu können, und
(3) daß die Meßwerte in Form von gesicherten Informationen, d.h. als sogenannte „harte Daten" vorliegen.

In der Praxis, vor allem auch dann, wenn eine zügige Beurteilung von Umweltschäden gefragt ist, sind diese Forderungen nicht immer zufriedenstellend erfüllt. Dies betrifft zunächst die ersten beiden Punkte: so muß zu Beginn einer genaueren Erkundung eines Schadensfalles oder eines kontaminierten Geländes auf der Basis meist nur weniger vorhandener Meßstellen das gesamte Gefährdungspotential bewertet werden und daran anschließend der weitere Handlungsbedarf, z.B. die Einrichtung neuer Meßstellen, eine zusätzliche Probenahme oder ein Sanierungsplan, ermessen werden.

Hierzu werden im folgenden Methoden dargestellt, die schon in der Frühzeit der Geostatistik im Rahmen der Erkundung von Rohstoffreserven und deren Klassifizierung erfolgreich eingesetzt wurden, jedoch in den vergangenen Jahren zugunsten von *Simulation* und *Kriging* in den Hintergrund traten. Die hier zu behandelnden Verfahren bedienen sich elementarer geostatistischer Methoden zur Quantifizierung von Unsicherheiten, die schon vor der eigentlichen räumliche Modellierung (Interpolation, Simulation) der ortsabhängigen Variablen durchgeführt werden können. Kap. 5.1 stellt diese Methoden und ein Programmsystem hierzu vor.

Die dritte o.g. Forderung tritt in der täglichen Praxis zumeist gar nicht direkt ins Bewußtsein; es wird mit Zahlenwerten gearbeitet, die im Gelände oder im Labor, direkt oder indirekt ermittelt wurden. Die diesen Daten innewohnende Unsicherheit aufgrund von Meßungenauigkeiten, variierenden Nachweisgrenzen bzw. methodenabhängigen Schwankungsbereichen müssen berücksichtigt werden.

In jüngster Zeit werden immer häufiger Methoden in die Geostatistik eingeführt, die auch die Nutzung sogenannter „weicher Information" zulassen. Unter „weichen Daten" werden dabei zwei grundlegend unterschiedliche Informationsquellen verstanden:

Einerseits werden darunter Sekundärvariablen verstanden, deren Kenntnis die Schätzung (Interpolation) einer Zielgröße (Primärvariable) unterstützt. Die Sekundärvariable steht dabei häufig mit der Zielgröße in einem nur mittelbaren, nicht exakt zu quantifizierenden Zusammenhang. Dieser muß in konkreten Fällen regional geeicht werden. Als Beispiel kann der Zusammenhang zwischen den Ergebnissen geophysikalischer Messungen (γ-logs, Geoelektrik) und der Durchlässigkeit eines Grundwasserleiters genannt werden. Als Schätzmethoden können das *External Drift Kriging* oder das *Cokriging* eingesetzt werden. Auch empfiehlt sich das *Indikatorkriging*, bei dem die Information durch Intervallklassen repräsentiert wird.

Die räumliche Schätzung einer Zielvariablen kann andererseits jedoch auch verbessert werden, indem zusätzliche Datenpunkte hinzugezogen werden, an denen die Variable nicht als genauer Meßwert bekannt ist, jedoch mit Hilfe qualitativer Zusatzinformation als unscharf begrenztes Datenintervall definiert werden kann. Dies kann unter Verwendung von *Fuzzy*-Methoden (Zadeh 1965, Bandemer u. Gottwald 1993) oder des *Indikatoransatzes* (Journel 1989) geschehen. Letzterer Ansatz wird in Kap. 5.2 behandelt.

5.1
Probenahme- und Sanierungsplanung

Die Erstbeurteilung eines kontaminierten Geländes geschieht häufig in der Weise, daß auf der Basis vorhandener Meßstellen die Boden- bzw. Grundwasserkontaminanten festgestellt, quantitativ analysiert und in Form von Punkt-Konzentrationskarten oder interpolierten Isolinienplänen wiedergegeben werden. Diese Karten werden dann mit vorgegebenen Grenzwertlisten für die weitere Maßnahmenplanung (z.B. Niederländische Liste, Eikmann-Kloke-Liste, Berliner Liste) abgeglichen. Eine derartige Vorgehensweise birgt eine Vielzahl von Fehlerquellen, die zu Fehlentscheidungen führen können. Einige seien hier beispielhaft genannt:

- Aufgrund der nicht flächendeckenden Beprobung werden extrem hohe Schadstoffkonzentrationen möglicherweise übersehen.
- Die meisten Interpolationsverfahren haben aufgrund ihrer glättenden Wirkung die Eigenschaft, lokale Konzentrationsmaxima von Schadstoffen zu unterdrücken. Ebenso kann die Mächtigkeit grundwasserhemmender Horizonte (z.B.: Tonschichten) lokal überschätzt werden, d.h. ihre Barrierewirkung wird lokal überbewertet.
- Infolge der genannten Punkte kommt es zu Fehleinschätzungen der Flächen- bzw. Volumenanteile, die saniert werden sollen.

Entscheidungen über die weitere Vorgehensweise im Falle von Umweltschädigungen werden zusätzlich von wirtschaftlichen Erwägungen beeinflußt. Grundsätzlich stellt sich im Verlaufe der Schadenserkundung zunächst die Frage nach einer ökonomisch und ökologisch vertretbaren Beprobungsdichte zur Beurteilung des Gesamtschadens (globale Phase). Später, im Rahmen der Maßnahmenplanung, ist es das Ziel, lokale Belastungen zu identifizieren und zu quantifizieren, um den weiteren Handlungsbedarf bemessen zu können (lokale Phase).

Es soll im folgenden Kapitel nicht darum gehen, verbesserte Interpolations- und Prognoseverfahren vorzustellen, sondern um die Bewertung der Aussagesicherheit, basierend auf einem Datensatz einer frühen Erkundungsprobenahme.

Im Bergbau werden im Rahmen der Einschätzung wirtschaftlicher Rohstoffvorräte diese Aspekte schon lange behandelt. Einfache Grundsätze über die Zuverlässigkeit von Schätzungen auf der Basis von Stichproben sind aus der (univariaten) Statistik lange bekannt. Die Berücksichtigung der räumlichen Korrelation ortsabhängiger Variablen - und als solche können sowohl Erzgehalte als auch Boden- und Grundwasserkontaminationen gelten - bietet zusätzliche Maße, die die Einschätzung von Rohstoffvorräten bzw. Gefährdungspotentialen unterstützen.

Das Programm GEOP, eine in der AG Mathematische Geologie der FU Berlin entwickelte Anwendung unter MS-WINDOWS, wurde eigens für die Behandlung dieser Fragen konzipiert.

5.1.1
Theoretische Grundlagen

5.1.1.1
Die Ausdehnungsvarianz

Der mittlere Schadstoffkonzentration μ_D im Gebiet D mit der Grundfläche[1] A kann zunächst durch den Mittelwert m geschätzt werden (Gl. 5.1).

$$m = \bar{z} = \frac{1}{n}\sum_{i=1}^{n} z_i \quad \text{bei räumlich regelmäßiger Probenahme,} \quad (5.1)$$

$$m = \bar{z} = \left(\sum f_i \cdot z_i\right)\Big/\sum f_i \quad \text{bei räumlich unregelmäßiger Probenahme} \quad (5.1a)$$

mit f_i = Einflußbereich der Probe z_i

Bei einem vorgegebenen Signifikanzniveau α kann dann ein Vertrauensintervall für den Erwartungswert μ_D angegeben werden, vorausgesetzt, die Proben sind unabhängig und die Zufallsvariable ist normal verteilt (G. 5.2).

$$m - t_\alpha s / \sqrt{n} \le \mu_D \le m + t_\alpha s / \sqrt{n} \quad (5.2)$$

mit $\quad s = \quad$ Standardabweichung der Stichprobe und

$\quad s/\sqrt{n} = s_m \quad$ Standardfehler für den Mittelwert.

---

[1] Der Einfachheit halber werden im folgenden die geostatistischen Varianzmaße für den zweidimensionalen Fall dargestellt. Sie gelten ebenso für dreidimensionale Strukturen.

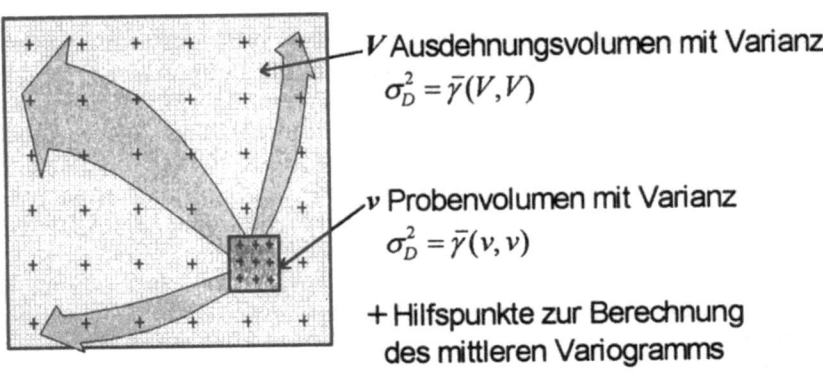

Abb. 5.1. Ausdehnung des Meßwertes einer einzelnen Probe v auf das Bezugsvolumen V. Die Hilfspunkte dienen zur Berechnung der mittleren Variogramme $\bar{\gamma}(V,V)$, $\bar{\gamma}(v,v)$ und $\bar{\gamma}(V,v)$.

Ein Vergleich mit den tabellierten Grenzwerten für eine zusätzliche Erkundung oder Sanierung entscheidet dann über das weitere Vorgehen. Die Mindestprobenanzahl n_{min}, die nötig ist, eine geforderte Genauigkeit einzuhalten, kann anhand des Standardfehlers des Mittelwertes s_m bei gegebenem Signifikanzniveau α bestimmt werden. Dann ist für ein regelmäßiges quadratisches Beprobungsgitter der Abstand d (Gl. 5.3):

$$d = \sqrt{A/n_{min}}. \qquad (5.3)$$

Dieser Ansatz basiert auf der Annahme, daß die Proben unabhängig sind, und führt im allgemeinen zu konservativen Resultaten. Da bei ortsabhängigen Zufallsvariablen (ReV) von einer räumlichen Korrelation ausgegangen wird, kann dieser Ansatz unter Verwendung geostatistischer Varianzmaße verbessert werden.

Als Ausdehnungsfehler (extension error) σ_E wird in der Geostatistik derjenige Fehler verstanden, der entsteht, wenn der Mittelwert im Volumen V einfach durch den Datenwert z_i geschätzt wird. Strenggenommen ist der Wert z_i bei nicht punktförmigen Proben der Mittelwert z_v im Probenvolumen v. Die Ausdehnungsvarianz σ_E^2 berechnet sich mit Hilfe des Variogramms zu (Gl. 5.4)

$$\sigma_E^2 = \mathrm{E}\left[(\bar{z}_v - \mu_V)^2\right] = 2\bar{\gamma}(V,v) - \bar{\gamma}(V,V) - \bar{\gamma}(v,v). \qquad (5.4)$$

Die Ausdehnungsvarianz (Abb. 5.1) ist danach das mittlere Variogramm zwischen der Probe v und allen Punkten im Bezugsvolumen V, vermindert um die mittlere strukturelle Variabilität (Dispersionsvarianz σ_D^2) in V und in v. Bei

Meßwerten mit punktförmiger Stützung, bzw. bei Proben, deren Volumen verglichen mit dem Ausdehnungsvolumen vernachlässigbar klein ist, reduziert sich Gl. 5.4 um den dritten Term[2]. Der Schätzfehler im Kriging σ_K ist ein Sonderfall des Ausdehnungsfehlers σ_E (Gl. 5.4), bei dem der gewichtete Mittelwert mehrerer Proben z_i auf ein Bezugsvolumen ausgedehnt wird. Beide Fehlermaße sind abhängig

- von Größe und Geometrie des zu schätzenden Volumens,
- von der Anordnung der Probenpunkte, die in die Schätzung eingehen, und
- vom Variogramm der ReV Z.

Die Datenwerte selbst gehen in die Fehlerbetrachtung nicht mit ein. Dieser Umstand birgt den großen Vorteil, daß der Einfluß einer zusätzlichen Probe auf den Gesamtfehler quantifiziert werden kann, ohne den Meßwert tatsächlich zu kennen.

Bei gegebenem Signifikanzniveau α kann die obere Vertrauensgrenze L_O des lokalen wahren Mittelwertes μ_V in V durch Gl. 5.5 bestimmt werden, unter der Annahme, daß die Fehler normalverteilt sind:

$$\mu_V \leq z_v + t_\alpha \sigma_E = L_O \qquad (5.5)$$

Beispiel. Es sei in einer Bodenprobe ein Gehalt von 16 mg·kg^{-1} Sulfat gemessen. Dieser Wert liegt nach den niederländischen Richtlinien zur Vorgehensweise bei Bodenkontaminationen zwischen dem **A**-Level (Nachweisgrenze) von 2 mg·kg^{-1} und dem **B**-Level (Grenzwert für detailliertere Untersuchungen) von 20 mg·kg^{-1}. Aus (G. 5.4) wurde ein Ausdehnungsfehler σ_E von 3,7 mg·kg^{-1} berechnet. Mit einer Wahrscheinlichkeit von $1 - \alpha = 0{,}95$ ($t_{\alpha,\text{einseitig}} = 1{,}65$) liegt dann der wahre lokale Mittelwert μ_V unter 22,2 mg·kg^{-1}. Diese obere Vertrauensgrenze L_O überschreitet jedoch den Grenzwert **B**; eine zusätzliche Probenahme im Einflußbereich der bekannten Probe ist anzuraten. Inwieweit der Fehler dadurch reduziert werden kann, ist bereits rechnerisch zu überprüfen, indem fiktive Probenahmepunkte vorgegeben werden.

5.1.1.2
Fehlerbetrachtung bei unregelmäßiger Probenanordnung - Voronoi-Zerlegung

Die oben vorgestellten Varianzmaße können für die gängigen Variogrammtypen anhand von Typkurven (s.a. Akin u. Siemes 1988) leicht berechnet werden. Diese beziehen sich jedoch auf regelmäßige geometrische Formen der Probenstützung und der Schätz- bzw. Ausdehnungsvolumina. Da diese Methoden ursprünglich bei der Klassifizierung von Lagerstätten eingesetzt wurden, sind dies im wesentlichen Bohrkerne (1-D), Rechtecke (2-D) und orthogonale Abbaublöcke (3-D). Ein möglichst regelmäßiges Probenahmeraster ist zumeist die Basis der Untersuchung.

---

[2] Zur detaillierten Ableitung geostatistischen Varianzmaße siehe auch Journel u. Huijbregts (1978), Akin u. Siemes (1988) oder Tietze (1995).

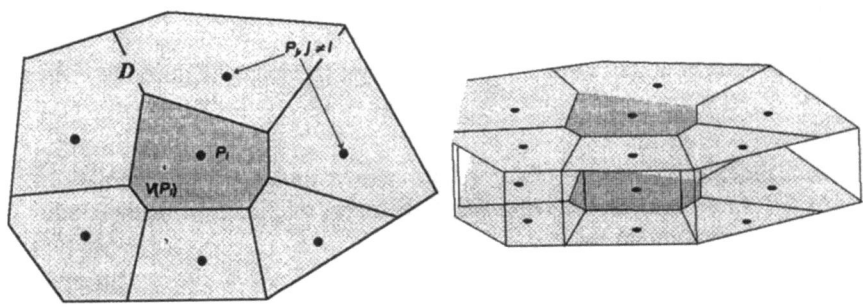

Abb. 5.2. Voronoi-Zerlegung des Untersuchungsraumes D in n Einflußpolygone (2-D) bzw. -prismen (3-D).

Probenahmeraster, auf die sich die Erstbewertung von Boden- und Grundwassergefährdungpotentialen stützen, sind infolge wirtschaftlicher und infrastruktureller Gründe zumeist unregelmäßig und weisen aufgrund sachbezogener Erwägungen bevorzugte Areale auf. So werden Deponiekörper nach Möglichkeit nicht durchteuft, sondern durch einen Kranz von Meßstellen umgeben. Einige wenige Meßstellen im vermuteten Grundwasseranstrom und zusätzlich mehrere im Abstrom, ergänzt durch weiter entfernt liegende Beobachtungspunkte, bilden häufig die Basis für die Erkundung einer Grundwassergefährdung. Kontaminierte ehemalige Betriebsgelände, z.B. Kokereien oder Zechen, können häufig wegen noch bestehender Gebäudeteile nicht streng regelmäßig auf Bodenkontaminationen untersucht werden.

Das Verfahren, den Einflußbereich eines Datenpunktes mit Hilfe von Polygonen zu definieren, wird schon lange im Bergbau oder auch bei hydrologischen Fragestellungen (Maniak 1992) eingesetzt. Das Einflußpolygon $V(P_i)$ um den Probenpunkt P_i ist so definiert, daß kein Punkt innerhalb dieses Polygons näher an einem anderen Datenpunkt ($P_j, j \neq i$) in der Umgebung liegt (Voronoi Zerlegung). Um auch für randlich gelegene Punkte endlich große Polygone festlegen zu können, muß das Untersuchungsgebiet von einem konvexen Grenzpolygon umgeben sein[3]. Die bei einer derartigen Diskretisierung in der Fläche (2-D) entstehenden unregelmäßigen Polygone werden für dreidimensionale Probleme der einfacheren Berechnung halber zu orthogonalen Prismen erweitert (Tietze 1995).

---

[3] Verschiedene Techniken zur Programmierung der Voronoi-Zerlegung werden bei Hewlett (1962), Crain (1978), Harvey (1981), Hayes u. Koch (1984) und Tipper (1991) beschrieben.

5.1.2
Das Programmsystem GEOP zur Gefährdungsabschätzung und zur Unterstützung von Probenahme und Sanierungsplanung

Das Programm GEOP (Geostatistische Erkundungsoptimierung)[4] berechnet für unregelmäßige Polygone (Abb. 5.2) mit Hilfe von fiktiven Stützpunkten (Abb. 5.1) die mittleren Variogramme γ und damit die Ausdehnungsfehler σ_E für alle Einflußpolygone V_i. Elementare statistische Berechnungen sowie die Modellierung des Variogramms können ebenso mit GEOP durchgeführt werden.

Neben dem Ausdehnungsfehler σ_{Ei} für ein Einflußpolygon V_i werden in GEOP weitere Kriterien als Entscheidungshilfen für zukünftige Maßnahmen verwendet. Dies ist zum einen der Datenwert z_i selbst sowie die lokale Variabilität der Meßgröße $\sigma_{lok,i}$. Diese errechnet sich aus der Varianz der das Polygon V_i umgebenden m Datenpunkte z_j (Gl 5.6).

$$\sigma^2_{lok,i} = \frac{1}{m}\sum_{j=1}^{m} z_j^2 - \left(\bar{z}_{lok}\right)^2, \text{ mit } \bar{z}_{lok} = \text{lokaler Mittelwert} \quad (5.6)$$

Die Errichtung neuer Meßstellen, bzw. eine zusätzliche Probenahme innerhalb einer Polygonfläche V_i ist dann zu empfehlen, wenn

- der absolute Schadstoffgehalt der Probe z_i hoch ist,
- der Ausdehnungsfehler σ_{Ei} so groß ist, daß die obere Vertrauensgrenze einen vorgegebenen Grenzwert überschreitet, und
- die lokale Variabilität $\sigma_{lok,i}$ vermuten läßt, daß lokale Extremwerte zu erwarten sind.

Die graphische Gegenüberstellung dieser drei Kriterien ist im Programm GEOP in Form von Karten (Abb. 5.3) und Streudiagrammen verwirklicht. Diese visuelle Hilfe unterstützt die Entscheidung, wo und wieviele weitere Proben genommen werden sollten bzw. inwieweit das Informationsniveau dadurch auf eine zuverlässigere Basis gestellt wird. Die entgültige Entscheidung hängt natürlich von weiteren fachspezifischen Erwägungen oder Kostenkriterien ab.

---

[4] Weiterentwicklung des Programmes GEODU (Geostatistische Erkundungsoptimierung von Deponieuntergründen), ein Visual-BASIC Programm für WINDOWS3.x, entwickelt in der FR Geoinformatik der Freien Universität Berlin, gefördert durch das Bundesministerium für Bildung und Forschung im Rahmen des Schwerpunktprojektes 'Erkundung von Deponieuntergründen' (Tietze 1995).

5 Umgang mit Fehlern und Unsicherheiten

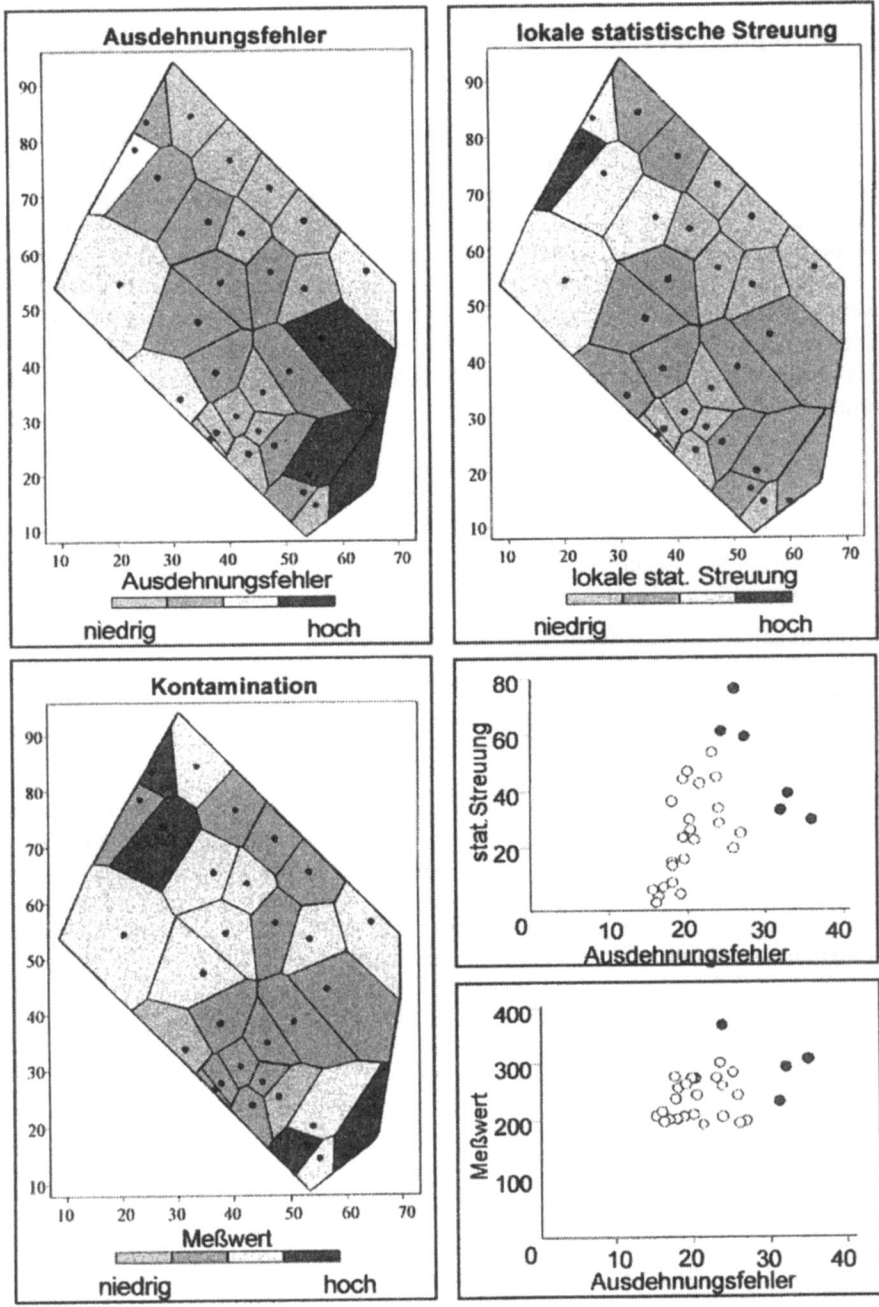

Abb. 5.3. Räumliche Darstellung von Ausdehnungsfehler, lokaler Variabilität und Meßwerten in den Einflußpolygonen V_i.

5.1.2.1
Behandlung multivariater Probleme

Die Tatsache, daß Boden und Grundwasser in einem konkreten Fall selten durch nur einen Faktor gefährdet sind, erschwert die Prozedur der Abschätzung des Gesamtrisikos, das von einem Standort ausgeht. Die Diskussion über allgemein gültige Maßstäbe hierfür beschäftigt Umweltbehörden und Forschungseinrichtungen seit Beginn der Achtziger Jahre bis heute. Zahlreiche Empfehlungen zur Vorgehensweise bei der Bewertung von Altlasten existieren heute[5]. Daneben werden die Grenzwertlisten für umweltgefährdende Stoffe aufgrund neuer Erkenntnisse und der verbesserten Analysemethoden stetig aktualisiert.

Das Gesamtrisiko eines Untersuchungsstandortes wird sowohl durch die Vielzahl der gleichzeitig auftretenden Kontaminanten, deren Gefährlichkeit unterschiedlich zu bewerten ist, als auch durch geologische Faktoren, wie z.B. das Fehlen möglicher hydraulisch oder hydrochemisch wirkender Barrieren, bestimmt. Das Problem erfordert einen multivariaten Lösungsansatz (Tietze 1995).

Die für die einzelnen Faktoren berechneten lokalen Entscheidungskriterien (Ausdehnungsfehler, Meßwert und lokale Variabilität) müssen überlagert werden und gemeinsam in den Entscheidungsprozeß einfließen. Dabei gilt es einerseits, die möglicherweise unterschiedliche Stützung der Meßwerte, und zum anderen, die spezifischen Eigenschaften der Einzelparameter zu berücksichtigen.

Multivariate Bewertungskriterien. Als spezifische Eigenschaften sind zu trennen die Verschiedenartigkeit der Maßeinheiten und der Verteilungsformen einerseits und die Einstufung der Gefährlichkeit andererseits. Unterschiedliche Meßsysteme oder Verteilungsfunktionen können durch geeignete Normierungsverfahren oder Datentransformationen berücksichtigt werden. Das Problem der stoffspezifischen Gefährlichkeit kann in Anlehnung an die Methoden, die bei Bewertung von Rohstoffvorkommen verwendet werden, behandelt werden.

Es seien für jedes Einflußpolygon V_i

- z_l, die k Einzelfaktoren, die an einem Probenpunkt bestimmt wurden,
- σ_{El}, die dazugehörigen Ausdehnungsfehler und
- c_l, vorgegebene Grenzwerte (Listenwerte),

bekannt.

Der Gesamtfehler F_G in V_i kann dann als gewichtete Linearkombination berechnet werden, wobei die a_l dem Gefährdungspotential der Einzelstoffe entsprechen können (G. 5.7):

$$F_G = a_1 \sigma_{E1} + a_2 \sigma_{E2} + \ldots\ldots + a_k \sigma_{Ek}. \tag{5.7}$$

Als Gewichte a_l können die Reziprokwerte der Grenzkriterien c_l definiert werden (Gl. 5.8):

---

[5] Eine umfangreiche Zusammenstellung dieser Empfehlungen gibt Balmer-Heynisch (1995).

$$a_l = \frac{1}{c_l}. \tag{5.8}$$

Dieser Fehler F_G, der für jedes Einflußpolygon berechnet wird, kann für eine relative Gesamtbewertung des Risikos herangezogen werden. Für die Risikobewertung kontaminierter Standorte ist es jedoch oft wichtiger zu entscheiden, ob ein Grenzwert c_l mit einer vorgegebenen Aussagesicherheit überschritten wird. Dies kann analog zu Gl. 5.5 in folgender Weise geschehen:

Für eine angestrebte Genauigkeit von $1-\alpha$ wird der t-Wert aus der Student's t-Verteilung abgelesen ($t_{95\%}=1{,}65$, $t_{97{,}5\%}=2$). Für den Einzelparameter Z_l soll mit 95 %-Wahrscheinlichkeit geprüft werden, daß der wahre Variablenwert kleiner als der Grenzwert c_l ist (Gl. 5.9):

$$z_l + t_{1-\alpha} \cdot \sigma_{El} \leq c_l \quad | \div c_l$$

$$\frac{z_l + t_{1-\alpha} \cdot \sigma_{El}}{c_l} \leq 1 \tag{5.9}$$

Dieser Quotient wird für alle k Faktoren gebildet. Überschreitet das Maximum den Wert 1 (Gl 5.10), so müssen weitere Untersuchungs- bzw. Sanierungsmaßnahmen im Einflußpolygon V_i ergriffen werden.

$$\max_{l=1,k} \frac{z_l + t_{1-\alpha} \cdot \sigma_{El}}{c_l} \leq 1. \tag{5.10}$$

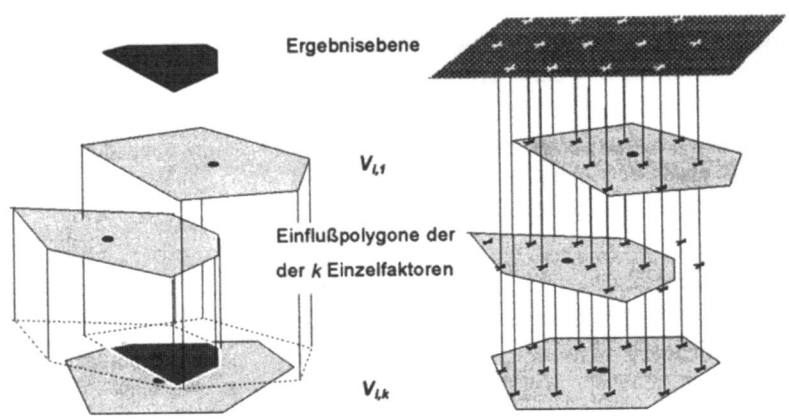

Abb. 5.4. Kombination der errechneten Fehlermaße für k Variablen mit abweichenden Probenmustern; links: Verschneidung der Polygone, rechts: Rastertechnik.

Unterschiedliche Datenstützung. Die Beprobungsdichte der einzelnen Faktoren ist unterschiedlich, was dazu führt, daß die Zerlegung des Untersuchungsraumes in Einflußpolygone für jede Variable ein anderes Muster erzeugt. Die Berechnung der oben definierten Gesamtrisiken muß dann entweder auf der Basis von Schnittflächen oder aber regelmäßigen Punktrastern erfolgen (Abb. 5.4). Im Programm GEOP sind die oben beschriebenen Fehlerberechnungen auf einer Rasterbasis implementiert (Burger u. Birkenhake 1994).

Alternativ ist der Einsatz gängiger GIS-Systeme (z.B. ARC/Info) denkbar, da in diese die Voronoi-Zerlegung und entsprechende Verschneidungstechniken implementiert sind. Dies setzt jedoch voraus, daß Module in die GIS-Systeme integriert werden, die auch eine Fehlerbetrachtung erlauben.

5.1.3
Fallbeispiel: Gefährdungsabschätzung

5.1.3.1
Probenahmeplanung auf einem ehemaligen Kokereigelände

Auf dem Gelände einer ehemaligen Kokerei wurden 55 unregelmäßig im Untersuchungsgebiet verteilte Bodenproben hinsichtlich ihres Gehaltes an Schwermetallen, organischen Schadstoffen und anderen umweltgefährdenden Substanzen analysiert.

Die Ortslage der Bodenproben wurde im wesentlichen durch lokale Erfordernisse bestimmt: in randlichen Bereichen wurden wenige Proben genommen, Geländeareale, deren ehemalige Bebauung das Vorkommen bestimmter Stoffe geradezu erwarten ließen, werden dichter beprobt. Noch vorhandene Gebäudereste verhinderten die Entnahme von Bodenproben, und in anderen Bereichen wurde versucht, Proben entlang rechtwinklig angeordneter Transekte zu gewinnen. Die Distanz zwischen den einzelnen Probenpunkten schwankt infolgedessen zwischen 20 und 200 m.

Ziel der Untersuchung war, das von diesem Standort ausgehende globale Risiko abzuschätzen und Empfehlungen im Hinblick auf die zukünftige Verfahrensweise auszusprechen. Im Rahmen der Studie sollten dabei Richtlinien entsprechend der Holländischen Liste befolgt werden. Das hier vorgestellte Beispiel (Birkenhake u. Burger 1995) beschränkt sich auf den Stoff Benzol, für den die folgenden Grenzwerte (Tabelle 5.1) gelten:

Tabelle 5.1. Richt- und Maßnahmenwerte der Niederländischen Liste für Benzol im Boden.

Stoff	A Nachweisgrenze	B Grenzwert für detailliertere Untersuchung	C Sanierung erforderlich
Benzol	0,05 mg·kg^{-1}	0,5 mg·kg^{-1}	5 mg·kg^{-1}

Auf der Basis der vorhandenen Datenpunkte wurde ein experimentelles Variogramm für Benzol berechnet, daß mit einem isotropen, sphärischen Modell angepaßt werden konnte ($C = 1,2$ [mg·kg^{-1}]^2, a_{sph} =300 m). Dieses Variogramm bildet die Basis für die Berechnung des Ausdehnungsfehlers innerhalb der Einflußpolygone (Abb. 5.5).

Die mittlere Benzolkonzentration im Boden des untersuchten Areals beträgt 1,21 mg·kg^{-1}; der Standardfehler des Mittelwertes s_m ist bei 55 Proben 0,05 mg·kg^{-1}. Da das **B**-Kriterium überschritten wird, muß das Gelände insgesamt betrachtet für eine weitere Untersuchung empfohlen werden, wenn auch der globale Mittelwert das Sanierungskriterium bei weitem noch nicht erreicht.

Diese Ersteinschätzung berücksichtigt jedoch noch nicht die Tatsache der unregelmäßigen Probenpunktanordnung. Abb. 5.5 zeigt, daß einige randliche Polygone sehr große Flächenanteile mit relativ hohen Ausdehnungsfehlern ($\sigma_E \approx$ 0,42 bis 0,48 mg·kg^{-1}) aufweisen. Drei im Nordosten liegende Probenpunkte zeigen zudem Konzentrationen ($\approx$ 4,3 mg·kg^{-1}), die nahe am **C**-Kriterium für Sanierung liegen. Die Überprüfung von (Gl. 5.5) zeigt, daß dort lokal mit dem Überschreiten des Sanierungskriteriums mit 97,5 %-iger Aussagegenauigkeit gerechnet werden muß:

$$z_v + t_{97,5} \cdot \sigma_E = L_O \underset{?}{\geq} C - \text{Wert}$$

$$4,3 + 2 \cdot 0,42 = 5,14 > 5 \quad [\text{mg} \cdot \text{kg}^{-1}]$$

(5.5)

Durch Hinzufügen dreier fiktiver Probenpunkte reduzieren sich in dem betreffenden Gebiet (Abb. 5.5) die Ausdehnungsfehler auf Werte zwischen 0,25 und 0,36 mg/kg. Während für die bekannten Punkte sofort mit Gl. 5.5 geprüft werden kann, ob eine Sanierung erforderlich wird, muß das für die fiktiven Punkte nach erfolgter Probenahme geschehen. Bereits interaktiv am Rechner kann jedoch bestimmt werden, welche Probenpunktanordnung eine optimale Fehlerminimierung bewirkt.

5.1.4
Schlußbemerkung

Die Verwendung geostatistischer Fehlermaße erlaubt eine verbesserte Bewertung von Gefährdungspotentialen. Von Vorteil ist dabei, daß mit Hilfe der Geostatistik, neben den Meßwerten zusätzlich deren räumliche Anordnung, Größe und Geometrie der Bezugsflächen und die spezifische räumliche Variabilität (Variogramm) der Variablen mit in die Einschätzung einbezogen werden.

Müssen in einem kontaminierten Gelände konkret Empfehlungen gegeben werden, wo ein weiterer Handlungsbedarf besteht und wie hoch der Informationsgewinn durch zusätzliche Proben im Verhältnis zu deren Kosten sein wird, so bieten die geostatistischen Varianzmaße weiterhin wertvolle Entscheidungshilfen.

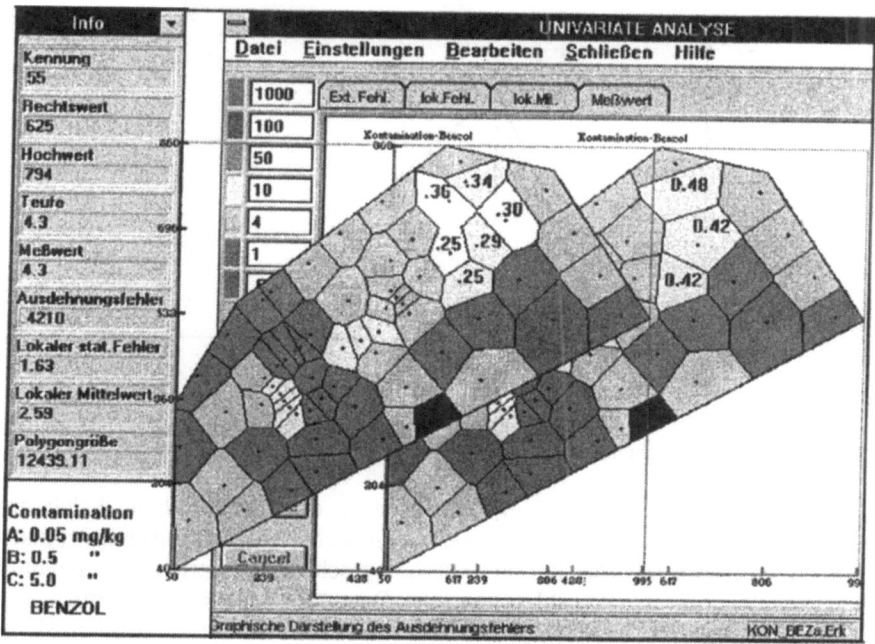

Abb. 5.5. Veränderung des Ausdehnungsfehlers bei Hinzufügung fiktiver Probenpunkte für eine Benzolkontamination im Boden.

Mit Hilfe des Programms GEOP können interaktiv verschiedene Beprobungsvarianten geprüft werden. Für die gemeinsame Betrachtung mehrerer Gefährdungsparameter sind bereits einige Bewertungskriterien implementiert. Die Angliederung einer Datenbank, in der die Grenzwertlisten jederzeit aktualisiert werden können, wäre eine sinnvolle Ergänzung des Programmes.

5.2 Räumliche Schätzung nicht sicherer Information

5.2.1 Fuzzy-Kriging

Die Verwendung unscharfen Wissens bei der Schätzung hydrogeologisch relevanter Parameter mit Hilfe von Fuzzy-Geostatistik wurde von Bardossy et al. (1989) und jüngst von Piotrowski et al. (1996, 1997) behandelt. Im folgenden werden die Grundzüge nur kurz wiedergegeben.

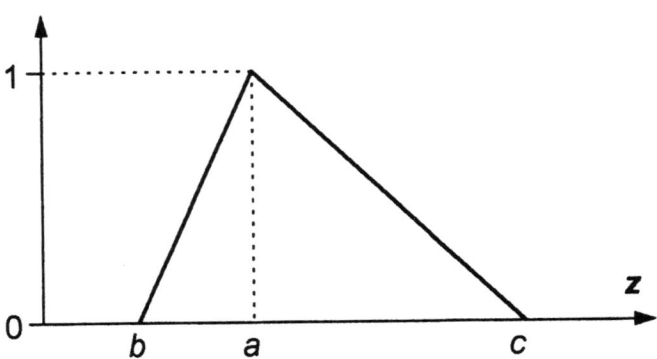

Abb. 5.6. Zugehörigkeitsfunktion einer fuzzy-Zahl, mit den Parametern *a*, *b* und *c*.

Das Prinzip des Fuzzy-Kriging besteht darin, daß die räumliche Schätzung einer Variablen verbessert wird, indem den sicheren Ausgangsdaten („harte Daten") eine Anzahl von durch Experten geschätzten Werten - sogenannte Fuzzy-Zahlen (unscharfe Zahlen, „weiche Daten") - hinzugefügt werden. Als Fuzzy-Zahl wird nach Zadeh (1965) eine unscharfe Menge verstanden, deren konvexe Zugehörigkeitsfunktion (membership function) durch drei Parameter definiert ist und die ihr Maximum von 1 nur einmal (bei *a*) Parameter erreicht (Abb. 5.6). Dabei ist

a der ehest mögliche,
b der niedrigst mögliche und
c der höchst mögliche Wert.

Die Parameter *a*, *b* und *c* werden basierend auf dem Wissen über die jeweilige Kenngröße durch Experten geschätzt. Je breiter die Zugehörigkeitfunktion ist, desto unsicherer ist das Wissen um die Variable. Die dem Kriging vorausgehende Variogrammanalyse kann nur mit den scharfen Daten, aber ebenso auch mit beiden Datenmengen zusammen erfolgen. Als Ergebnis liefert das Fuzzy-Kriging Schätzungen für *a(x)*, *b(x)* und *c(x)*, die, je mehr sichere Datenwerte zur Schätzung des Punktes *x* benutzt wurden, ein engeres Intervall umschreiben.

Da die Fuzzy-Krigingergebnisse selber unscharfe Zahlen sind, bleibt es dem Anwender weiterhin überlassen, denjenigen Wert im Punkt *x* auszuwählen, der seinen weiteren Anforderungen genügt. Dies muß nicht notwendigerweise derjenige Wert sein, dessen Zugehörigkeitsfunktionswert 1 beträgt.

Piotrowski et al. (1996) demonstrieren dieses Verfahren am Beispiel der Mächtigkeit von Grundwasserstauern bzw. an k_f-Werten (Piotrowski et al. 1997). Die Ergebnisse wurden als Eingabegrößen in einem numerischen Grundwassermodell benötigt. In diesem Fall kann überlegt werden, inwieweit eine wechselseitige Kalibrierung des Fuzzy-Krigings und des Modells möglich ist.

Ein eigens von Bartels (1997) entwickeltes Programm FUZZEKS[6] erlaubt die Berechnung der Variogramme sowie des Krigings und stellt die Ergebnisintervalle graphisch in Form von Profilschnitten und Karten dar.

5.2.2
Softkriging

Der Indikatoransatz wurde bereits in Kap. 4.1 für Nominal- und für kontinuierliche Variablen erläutert. Die Einsatzmöglichkeit zur Schätzung von Verteilungsfunktionen (*Indikatorkriging*) der regionalisierten Zufallsvariablen *Z(x)* anstelle von Erwartungswerten (*Ordinary Kriging, Universal Kriging* etc.) wurde diskutiert. Der Vorteil der Indikatortransformation von nicht-parametrischen Verteilungsfunktionen für Schätzung und Simulation wurde ebenso bereits angesprochen (Kap. 4.2.2.2 und Kap. 4.2.4.2).

Im folgenden Kapitel soll die Einsatzmöglichkeit des Indikatoransatzes bei der räumlichen Schätzung von Variablen auf der Basis „harter" und „weicher" Daten behandelt werden (im folgenden: *Softkriging*). Wie schon bei der Behandlung des *Fuzzy-Kriging* angesprochen, kommt es in der hydrogeologischen Praxis sehr häufig zu der Situation, daß nur wenige, zahlenmäßig genau bestimmte hydrogeologisch relevante Daten zur Verfügung stehen, die jedoch durch zusätzliche Information ergänzt werden können. Dies kann das Expertenwissen über lokal gültige Verteilungsspektren der Variablen sein oder über den Zusammenhang qualitativer Angaben, wie z.B. die lithologische Beschreibungen der Schichten.

5.2.2.1
Definition der Indikatorvariablen für „weiche" Daten

Es sei *Z(x)* eine ortsabhängige Variable in *D*, dann kann unter Vorgabe eines Grenzwertes z_c für jeden Probenpunkt *x* die Indikatorvariable $I(x;z_c)$ wie folgt definiert werden (Gl. 5.11):

$$I(x;z_c) = \begin{cases} 1, & \text{wenn } z(x) \leq z_c \\ 0, & \text{sonst.} \end{cases} \quad (5.11)$$

Bei Vorgabe mehrerer Grenzwerte z_{cj} (*j=1,m*), die das Verteilungsspektrum von *Z(x)* in *m+1* Klassen unterteilen, kann ein Indikatorvektor $I_j(x;z_{cj})$ gebildet werden, der die Zugehörigkeit eines Probenwertes *z(x)* zu einer Klasse beschreibt (Abb. 5.7a). Mitunter ist jedoch der genaue Zahlenwert der Variable *Z(x)* nicht bekannt, so daß nicht entschieden werden kann, ob das Grenzkriterium z_{cj} wirklich unterschritten wird. Aufgrund zusätzlicher Information (Expertenwissen, qualitativer Angaben) kann jedoch ein Intervall [a,b] definiert werden, innerhalb dessen der Datenwert liegen muß (Abb. 5.7b,c). (G. 5.11) verändert sich dann für den Fall c) in Abb. 5.7 zu (5.12):

---

[6] FUZZEKS (Bartels 1997), ein C^{++} Programm für WINDOWS 3.1.

$$I(x;z_c) = \begin{cases} 1, & \text{wenn } z_c \geq b \\ ?, & \text{wenn } z_c \in [a,b] \\ 0, & \text{wenn } z_c < a \end{cases} \quad (5.12)$$

mit ? = unbekannt, „missing value",

oder zu (5.13), bei bekannter oder vermuteter Wahrscheinlichkeitsdichte innerhalb des Intervalls [a,b] (Abb. 5.7d):

$$I(x;z_c) = \begin{cases} 1, & \text{wenn } z_c \geq b \\ \text{Prob}\{Z(x) \leq z_c\}, & \text{wenn } z_c \in [a,b] \\ 0, & \text{wenn } z_c < a. \end{cases} \quad (5.13)$$

Dieser Ansatz entspricht grundsätzlich dem *Fuzzy*-Ansatz.
Die räumliche Schätzung mit *Softkriging* ist unverändert gegenüber dem in Kap. 4.1.2 beschriebenen Ansatz beim *Indikatorkriging*. Das Ergebnis ist dann die bedingte Wahrscheinlichkeit für $Z(x_0)$, die als lokale Verteilungfunktion zu interpretieren ist (Gl. 5.14):

$$\left[i(x_0,z_{cj})\right]^* = \text{E}\left[I(x_0,z_{cj})\right] = \text{Prob}^*\left\{Z(x_0) \leq z_{cj}\right\} \quad j = 1,m. \quad (5.14)$$

Da die einzelnen Indikatorvariablen I_j unabhängig voneinander geschätzt werden, kann es bei ungünstigen Probenpunktkonfigurationen zu Verletzungen der Reihenfolge (order relation violation) kommen, deren Korrektur in Kap. 4.1.2 bereits behandelt wurde.

Bei der Verwendung der Ergebnisse des *Softkriging* taucht dasselbe Problem auf wie auch bei der Verwendung des *Fuzzy-Krigings*: Das Schätzergebnis selbst ist eine „weiche" Zahl, d.h. daß nicht eine einzelne Zahl, sondern die Parameter der Zugehörigkeitsfunktion (fuzzy) oder die lokale Verteilungsfunktion (Indikator) von $Z(x_0)$ geschätzt werden. Für die weitere Nutzung der Kringergebnisse, z.B. als Eingabegrößen in einem Grundwassermodell, muß daher ein Punktschätzer definiert werden, der das Regionalisierungsergebnis in Form von „harten" Zahlen wiedergibt.

Die einfachste Lösung dieses Problems ist es, denjenigen Wert aus der lokalen Verteilungsfunktion auszuwählen, dessen Wahrscheinlichkeit genau 50 % (Median) beträgt. Ebenso kann die Verteilungsfunktion $F\{Z(x_0)\}$ auf die Wahrscheinlichkeitsdichte $p\{Z(x_0)\}$ zurückgeführt und damit das arithmetische Mittel bestimmt werden (Schätzung des Erwartungswertes, E-Typ-Schätzung). Der Postprozessor POSTIK (Deutsch u. Journel 1992) erlaubt eine Punktschätzung nach dem E-Typ ebenso wie für jedes andere gewünschte Quantil der lokalen Verteilungsfunktion.

5.2 Räumliche Schätzung nicht sicherer Information

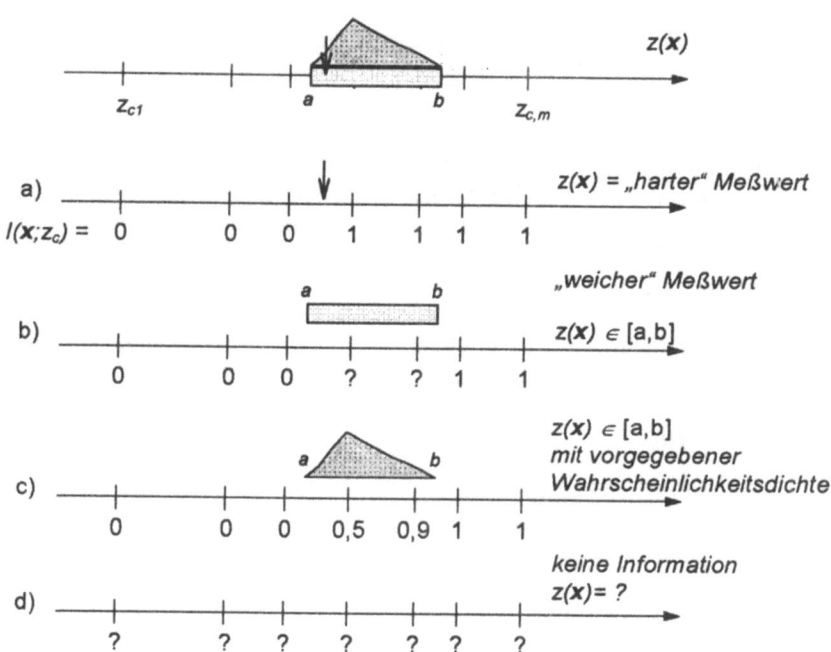

Abb. 5.7. Indikatorkodierung: a) „harte" Daten, b) „weiche" Daten im Intervall [a,b], c) „weiche" Daten mit vorgegebener lokaler Wahrscheinlichkeitsdichte im Intervall [a,b] und d) nicht bestimmter Datenwert (verändert nach Journel 1989).

Bei einem praktischen Einsatz des *Softkrigings* für die Ermittlung der räumlichen Verteilung von Durchlässigkeitsbeiwerten für die Verwendung in einem Grundwassermodell zeigte sich, daß der Punktschätzer kritisch ausgewählt werden sollte. Bei einem hohen Anteil „weicher" Informationen kommt es möglicherweise bei einer unüberlegten Verwendung des Medians als Punktschätzer zu einer verzerrten Schätzung des Ergebnisses.

5.2.3
Fallbeispiel: Softkriging

Das folgende Beispiel (s.a. Schafmeister u. Burger 1995, Schafmeister 1997) demonstriert die Schätzung von k_f-Werten mit Hilfe des *Softkriging* auf der Basis qualitativer Beschreibungen des Aquifermaterials (Bohrkernansprache). Lösungsansätze zu optimalen Bestimmung eines geeigneten Punktschätzers werden vorgestellt. Eine Methode versucht die Anpassung der Schätzergebnisse mit Hilfe eines numerischen Grundwassermodells an die natürlichen hydraulischen Bedingungen.

5.2.3.1
Verbesserte Regionalisierung von k_f-Werten als Parameter in einem numerischen Grundwassermodell unter Nutzung qualitativer Informationen

Veranlassung und hydrogeologische Situation. In den westlichen Bezirken Berlins, Kladow und Gatow, wurde Mitte der achtziger Jahre ein aufwendiges hydrogeologisch-hydrochemisches Untersuchungsprogramm zur Identifizierung und Bewertung von Altlasten durch das dem Bundesgesundheitsamt damals angegliederte Institut für Wasser- Boden- und Lufthygiene durchgeführt. Die Ergebnisse sind in den Berichten des WaBoLu (Kerndorff et al. 1985) nachzulesen.

Die intensive hydrogeologische Untersuchung des oberflächennahen pleistozänen Grundwasserleiters findet dabei anhand vorhandener und neu eingerichteter Grundwasserbeobachtungsbrunnen sowie den Förderbrunnen der Berliner Wasserbetriebe statt.

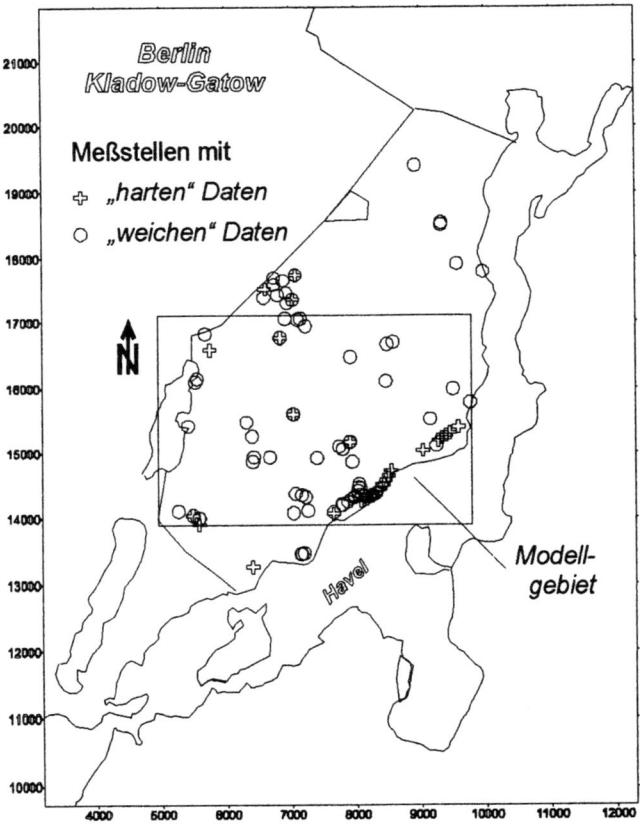

Abb. 5.8. Das Untersuchungsgebiet.

Insgesamt 184 dieser Meßstellen werden in der vorliegenden Studie verwendet[7]. Der oberflächennahe Grundwasserleiter setzt sich aus glazifluviatilen Fein- bis Grobsanden der Weichsel und der Saalekaltzeit zusammen. Unterbrochen werden diese grundwasserleitenden Schichten von bis zu 10 m mächtigen Geschiebemergelkörpern sowie von kleinräumigen, überwiegend organogenen Überresten des Eem-Interglazials. Bei ca. 0 bis -10 mNN wird der Grundwasserleiter von den hier flächenhaft verbreiteten feinkörnigen, z.T. organischen Ablagerungen des Holstein-Interglazials begrenzt. Der insgesamt als ungespannt zu bezeichnende Grundwasserleiter umfaßt damit eine Mächtigkeit von etwa 30 m.

In dem ca. 24 km² großen Untersuchungsgebiet sind fünf Atlastenstandorte sicher bekannt; darüber hinaus wurden eine Reihe sogenannter „wilder" Deponien vermutet.

Der Grundwasserabstrom ist mit einem Gefälle von 1 bis 1,5 ‰ südöstlich auf die Trinkwassergewinnungsanlagen der Berliner Wasserbetriebe gerichtet (Kerndorff et al. 1985). Dadurch besteht eine potentielle Gefährdung des dort gewonnenen Trinkwassers, das zu einem überwiegenden Anteil aus den tieferen, unterhalb des Holstein-Interglazials gelegenen Grundwasserstockwerken, jedoch auch aus dem oberflächennahen Grundwasserleiter und dem Uferfiltrat der Havel gespeist wird (Sommer-von Jarmersted 1992).

Zur Klärung der Frage, wie lange ein möglicher Schadstoff von den am westlichen Gebietsrand (westliche Stadtgrenze von Berlin) gelegenen Altablagerungen bis zu der Brunnengalerie am Havelrand (östlicher Gebietsrand) transportiert wird, wird ein dreidimensionales Grundwassermodell auf der Basis Finiter Differenzen MODFLOW (McDonald u. Harbaugh 1988) mit anschließender Berechnung von Fließpfaden unter der Benutzeroberfläche von PMWIN (Chiang u. Kinzelbach 1996) berechnet.

Die wenigen k_f-Werte, die in dem Gebiet bekannt sind, reichen für eine vollständige Schätzung der räumlichen Durchlässigkeitsverteilung, die für das FD-Modell unbedingt gebraucht wird, nicht aus. Qualitative Schichtbeschreibungen (Kernansprachen) sollen die Schätzung verbessern.

Datenaufbereitung und Indikatorkodierung. Nur an 31 der insgesamt 184 Bohrungen (Abb. 5.8) waren Sedimentproben (466 Einzelproben) entnommen worden, für die k_f-Werte im Labor bestimmt worden waren. An den übrigen 153 Meßstellen liegen nur lithologische Ansprachen der Einzelschichten vor (2025 Datenzeilen). Die Meßstellen wurden im Verlaufe mehrerer Jahrzehnte aus unterschiedlichen Veranlassungen errichtet und von den verschiedensten Bearbeitern geologisch angesprochen.

Um die qualitative Information in Form der Schichtansprachen in die räumliche Schätzung der Durchlässigkeiten einzubeziehen, werden folgende Arbeitsschritte unternommen:

1. Definition von lithologischen Einheiten anhand der Schichtansprachen (*l* Lithotypen, (*l*=1,*k*)),
2. Ermittlung der *k* Intervalle $[a,b]_l$ für jeden Lithotyp *l*,

---

[7]Teile des Datensatzes wurden bereits in der in Kap. 4.2.4.2 vorgestellten Studie verwendet.

3. Statistische Analyse der „harten" k_f-Werte (Histogramm),
4. Bildung von m Indikatorvariablen für die Grenzwerte z_{cj} ($j=1,m$), nach Gl. 5.11 für „harte" bzw. nach Gl. 5.12 für „weiche" Daten,
5. Berechnung und Modellierung von m Indikatorvariogrammen
6. *Softkriging* zur Ermittlung der lokalen Verteilungsfunktion von $k_f(x_0)$,
7. Wahl eines geeigneten Punktschätzers für $k_f(x)$.

Zwei Datentypen sind gegeben (Abb. 5.9): Für alle Daten liegen an einer Meßstelle neben den Koordinaten der Bohrung für jede Schicht deren Teufe (Mittelpunkt zwischen Schichtober- und -unterkante), Mächtigkeit und Kernansprache vor. Die „harten" Daten enthalten zusätzlich die im Labor ermittelten k_f-Werte der Einzelschichten.

„weiche" Daten:

Meß-stelle	RW	HW	Teufe [mNN]	SUK [mNN]	SOK [mNN]	Maecht [m]	kf [m/s]	Kern-ansprache	Lith. Grup.
BA	.	.	13,90	13,60	14,20	0,6	?	fg,mg,fs	Kies
BA	.	.	11,95	10,30	13,60	3,3	?	fs,ms	FFS
BA	.	.	9,30	8,30	10,30	2,0	?	ms,fs	FS
BA	.	.	7,70	7,10	8,30	1,2	?	ms	MS
BB	.	.	28,14	26,64	29,64	3,0	?	ms,gs	GS
BB	.	.	25,14	23,64	26,64	3,0	?	t,x (GM)	T+U
BB	.	.	22,64	21,64	23,64	2,0	?	ms,gs	GS
BB	.	.	19,64	17,64	21,64	4,0	?	t,x (GM)	T+U
BB	.	.	13,89	10,14	17,64	7,5	?	fs,ms	FFS

„harte" Daten:

BK	.	.	36,08	35,73	36,43	0,7	2,0E-04	fs,ms,gs,fg,mg	MS
BK	.	.	33,33	30,93	35,73	4,8	1,0E-04	ms,fs	FS
BK	.	.	30,18	29,43	30,93	1,5	4,5E-05	fs,ms	FFS
BK	.	.	29,08	28,73	29,43	0,7	1,0E-04	fs,ms,gs	MS
BK	.	.	28,18	28,03	28,33	0,3	4,6E-08	u	T+U
BK	.	.	27,83	27,63	28,03	0,4	1,0E-04	fs,ms,gs	MS
BK	.	.	26,78	25,93	27,63	1,7	4,6E-08	u	T+U
BK	.	.	25,53	25,13	25,93	0,8	4,6E-08	u,ms	T+U
BK	.	.	24,33	23,53	25,13	1,6	4,6E-05	fs	FFS
BK	.	.	20,98	18,43	23,53	5,1	9,4E-05	gs,ms,fg	GS
BK	.	.	17,28	16,13	18,43	2,3	9,4E-05	gs,ms,fs,fg	GS
BK	.	.	15,73	15,33	16,13	0,8	1,5E-03	mg,gg,fg,gs,ms	Kies

Abb. 5.9. Auszug aus dem Ausgangsdatensatz..

Die qualitative Beschreibung der Schichten besteht im wesentlichen aus der Angabe der Haupt- und Nebengemengteile des lockeren Kornverbandes. Diese Schichtansprachen werden in sechs übergeordnete Gruppen (Lithotypen) zusammengefaßt, da sie trotz aller Normvorgaben (z.B.: DIN 4022) je nach Bearbeiter sehr subjektiv und unterschiedlich genau sind:

5.2 Räumliche Schätzung nicht sicherer Information 141

T+U	Tone, Schluffe, Geschiebemergel, organogene Ablagerungen;	Grundwasserstauer
FFS	sehr feinkörnige Sande	
FS	überwiegend Feinsande	
MS	überwiegend Mittelsande	Grundwasserleiter
GS	überwiegend Grobsande	
Kies	Kiese, sandig, Steine	

Die Bestimmung der Intervalle $[a,b]_l$ kann sich an Vorgaben orientieren, die in der entsprechenden Literatur gemacht werden (Freeze u. Cherry 1979, Matthess u. Ubell 1983, De Marsily 1986, um nur einige zu nennen). Im vorliegenden Beispiel wird versucht, die Intervalle auf der Basis der „harten" Daten zu bestimmen. Hierzu werden für jeden Lithotyp l die Häufigkeitverteilung der bekannten k_f-Werte ermittelt. Hieraus ergeben sich für jeden Lithotyp die kleinsten, größten bzw. mittleren im Untersuchungsgebiet bestimmten k_f-Werte. Abb. 5.10 zeigt, daß sich diese Intervalle teilweise stark überlappen. Um die ärgsten Extremwerte auszuschließen, wird in der vorliegenden Studie das 25 %- und das 75 %-Perzentil als die untere bzw. obere Intervallgrenze gewählt.

Die im Labor bestimmten k_f-Werte liegen zwischen 10^{-10} und 5×10^{-2} m·s^{-1}. Etwa 10 % der Daten repräsentieren grundwasserstauende Ablagerungen (Typ T+U). Die Daten werden nach (5.11) für „harte" bzw. nach (5.12) für „weiche" Information in Indikatorvariablenketten überführt. Als Grenzwerte z_c wurden die folgenden Perzentilwerte der Häufigkeitsverteilung (Abb. 5.11) der bekannten 466 k_f-Werte gewählt:

10	20	40	60	80	90	%
$6,1 \times 10^{-9}$	$4,2 \times 10^{-5}$	$4,6 \times 10^{-5}$	$7,6 \times 10^{-5}$	$2,3 \times 10^{-4}$	$3,5 \times 10^{-4}$	m·s^{-1}

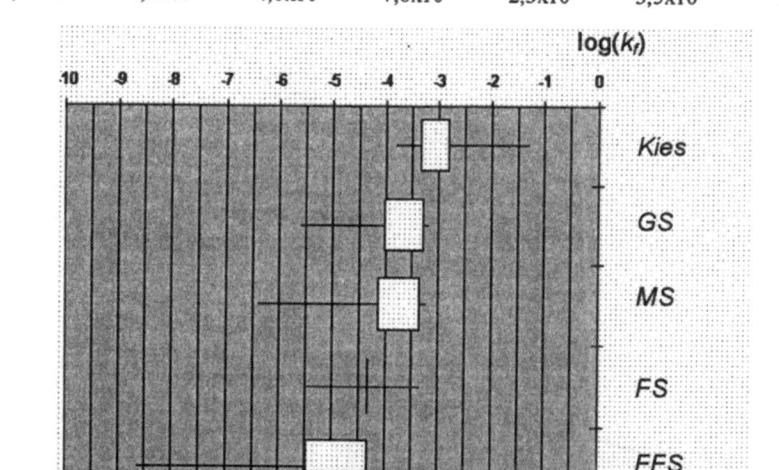

Abb. 5.10. k_f-Wertbereiche der sechs Lithotypen (durch Kästchen hervorgehoben das 25 %- und das 75 %-Perzentil).

5 Umgang mit Fehlern und Unsicherheiten

Die Tatsache, daß beinahe die Hälfte aller Proben zwischen 1×10^{-5} und 1×10^{-4} m·s^{-1} liegt, führt dazu, daß die Grenzwerte z_c für das 20 %-, 40 %-, und 60 %-Perzentil sehr dicht beieinander liegen.

Die „weichen" Daten verteilen sich auf die sechs Lithotypen wie in Tabelle 5.2 ersichtlich:

Tabelle 5.2. Datenverteilung der Lithotypen.

Typ	Anzahl der Daten	Prozent
T+U	293	14,5
FFS	60	3,0
FS	756	37,3
MS	624	30,8
GS	159	7,6
Kies	133	6,6

Räumlich zeigen die Meßstellen eine deutliche Bevorzugung (Datencluster) dort, wo die Altablagerungen vermutet wurden. Die vertikalen Probenabstände richten sich nach den Schichtgrenzen; sie variieren zwischen wenigen dm bis hin zu 10 m.

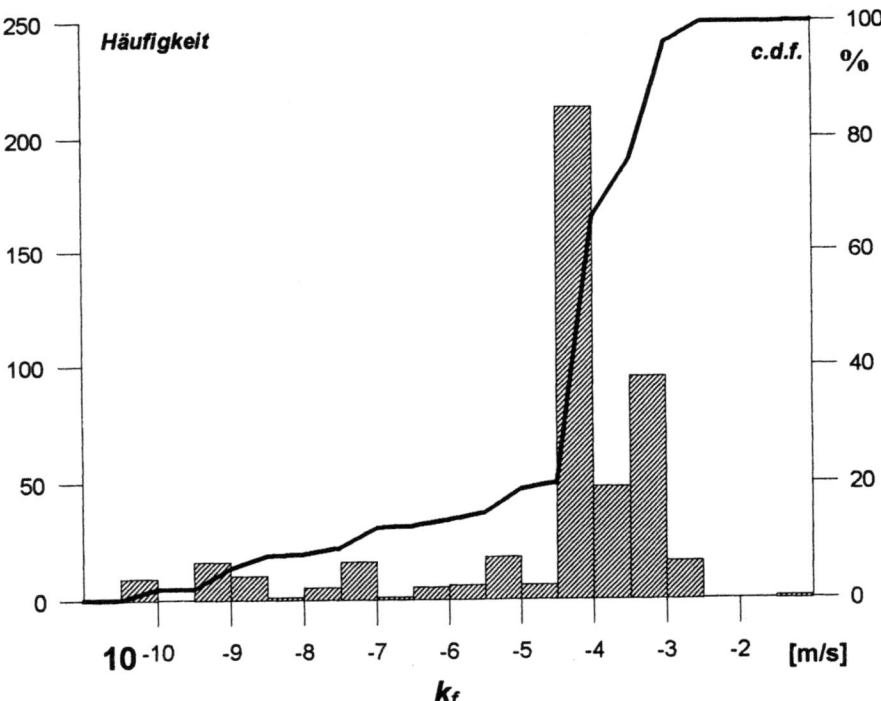

Abb. 5.11. Histogramm und kumulative Häufigkeit der 466 „harten" k_f-Werte.

5.2 Räumliche Schätzung nicht sicherer Information

Die Indikatorvariogramme, die nur auf der Basis der „harten" Datenpunkte berechnet werden, zeigen alle den exponentiellen Variogrammtyp mit teilweise sehr hohen Nugget-Effekten (Tabelle 5.3). Aufgrund des teilweise sehr weitständigen Probenrasters lassen sich in horizontaler Richtung Modelle nur schwer anpassen. Daher wird, basierend auf Untersuchungen in vergleichbaren geologischen Verhältnissen, eine geometrische Anisotropie von 1 : 67 angenommen.

Tabelle 5.3. Parameter der Indikatorvariogramme (exponentieller Typ).

z_c [m·s^{-1}]	Nugget-Effekt in Prozent des Sills	Reichweite (vertikal) [m]
6,1x10^{-9}	10	1,7
4,2x10^{-5}	8	1,0
4,6x10^{-5}	15	2,0
7,6x10^{-5}	30	1,2
2,3x10^{-4}	15	1,4
3,5x10^{-4}	20	1,5

Das Grundwassermodell. Das Modellgebiet wird in drei 10 m mächtige Schichten unterteilt; horizontal werden 30 Zellen in E-W- und 20 Zellen in N-S-Erstreckung mit jeweils 160 m Kantenlänge gewählt. Mit Hilfe der Variogramme werden die lokalen Verteilungsfunktionen der k_f-Werte an den 1800 Knotenpunkten des Modells bestimmt und aus diesen verschiedene Perzentilwerte zwischen 40 % und 60 % abgeleitet (Abb. 5.12).

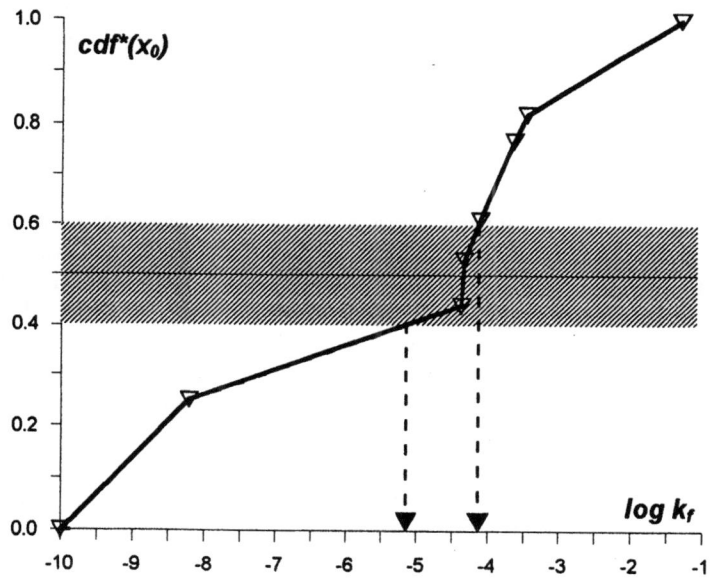

Abb. 5.12. Beispiel für eine Punktschätzung aus der lokalen Verteilungsfunktion im Punkt x_0.

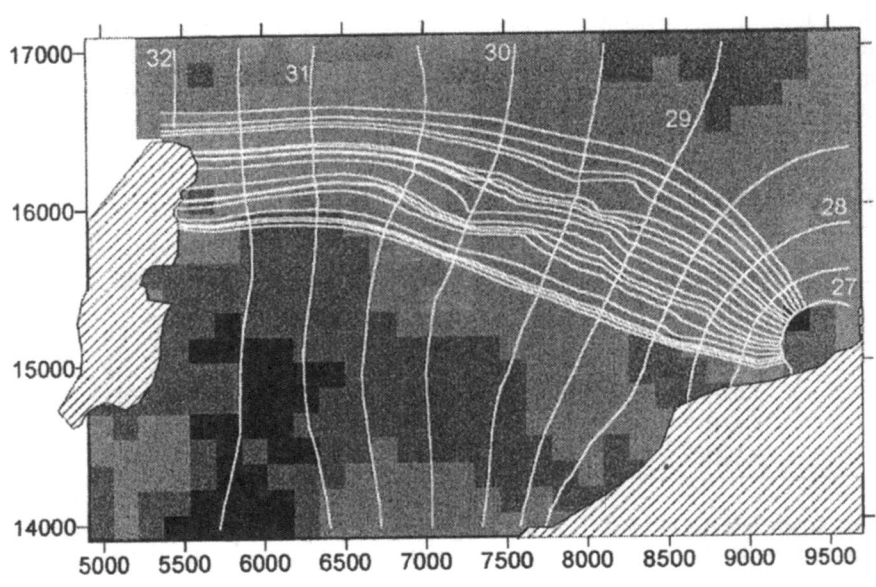

Abb. 5.13. Modellierte Grundwassergleichen und Projektionen der Fließpfade.

Mit den so geschätzten k_f-Wertmatrizen wird das Grundwassermodell bei ansonsten unveränderten hydraulischen Randbedingungen stationär gerechnet.

Als Randbedingungen werden die beiden Oberflächengewässer, im Westen der Glienicker See und im Osten die Havel mit ihren langjährigen mittleren Pegelständen, als Festpotentiale vorgegeben. Die Grundwasserentnahme in der Brunnengalerie am Havelufer wird ebenfalls als Festpotential simuliert, wodurch der Absenktrichter der Brunnen gut nachgebildet werden kann. Ausgehend von der Entnahmestelle im Osten werden die Strömungslinien rückwärts nach Westen verlaufend berechnet. Die Startpunkte der 45 Fließlinien werden gleichmäßig um die Brunnen herum und über die gesamte Aquifermächtigkeit verteilt. Die rückwärts verfolgten Fließlinien enden im Nordwesten des Modellgebietes in der Nähe einer bekannten Altablagerung (Abb. 5.13). Die mittlere Abstandsgeschwindigkeit für einen konservativen Stoff wird aus dem Quotienten der mittleren Fließdauer und der mittleren Fließdistanz (4 km) errechnet.

Anpassung der Schätzung an die natürlichen Bedingungen. Die Kalibrierung der Modellergebnisse und damit auch der räumlichen Schätzung der k_f-Werte geschieht am zuverlässigsten durch den Vergleich der modellierten und beobachteten Geschwindigkeiten. Bei entsprechenden Daten ist auch eine Eichung über den Vergleich von Massenflußraten möglich. Auf diesem Wege können Modell und räumliche Schätzung wechselseitig an die realen Bedingungen angepaßt werden. Diese Denkweise liegt auch der Methode der Inversen Modellierung zugrunde.

Aktuelle Beobachtungen der Abstandsgeschwindigkeit liegen im betreffenden Gebiet nicht vor, so daß in dieser Studie keine direkte Kalibrierung vorgenommen werden kann. Ausgehend von dem Leitwert für die regionale Durchlässigkeit der quartären Grundwasserleiter in Berlin von 1×10^{-4} m·s^{-1} kann anhand des DARCY-Gesetzes (n_e = 20 %) eine mittlere Abstandsgeschwindigkeit von 5 cm·d^{-1}cm/d berechnet werden. Legt man dem Ansatz jedoch den Modalwert der Häufigkeitsverteilung zugrunde ($4,6 \times 10^{-5}$ m·s^{-1}), so muß der wesentlich kleinere Wert von 2,5 cm·d^{-1} erwartet werden.

Als Alternative zum Auffinden eines geeigneten Punktschätzers bietet sich an, einen Kontrollwert D_Q nach Gl. 5.15 für jeden gewählten Perzentilwert Q zu berechnen (Abb. 5.14):

$$D_Q = \frac{1}{n} \sum_{i=1}^{n} \left[\overline{k_f}(V_i) - k_f^*(V_i) \right]^2 \rightarrow \text{Min}, \quad (5.15)$$

mit V_i: FD-Zelle, für die der k_f-Wert geschätzt wurde, und

$\overline{k}_f(V_i)$:   Mittelwert der in der FD-Zelle V_i liegenden „harten" Datenwerte.

Hierbei wird an den mit „harten Datenwerten" belegten FD-Zellen V_i derjenige Perzentilwert Q gesucht, für den die Abweichung zwischen geschätzten und gemessenen Durchlässigkeiten möglichst gering ist. Für diejenigen FD-Zellen, in denen „harte" Daten vorliegen, wird deren Mittelwert gebildet. D_Q ist dann die mittlere quadratische Abweichung zwischen Punktschätzungsergebnissen (k_f^*) und diesen Zellmittelwerten. Abb. 5.14 und Tabelle 5.4 zeigen, daß das 42 %-Perzentil die geringsten Abweichungen von den gemessenen Werten aufweist.

Tabelle 5.4. Kontrollmaß D_Q und modellierte Abstandsgeschwindigkeiten für verschiedene Punktschätzer.

Punktschätzer Q [%]	D_Q	modellierte mittlere Abstandsgeschwindigkeit [cm·d^{-1}]
40	1,061	2,9±0,8
42	1,051	3,1±0,8
45	1,042	3,3±0,8
47	1,048	3,5±0,9
(Median) 50	1,051	3,6±0,9
55	1,066	4,1±1,1
60	1,113	4,8±1,2

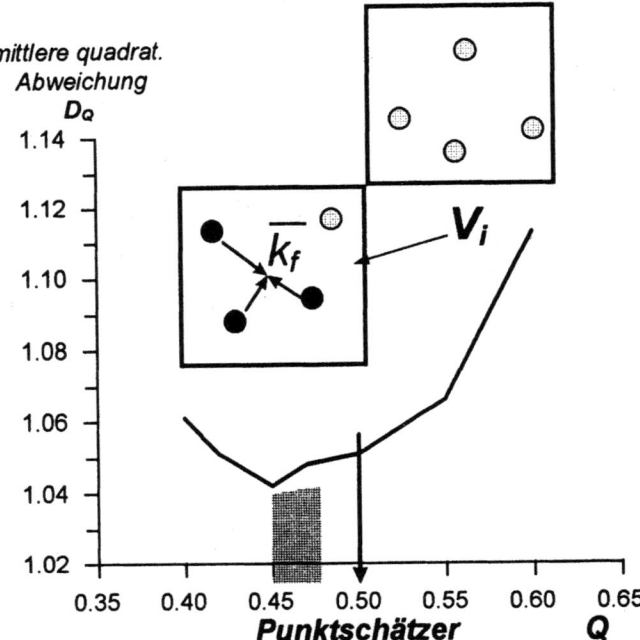

Abb. 5.14. Ermittlung des geeigneten Punktschätzers Q für einen Untersuchungsraum. Der schraffierte Bereich kennzeichnet die günstigsten Punktschätzer. Oben: Bestimmung des Kontrollmaßes für eine mit „harten Daten" belegte FD-Zelle, helle Punkte: „weiche", dunkle Punkte „harte" Datenpunkte.

Zusammenfassung und Diskussion. Es wurde gezeigt, daß mit Hilfe des Indikatoransatzes für „weiche" Daten das Regionalisierungsergebnis von k_f-Werten relativ einfach zu verbessern ist: im vorliegenden Beispiel konnte anhand der „harten" k_f-Werte nur ca. 50 % des Modellgebietes parametrisiert werden. Durch Hinzuziehen der reichlich vorhandenen qualitativen Schichtansprachen konnten etwas mehr als 95 % des Modellgebietes belegt werden. Damit erscheint der vorgestellte Ansatz eine vielversprechende Methode zur räumlichen Schätzung von Parametern zu sein, die häufig zu Beginn einer hydrogeologischen Untersuchung nicht ausreichend vorhanden sind.

Das vorliegende Beispiel zeigt jedoch auch viele kritische Punkte auf:

1. Die Indikatorvariographie ist weitaus empfindlicher gegenüber einer unregelmäßigen Probenpunktverteilung (Cluster) als die normale Variogrammberechnung. Dasselbe gilt für das anschließende Kriging (s.a. Kap. 4.12).
2. Die geeignete Wahl der Grenzwerte z_c ist problematisch.
3. Das Verhältnis von „harten" zu „weichen" Daten sollte ausgeglichen sein. Im vorliegenden Beispiel lagen etwa vier mal mehr „weiche" Informationen als „harte" vor.

4. Die Übertragung der qualitativen Information in Intervalle, die bei der Indikatorkodierung verwendet werden, birgt viele Fehlerquellen, wie z.B. die je nach Bearbeiter unterschiedliche Schichtbeschreibung.
5. Die Auswahl eines geeigneten Punktschätzers ist schwierig. Ein wechselseitiges Kalibrieren der Schätzung und eines darauf aufbauenden Grundwassermodells kann jedoch in Verbindung mit Geländebeobachtungen schnell zu zufriedenstellenden Ergebnissen führen. Die hier präsentierte Methode der Anpassung über ein Kontrollmaß D_Q ist für eine erste Näherung gut, birgt aber auch viele Fehlerquellen in sich, wie z.B. die Wahl des arithmetischen Mittelwertes als Vergleichsgröße, die Größe des Mittelungsvolumens (FD-Zelle) u.v.m.

Dennoch entspricht die Idee, qualitative Beschreibungen des Aquifermaterials zu nutzen, um die Durchlässigkeitsverteilung eines Gebietes zu regionalisieren, durchaus der gängigen hydrogeologischen Praxis. Mit Hilfe des Indikatoransatzes für nicht genau bekannte Wertebereiche kann diese immer schon intuitiv angewendete Methode auch quantitativ eingesetzt werden.

6 Resümee und Ausblick

6.1 Zusammenfassung

In der vorliegenden Arbeit wurden geostatistische Verfahren zur quantitativen Analyse der räumlichen Variabilität von hydrogeologischen und umweltwissenschaftlichen Parametern und Verfahren zu deren Regionalisierung in ihrem theoretischen Rahmen und anhand von Beispielen vorgestellt.

Es zeigt sich, daß eine Vielzahl von hydrogeologischen, bodenkundlichen und anderen Umweltvariablen als „Regionalisierte Variablen" betrachtet und mit den Methoden der Geostatistik verarbeitet werden können. Je nach Art der Parameter lassen sich charakteristische räumliche Strukturen (Variogramme) erkennen und interpretieren. Es können grundlegende Unterschiede zwischen Variablen, die zeitlich als unveränderlich angesehen werden müssen (Korngrößen, Durchlässigkeiten), und solchen, die eine starke zeitliche Abhängigkeit haben (Grundwasserstand, Daten der Grundwasserbeschaffenheit), beobachtet werden. Letztere unterliegen zeitlich und räumlich einem deutlichen Trend.

Die Gruppe der Krigingschätzmethoden zur räumlichen Interpolation regionalisierter Variablen (ReV) erweist sich auch für hydrogeologische bzw. umweltwissenschaftliche Daten als sehr flexibel. Als besonderen Vorteil bietet *Kriging* neben der Schätzung auch ein Zuverlässigkeitsmaß, den Krigingfehler. Viele unterschiedliche Methoden wurden seit Beginn der 50-er Jahre entwickelt, und einige davon erweisen sich als besonders geeignet für eine zuverlässigere Schätzung der Grundwasserhöhen oder der räumlichen Verteilung hydrochemischer Daten.

Die Tatsache, daß in das Kriginggleichungssystem - relativ einfach - zusätzlich zu den Meßwerten der betrachteten Variablen auch andere Informationen einbezogen werden können, macht das Kriging gegenüber den üblichen Interpolationsmethoden überlegen. Gerade bei umweltgeologischen oder hydrogeologischen Problemen verfügt der Bearbeiter oft über weitergehende Kenntnisse: etwa das generelle Gefälle der Grundwasseroberfläche (*Trend*) oder die lokale Beziehung zwischen Niederschlägen und Topographie (*Externe Drift*). Auch Daten anderer Meßzeitpunkte sind hilfreich (*Co-Kriging, Raum-Zeit-Kriging*).

Ein besonderer Schwerpunkt dieser Arbeit beschäftigt sich mit der Erfassung der Verteilungsspektren hydrogeologischer Variablen (Kapitel 4). Als Beispiel wurde die räumliche Modellierung des Durchlässigkeitbeiwertes behandelt. Diese

Variable, durch die wesentlich die Grundwasserbewegung und der Transport gelöster Schadstoffe bestimmt wird, zeichnet sich durch große Variationsspannen und durch nicht-parameterische Verteilungsfunktionen aus. Die Methode der *stochastischen Simulation* ist besonders gut geeignet, räumliche Realisationen der Durchlässigkeit zu erzeugen, auf deren Basis numerische Modelle gerechnet werden können, um statistisch gesicherte Aussagen zu Fließ- und Transportverhalten zu machen.

Die Behandlung von *Unsicherheiten* ist weiterer Vorteil der vorgestellten geostatistischen Methoden: es können Daten verarbeitet werden, die als unsicher („weich") zu bezeichnen sind; dies sind z.B. qualitative Daten wie Schichtansprachen, Experteneinschätzungen u.a.m.. Ein Beispiel, wie mit Hilfe des Indikatoransatzes Durchlässigkeitsbeiwerte geschätzt werden können, auch wenn nur wenig quantitative Daten, dafür jedoch viele qualitative Bohrkernansprachen zur Verfügung stehen, ist in Kapitel 5 vorgestellt.

Die Fehlerbetrachtung bei der Bewertung von kontaminierten Standorten oder solchen, die für ein Verbringen von Abfällen vorgesehen sind, ist heute unerläßlich. Schädigungen des Menschen und der Umwelt, die auf Prognosefehler zurückgehen sollten, soweit wie möglich ausgeschlossen werden können. Daher sind die geostatistischen Verfahren zur Erstbewertung, Risikoabschätzung und Maßnahmenplanung für kontaminierte Standorte von besonderer Bedeutung.

6.2
Ausblick

Die probabilistische Herangehensweise der Verfahren der Geostatistik bietet der modernen Hydrogeologie sowie den verwandten Disziplinen aus dem Feld der Umweltwissenschaften eine Fülle von Möglichkeiten, Untersuchungsergebnisse im Hinblick auf Gefährdungseinschätzungen zu beurteilen.

In Zukunft wird daher stärker als bisher eine Verbindung deterministischer Verfahren, wie z.B. die der Grundwassermodellierung, mit den Methoden der Geostatistik anzustreben sein. Ein weiteres Tätigkeitsfeld bietet sicher auch die Verknüpfung probabilistischer Analyseverfahren mit den Werkzeugen der raumbezogenen Informationssysteme (GIS); denn diese sehen eine Vielzahl von Techniken vor (Flächendiskretisierung, Verschneidungsalgorithmen etc.), die dem Darstellen und Interpretieren der Regionalisierungsergebnisse dienen können.

Wie an einigen Stellen der Arbeit bereits angezeigt, gibt es sicher auch für die theoretische Geostatistik und für die Geologen, Mathematiker und Informatiker, die sich der Programmierung der geostatistischen Algorithmen verschrieben haben, noch vielerlei Betätigungsmöglichkeit. Von besonderer Bedeutung für die Hydrogeologie wäre eine anwenderfreundliche Weiterentwicklung des Raum-Zeit-Krigings.

Wichtig wird auch in Zukunft die räumliche Analyse von hydrogeologischen bzw. Umweltprozessen und deren Kenngrößen sein. Dafür sind die Methoden der Variographie auch bei anderen umweltrelevanten Variablen sinnvoll einzusetzen; dies zeigen z.B. die räumlichen Analysen der Temperaturverteilung im Grundwasser von Gutzeit (1993), Melchert (1993) und Bokelmann (1998).

Darüber hinaus bietet die Methode der *stochastischen Simulation* ein weites Feld für die Analyse von hydrogeologischen Prozessen auf der Basis von Szenarien, die für die Planung und Risikobewertung von Maßnahmen im Umweltschutz wichtig sind. Ein Beispiel bieten Burger et al. (1994), die mit Hilfe eines numerischen Grundwassermodells das Dürrerisiko eines ariden Einzugsgebietes abschätzen.

Anhang
Zufallsvariable, Zufallsfunktion, Zufallsvektor

Im folgenden werden kurz solche Begriffe und Parameter aus der Wahrscheinlichkeitslehre und Statistik zusammengestellt, die zum Verständnis der geostatistischen Methoden notwendig sind.

Statistische Momente von Verteilungen

Es sei Z eine reellwertige Zufallsvariable mit einer Wahrscheinlichkeitsdichte $f(z)$. Dann ist die kumulative Verteilungsfunktion definiert durch

$$F(z) = \int_{-\infty}^{z} f(x)dx,$$

der Erwartungswert von Z (falls er existiert) durch

$$E[Z] = \int_{-\infty}^{\infty} z\,dF(z) = \int_{-\infty}^{\infty} zf(z)dz =: \mu$$

und die Varianz durch

$$Var(Z) = E\left[(Z - E[Z])^2\right] = E[Z^2] - E^2(Z) =: \sigma^2.$$

Diese und weitere Parameter werden in der Praxis mit Hilfe einer Stichprobe bestehend aus n Probenwerten z_i ($i=1,..,n$) geschätzt:

Min(z_i), Max(z_i)	kleinster, bzw. größter Probenwert,
Arithmetischer Mittelwert $E[Z] \Rightarrow \bar{z} = \dfrac{1}{n}\sum_{i=1}^{n} z_i$	
Median	der Wert einer Häufigkeitsverteilung, der diese in zwei gleichgroße Hälften teilt (2. Quartil, Zentralwert),
Modalwert	der häufigste Probenwert (Häufigkeitsklasse mit größter Besetzung),

Varianz $\quad E\left[(Z - E[Z])^2\right] \Rightarrow s^2 = \dfrac{1}{n-1}\sum_{i=1}^{n}(z_i - \bar{z})^2$,

Standardabweichung $\quad s = \sqrt{s^2}$, (Streuung).

Arithmetischer Mittelwert, Median und *Modalwert* sind mögliche Schätzer des Erwartungswertes $E[Z]=\mu$ (Populationsmittelwert). Die Stichprobenvarianz s^2 schätzt die wahre Varianz σ^2.

In der multivariaten Geostatistik faßt man p Zufallsvariablen zu einem Zufallsvektor zusammen: $Z = (Z_1, Z_2, ..., Z_p)'$. Die gemeinsame Verteilungsfunktion ist definiert durch

$$F(z) = F(z_1, z_2, ..., z_p) = P(Z_1 \leq z_1, ..., Z_p \leq z_p).$$

Es sei Z ein Zufallsvektor, dann heißt

$$E[Z] = \mu = (\mu_1, \mu_2, ..., \mu_p)'$$

Erwartungswert (-vektor) von Z. Die Bildung des Erwartungswertes wird komponentenweise vorgenommen: $E[Z] = (E[Z_1], ..., E[Z_p])'$.

Liegen zwei Zufallsvariable Z_1, Z_2 vor, so ist die *Kovarianz* definiert durch

$$Cov[Z_1, Z_2] = E[(Z_1 - E[Z_1])(Z_2 - E[Z_2])] = E[Z_1 * Z_2] - E[Z_1] * E[Z_2].$$

Verallgemeinert auf p Zufallsvariablen: Es sei $\sigma_{ij}^2 = Cov(Z_i, Z_j)$, dann heißt

$$Cov(Z) = E[(Z-\mu)(Z-\mu)'] = \begin{pmatrix} \sigma_{11} & \cdot & \cdot & \sigma_{1p} \\ \cdot & & & \cdot \\ \cdot & & & \cdot \\ \sigma_{p1} & \cdot & \cdot & \sigma_{pp} \end{pmatrix} = \Sigma$$

die *Kovarianzmatrix* von Z. In analoger Weise ergibt sich die Korrelationsmatrix, wenn man die Kovarianzen durch die *Korrelationskoeffizienten* ersetzt:

$$\rho(Z_1, Z_2) = Cov(Z_1, Z_2) / \sigma_1 \sigma_2.$$

Die Bildung des Erwartungswerts ist eine lineare Operation. Für Zufallsvektoren gelten die Rechenregeln:

$$E[Z_1 + Z_2] = E[Z_1] + E[Z_2]$$
$$E[AZ + b] = AE[Z] + b$$
$$Cov(Z) = E[ZZ'] - \mu\mu'$$
$$Var(a'Z) = a'Cov(Z)a = \sum_i \sum_j a_i a_j \sigma_{ij},$$

Anhang

wobei *A* eine Matrix und *a, b* Vektoren mit reellen Komponenten darstellen. Diese Regeln können direkt aus den entsprechenden univariaten Regeln abgeleitet werden. Für *a*=(1,1) ergibt sich die bekannte Formel:

$$Var(Z_1 \pm Z_2) = Var(Z_1) + Var(Z_2) \pm 2Cov(Z_1, Z_2).$$

Die *Kovarianz einer Stichprobe* ist gegeben durch

$$\text{cov}(Z_1, Z_2) = \frac{1}{n-1} \sum_{i=1}^{n} (z_{1,i} - \bar{z}_1)(z_{2,i} - \bar{z}_2).$$

Der Korrelationskoeffizient wird aus der Stichprobe geschätzt mit $r_{1,2} = \text{cov}(Z_1, Z_2) / s_1 s_2$. Er nimmt Werte zwischen -1 und 1 an (negative und positive Korrelation). Die Variablen Z_1 und Z_2 heißen *unkorreliert*, wenn $\rho = 0$ ist. Ist $Z_1 = Z_2$, so spricht man von Autokorrelation.

Zufallsfunktionen

In der Geostatistik betrachtet man Variablen *Z* in Abhängigkeit vom Ort $x, x \in \Re^n, n \leq 3$ (d.h. *Z(x)* ist *Zufallsfunktion*), wobei i.a. angenommen wird, daß der Erwartungswert von *Z* konstant ist und die Varianz existiert. Betrachtet man z.B. den Wert von *Z* an zwei verschiedenen Punkten x_1, x_2, dann ist $\rho(Z(x_1), Z(x_2))$ die räumliche Autokorrelation, die von den Punkten x_1, x_2 abhängt. Allgemeiner definiert man das Variogramm:

$$\gamma(x_1, x_2) = \frac{1}{2} Var[Z(x_1) - Z(x_2)] = Var(Z(x_1)) + Var(Z(x_2)) - 2Cov[Z(x_1), Z(x_2)].$$

Sind die Varianzen identisch (= C) und sei $Cov(Z(x_1), Z(x_2)) = C(x_1, x_2)$, so gilt

$$\gamma(x_1, x_2) = C - C(x_1, x_2).$$

Eine Zufallsfunktion heißt stationär (von der Ordnung 2), wenn

a) der Erwartungswert existiert und nicht vom Ort *x* abhängt: $E[Z(x)] = m = const$

b) Für jedes Paar Z(x), Z(x+h) existiert die Kovarianz und diese hängt nur von der Distanz h der Punkte ab:

$$C(h) = Cov(Z(x), Z(x+h)) = E[Z(x+h) * Z(x)] - m^2,$$

wobei *h* einen Vektor im Ortsraum darstellt. Damit ergibt sich für das Variogramm:

$$\gamma(h) = C(0) - C(h)$$

bzw. die räumliche Autokorrelationsfunktion (Korrelogramm)

$$\rho(h) = \frac{C(h)}{C(0)} = 1 - \frac{\gamma(h)}{C(0)}.$$

In der Geostatistik schwächt man die Stationaritätsbedingung weiter ab: Eine Zufallsfunktion heißt intrinsisch, wenn die Inkremente $[Z(x+h) - Z(x)]$ eine endliche Varianz besitzen, die von x unabhängig ist. Dann gilt

$$\gamma(h) = \frac{1}{2} Var(Z(x+h) - Z(x)) = E\left[(Z(x+h) - Z(x))^2\right] \forall x.$$

Geostatistische Varianzmaße

Gegeben sei ein Probenvolumen v und ein Block V im Untersuchungsgebiet D. Verwendet man den Proben-Mittelwert $\overline{Z}_v$ als Schätzwert für den Blockmittelwert $\overline{Z}_V$, so heißt der Schätzfehler

$$\sigma_E^2(v/V) = E\left[(\overline{Z}_v - \overline{Z}_V)^2\right].$$

Ausdehnungsvarianz. Diskretisiert man die Probe v mit p Werten $z(x_1)$, $z(x_2),...z(x_p)$ und V mit q Werten, so ergibt sich

$$E\left[(\overline{Z}_v - \overline{Z}_V)^2\right] = E\left[\left(\frac{1}{p}\sum_{i=1}^{p} z(x_i) - \frac{1}{q}\sum_{j=1}^{q} z(x_j)\right)^2\right]$$

$$= \frac{1}{p^2}\sum_{i=1}^{p}\sum_{i'=1}^{p} E[z(x_i)z(x_{i'})] + \frac{1}{q^2}\sum_{j=1}^{q}\sum_{j'=1}^{q} E[z(x_j)z(x_{j'})] - \frac{1}{pq}\sum_{i=1}^{p}\sum_{j=1}^{q} E[z(x_i)z(x_j)].$$

Mit $E[z(x_i)z(x_k)] = C(x_i - x_k) + m^2$ folgt hieraus im stationären Fall:

$$E\left[(\overline{Z}_v - \overline{Z}_V)^2\right] = \frac{1}{p^2}\sum_i\sum_{i'} C(x_i - x_{i'}) + \frac{1}{q^2}\sum_j\sum_{j'} C(x_j - x_{j'}) - \frac{2}{pq}\sum_i\sum_j C(x_i - x_j)$$
$$= \overline{C}(v,v) + \overline{C}(V,V) - 2\overline{C}(V,v)$$
$$= 2\overline{\gamma}(V,v) - \overline{\gamma}(V,V) - \overline{\gamma}(v,v).$$

Anhang

Ein Sonderfall dieser Formel ist gegeben, wenn man den Erwartungswert des Blocks V mit einer gewichteten Summe der umliegenden Probenwerte $v=\{z_1,z_2,...,z_n\}$ schätzt. Es sei

$$Z_V^* = \sum_{i=1}^{n} \lambda_i z(x_i), \text{ wobei } \sum_{i=1}^{n} \lambda_i = 1, \text{ d.h. } Z_V^* \text{ ist ohne Bias,}$$

dann ergibt sich die *Schätzvarianz*

$$E\left[(Z_V^* - Z_V)^2\right] = 2\sum_{i=1}^{n} \lambda_i \bar{\gamma}(x_i, V) - \bar{\gamma}(V,V) - \sum_{i=1}^{n}\sum_{j=1}^{n} \lambda_i \lambda_j \gamma(x_i - x_j).$$

Diese Formel ist Ausgangspunkt für die Ableitung des Kriging-Gleichungssystems: Das Minimum der Schätzvarianz als Funktion der Gewichte λ_i findet man durch Differenzieren des Ausdrucks

$$\Phi(\lambda_1, \lambda_2, ..., \lambda_n, \upsilon) = E\left[(Z_V^* - Z_V)^2\right] - 2\upsilon\left(\sum_i \lambda_i - 1\right),$$

wobei die Nebenbedingung $\sum \lambda_i = 1$ über den Lagrange-Multiplikator υ eingeführt wird. Setzt man die partiellen Ableitungen

$$\frac{\partial \phi}{\partial \lambda_i} = 2\bar{\gamma}(x_i, V) - 2\sum_{j=1}^{n} \lambda_j \gamma(x_i - x_j) - 2\upsilon \text{ für } i = 1,...,n$$

$$\frac{\partial \Phi}{\partial \upsilon} = -2(\sum_{j=1}^{n} \lambda_j - 1)$$

gleich Null, so erhält man das Kriging-Gleichungssystem, dessen Lösung auf die optimalen Gewichte λ_i, $i=1,...,n$ führt. Damit ist der beste lineare Schätzer ohne Bias (BLUE) bestimmt. Die zugehörige minimale Kriging-Schätzvarianz ergibt sich zu

$$\sigma_K^2 = \sum_{i=1}^{n} \lambda_i \bar{\gamma}(V, x_i) - \bar{\gamma}(V,V) - \upsilon.$$

Normal- und Lognormalverteilung

Die experimentellen Verteilungen einer Stichprobe können durch *Verteilungsmodelle* angepaßt werden, deren Gesetzmäßigkeiten Rückschlüsse auf die Verteilung der Zufallsvariablen Z zulassen. Das bekannteste Verteilungsmodell für kontinuierliche Meßgrößen ist das der symmetrischen, glockenförmigen Normalverteilung (Abb. Anh.-1).

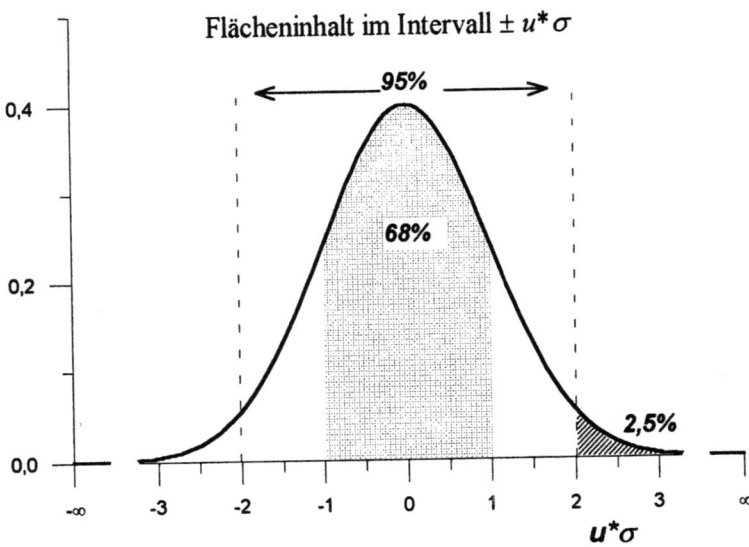

Abb. Anh.-1. Standardnormalverteilung N(0,1).

Zur Bestimmung von Ausreißern oder oberen/unteren Grenzwerten ist es zweckmäßig zu wissen, daß im Intervall $[\mu - u*\sigma, \mu + u*\sigma]$ für $u=1$ etwa 2/3 aller Werte liegen und für $u=2$ ca. 95% aller Werte.

In den Geowissenschaften liegen zumeist nichtsymmetrische, linksschiefe Verteilungsfunktionen vor (Abb. Anh.-2), die nach einer Log-Transformation der Datenwerte z_i mit Hilfe des Normalverteilungsmodells beschrieben werden können: Die Zufallsvariable Z ist log-normal verteilt, wenn die Variable $Y = \ln(Z)$ normalverteilt ist. Der Zusammenhang zwischen den Parametern ist dann wie folgt:

$$Y = \ln(Z),$$

es sei

$\bar{y}$ E[Y], arithmetischer Mittelwert und

s_y Standardabweichung der log-Probenwerte.

Dann gilt für die Z-Parameter:

$E[Z] = m = \exp(\bar{y} + 0{,}5 \cdot s_y^2)$, Erwartungswert der Zufallsvariablen Z,

$\sigma_z^2 = m^2 (\exp(s_y^2) - 1)$ Varianz von Z.

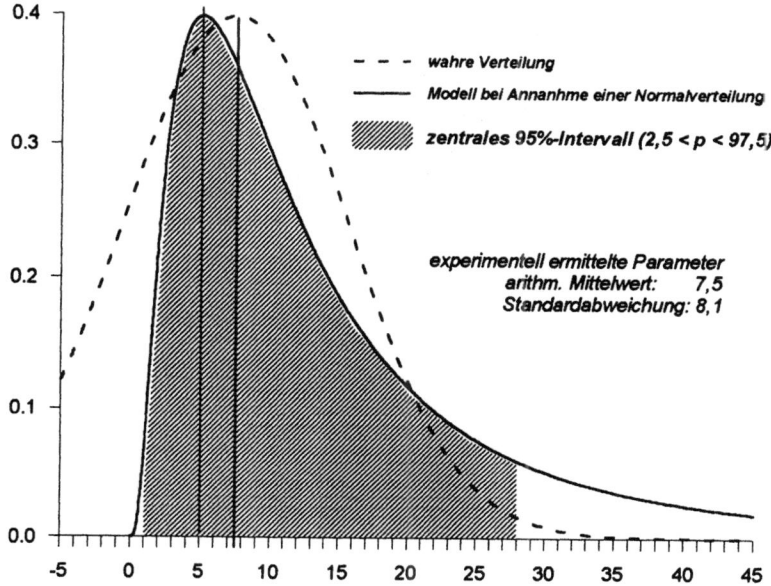

Abb. Anh-2. Vergleich von Lognormal- und Normalverteilung mit rechnerisch gleichem Mittelwert und gleicher Standardabweichung.

Die Berechnung von Mittelwert und Varianz mit Hilfe dieser Formeln ist nicht zu empfehlen, da geringe Abweichungen der logarithmischen Parameter durch das Potenzieren erhebliche Fehler bei der Berechnung der Z-Parameter ergeben. In jedem Fall ist eine Kontrolle und eventuelle Korrektur notwendig (vgl. Journel u. Huijbregts 1978). Es ist deshalb zweckmäßiger, die Perzentilwerte P_α zu transformieren, um Aussagen über die Wahrscheinlichkeit zu erhalten, mit der ein Grenzwert z_α über- oder unterschritten wird. Es sei

$$P_\alpha = P\{Z \geq z_\alpha\} = P\{Y \geq y_\alpha\}$$

$$\Rightarrow y_\alpha = \bar{y} + u_\alpha * s_y \text{ und } z_\alpha = \exp\{y_\alpha\},$$

wobei u_α der zu α gehörige Tabellenwert der Standardnormalverteilung $N(0,1)$ ist.

Literatur

Veröffentlichungen

Ahmed, S.u. Marsily de, G. (1987): Comparison of geostatistical methods for estimating transmissivity using data on transmissivity and specific capacity.- Water Reour. Res 23 (9), S. 1717-1737.
Ahmed, S.u. Marsily de, G (1989): Co-kriged estimates of transmissivities unsing jointly water level data.- In: M. Armstrong (Hrsg.): Geostatistics,2, S. 615-628, Kluwer Acad. Press,.
Akin, H. u. H. Siemes (1988): Praktische Geostatistik - Eine Einführung für den Bergbau und die Geowissenschaften.- 304 S., 98 Abb., Springer Verl., Berlin, Heidelberg, New York, London, Paris.
Bachhuber, H., K. Bunzl, u. W. Schimmack (1986): Spatial variability of the distribution coefficients of ^{137}Cs, ^{65}Zn, ^{85}Sr, ^{57}Co, ^{109}Cd, ^{141}Ce, ^{103}Ru, ^{95m}Tc and ^{131}I in a cultivated soil.- Nuclear Technol. 72, S. 359-371, Hinsdale, Ill.
Balmer-Heynisch, S. (1995): Erfahrungen bei der Erstellung von rechnergestützten Bewertungssystemen für die Ermittlung des Grundwassergefährdungspotentials kontaminierter Altstandorte im Hinblick auf Sanierungsmaßnahmen.- Dissertation Freie Universität Berlin, Berl. Geow. Abh. Reihe D, Band 8 208 S. Berlin.
Bancroft, A.R.(1960): A proposal for a second test of ground burial of fission products in glass.- AECL Report CEI-109, AECL, Chalk River, Kanada.
Bancroft, A.R. u. Gamble, J.D. (1958): Initiation of a Field burial test of the disposal of fission products incorporated into glass.- Report CRCE-808, 13. S., AECL, Chalk River, Kanada.
Bandemer, H. u. Gottwald, F. (1993): Einführung in Fuzzy-Methoden.- 264 S., Akademie-Verlag, Berlin.
Bardossy, A. Bogardi, I. u. Kelly, W.E. (1989): Geostatitics utilizing imprecise (fuzzy) information.- Fuzzy-Sets and Systems 31, S. 311-327.
Bedbur, E., Peters, A., Eumann, K., von Campenhausen-Joost, I., Matthes, G. u. Schafmeister, M.-Th. (1994): Räumliche Variabilität von Sedimentparametern und Pflanzenschutzmittelgehalten auf einer ackerbaulich genutzten Fläche.- zur Veröff. eing,. Vortrag gehalten auf der 14. Jahrestagung der Fachsektion Hydrogeologie der Deutschen Geologischen Gesellschaft: "Flächenhafte Schadstoffeinträge in das Grundwasser" (9.-13. Mai 1994 in Mainz).
Beyer, W. (1964): Zur Bestimmung der Wasserdurchlässigkeit von Kiesen und Sanden aus der Kornverteilungskurve.-Wasserwirtsch.-Wassertechn. 14 (6), S. 165-168, Berlin.
Birkenhake, F. u. Burger H. (1995): Optimal Sampling of Environment: A Multiobjective Approach.- Tagungsband Osaka/Japan, 29. Oktober - 2. November, 1995, 3.-5. Oktober , 1994, S. 19-22.
Burger, H. u. Birkenhake, F. (1994): Geostatistics ans the polygonal method: A re-examination.- Tagungsband der Jahrestagung der IAMG in Mont Tremblant-Québec, Kanada, S. 50-55.
Burger, H., Köhnke, M., Niestle, A., Reusing, G., Schafmeister, M-Th., Skala, W. u. Voss, F. (1994): Nile groundwater interaction modeling in the northern Gezira Plain and Dongola

(Sudan) for drought risk assessment.- Tagungsband Osaka/Japan, 29. Oktober - 2. November, 1995, 3.-5. Oktober, 1994, S. 56-61.
Burger, H. (1997): 3-D modelling of multilayer deposits under uncertainty.- eingereicht zur IAMG Jahrestagung 1997, Barcelona/Spanien.
Buxton, B.E. u. Pate, A.D. (1994): Joint temporal-spatial modeling of concentrations of hazardous pollutants in urban air.- in: R. Dimitrakopoulos (Hrsg.) Proceedings of the International Forum in honour of Michel David's contribution to Geostatistics, June 3-5, 1993, Montreal. S. 75-87, Kluwer Academic Press.
Carr, J.R.(1995): Buchrezension 'GSLIB: Geostatistical software library and user's guide'(Deutsch C.V. u. Journel, A.J.).- Mathem. Geol., 27 (5), S. 705-707.
Catto, N.R., Patterson, R.J. u. Gorman, W.A. (1982): The late Quarternary geology of the Chalk River region, Ontario and Quebec.- Can. Jour. Earth Sci., 19 (6), S. 1218-1231.
Chiang, W. u. W. Kinzelbach (1996): Processing Modflow, A simulation system for modeling groundwater flow and pollution.- user's manual.
Chiles, J.P.(1992): The use of external-drift kriging for designing a piezometric observation network.- in Geostatistical Methods: Recent Developments and Applications in Surface and Subsurface Hydrology. (A. Bárdossy, Hrsg.),S. 11-20, UNESCO, Paris.
Christakos, G. (1992): Random field models in earth sciences.- 474 S., Academic Press Inc., San Diego - New York.
Clark, I. (1979): Practical Geostatistics.- 129 S, Applied Science Publishers, London.
Crain, I.K. (1978): The Monte Carlo generation of random polygons.- Computer u. Geosciences, 2, S. 131-141, Pergamon Press, Oxford, New York, Seoul, Tokyo.
Dagan, G. (1989): Flow and transport in porous formations.- 461 S., Springer Verl., Berlin, Heidelberg, New York, London, Paris.
Dagan, G. (1986): Statistical theory of groundwater flow and transport: Pore to laboratory, laboratory to formation and formation to regional scale.- Water Resources Research 22 (9), S. 120S-134S.
David, M. (1977): Geostatistical Ore Reserve Estimation.- Developments in Geomathematics 2, 364 S., Elsevier, Amsterdam.
Davis, J.C. (1973): Statistics and Data Analysis in Geology.- 550 S., John Wiley Int. Edition, New York, London, Sydney, Toronto.
Delfiner, P. (1976): Linear estimation of non-stationary spatial phenomena.- in: Guarascio, M., David, M. u. Huijbregts, C. (Hrsg.): Advanced Geostatistics in the Mining Industry, NATO-ASI, Ser. C 24, S. 49-68, Reidel, Dordrecht/Niederlande.
Delhomme J.P. (1978): Kriging in hydrosciences.- Adv. Water Resour. 1 (5), S. 251-266.
Delhomme, J.P. (1979): Spatial variability and uncertainty in groundwater flow parameters: a geostatistical approach.- Water Resour. Res., 15 (2), S. 269 - 280.
Desbarats, A.J. (1987): Numerical estimation of effective permeability in sand-shale formations.- Water Resour. Res., 23 (2), S. 273-286.
Desbarats, A.J. u. S. Bachu (1994): Geostatistical analysis of aquifer heterogeneity from core scale to the basin scale: A case study.- Water Resour. Res. 30 (3).
Deutsch, C.V. (1992): Annealing Techniques Applied to Reservoir Modeling and the Integration of Geological and Engeneering (Well Test) Data.- PhD thesis, Stanford University, Stanford, CA, 1992.
Deutsch, C.V.u. Journel, A.G. (1992): GSLIB, Geostatistical Software Library and User's Guide. Oxford University Press, New York, 1992.
Deutsch, C.V.u. Journel, A.G. (1997): GSLIB, Geostatistical Software Library and User's Guide. Oxford University Press, New York, 1997.
DIN 4022 (1982): Benennen und Beschreiben von Boden und Fels, Schichtenverzeichnis für Bohrungen mit durchgehender Gewinnung von gekernten Proben im Boden (Lockergestein).
DVWK 89(1990): Methodensammlung zur Auswertung und Darstellung von Grundwasserbeschaffenheitsdaten.- DVWK-Fachausschuß „Grundwasserchemie", Bonn. Schriftenreihe des Deutschen Verbandes für Wasserwirtschaft und Kulturbau e.V., Heft 89, 234 S., Paul Parey Verlag, Hamburg, Berlin.

Englund, E. u. Sparks, A. (1991): Geo-EAS 1.2.1 User's guide.- US-EPA Report #600/8-91/008, EPA-EMSL, Las Vegas, Nevada.

Freeze, R.A. (1995): A stochastic-conceptual analysis of one-dimensional groundwater flow in non-uniform, homogeneous media.- Water Resour. Res,. 11 (5), S. 725-741.

Freeze, R.A. u. Cherry, J.C. (1979): Groundwater.- Prentice Hall, Englewood Cliffs, New Jersey. 604 S.

Froidevaux, R. (1990): Geostatistical Toolbox Primer, Ver 1.30.- FSS International, Chemin de Drize 10, 1256 Troinex, Schweiz.

Gass, M.(1993): Feld- und Modelluntersuchungen zum Transportverhalten von Terbuthylazin im Wasser - ungesättigten Bereich glazifluviale Ablagerungen.- Dissertation Christian-Albrechts-Universität Kiel, 86 S.

Gelhar, L.W. (1986): Stochastic subsurface hydrology from theory to application.- Water resources research 22 (9), S. 135S-145S.

Gómez-Hernández, J.J. u. R.M. Srivastava (1990): ISIM3D: An ANSI-C three-dimensional multiple indicator conditional simulation program.- Computer u. Geosciences, 16, 4, S. 395-440, 1990.

Gómez-Hernández, J. (1993): Regularization of hydraulic conductivities: Numerical Approach.- In: A. Soares (Hrsg.). Geostatistics Tróia '92, Quantitative Geology ans Geostatistics, Vol. 5, S. 765-778, Kluwer Academic Press, Dordrecht, Boston, London.

Grandjeon, D.(1996): Modélisation stratigraphique déterministe: conception et applications d'un modèle diffusif 3-D multilithologique.- PhD These, Universität Rennes, Frankreich.

Gutjahr, A., Bullard, B. u. Hatch, S. (1994): Joint conditional simulations and flow modeling.- in: R. Dimitrakopoulos (Hrsg.) Proceedings of the International Forum in honour of Michel David's contribution to Geostatistics, June 3-5, 1993, Montreal. S. 185-196, Kluwer Academic Press.

Haldorson, H.H. u. Damsleth, E. (1990): Stochastic modelling.- J. Petrol. Technol., Vol 42, S. 404-412.

Haley, D.F., Sudicky, E.A.u. Naff, R.L. (1994): Three-dimensional Monte-Carlo analysis of spatial spreading during reactive solute transport by groundwater. in: Dracos u. Stauffer (eds.): Transport and Reactive Processes in Aquifers, S. 437-443, Balkema, Rotterdam, ISBN 90 5410 368 X.

Harvey, P.K. (1981): A simple algorithm for unique charakterization of convex polygons.- Computer u. Geosciences, 4, S. 387-392, Pergamon Press, Oxford, New York, Seoul, Tokyo.

Hayes, W.B. u. Koch, G.S. (1984): Constructing and analyzing area-of-influence polygons by computer.- Computer u. Geosciences, 4, S. 411-430, Pergamon Press, Oxford, New York, Seoul, Tokyo.

Hewlett, R.F. (1962): Computing ore reserves by polygonal method using a medium sized digital computer.- U.S. Bur. Mines Rept. Inv., 5952, 31 S.

Hoeksema, R.J. u. P.K. Kitanidis (1985): Analysis of the spatial structure of properties of selected aquifers.- Water Resources Research 21 (4) S 563-572.

Hötzl, H. (1982): Statistische Methoden zur Auswertung hydrochemischer Daten.- DVWK-Schriften, Heft 54, S. 1-69, Paul Parey, Hamburg und Berlin.

Isaaks, E.H. u. Srivastava, R.M. (1989): An introduction to applied geostatistics.- Oxford University Press, New York, 561 S.

Journel A.G.(1974): Simulation conditionelle de gisements miniere: Théorie et Pratique.- Dissertation, Université de Nancy-1, Bericht Nr. A.O.10.825., C.N.R.S.

Journel A.G. u. Huijbregts, Ch. (1978): Mining Geostatistics.- Academic press, 600 S., London

Journel, A.G. (1983): Non-parametric estimation of spatial distributions.- Math. Geol. 15 (3), S. 445-468.

Journel A.G. (1989): Fundamentals of Geostatistics in Five Lessons.- Short Course in Geology, Vol. 8, AGU, Washington D.C., 40 S.

Kabelitz, T,. Quast, J., Dannowski, R.(1994): Untersuchung der regionalen Grundwasserströmung im Oderbruch.- Interner Teilbericht des Zentrums für Agrarlandcshafts- und Landnutzungsforschung (ZALF) e.V., Müncheberg.

Kerndorff H., V. Brill, R. Schleyer, P. Friesel, G. Milde (1985): Erfassung grundwassergefährdender Altablagerungen - Ergebnisse hydrogeochemischer Untersuchungen.- WaBoLu Hefte 5/1985, 175 S., Berlin.

Kiefer, E. (1996): Provenance und Ausbreitung von Silt am aktiven Plattenrand Kalabriens: Anwendung der Diffusions-Theorie auf Petrographie und Transport terrigener Partikel.- Habilitationsschrift an der FU Berlin, 237 S.

Killey, R.W.D., Champ, D.R., Nakamura, H. u. Sakamoto, Y. (1990): The Glass Block site radionuclide migration study- Database Review and current studies.- in: Moltyaner G. (Hrsg.): Transport and mass exchange processes in sand and gravel aquifers: Field and modelling studies, Bd. 2, AECL-10308, S. 850-860.

Killey R.W.D, Klukas, M. Sakamoto, Y., Munch, J.H., Young, J.L., Welch, S.J., Risto, B.A. Eyvindson, S. u. Moltyaner, G. (1994): The CRNL Glass Block experiment: Radionuclide release and transport during the past thirty years.- 174 S., AECL, Chalk River, Kanada.

Kinzelbach, W. (1987): Numerische Methoden zur Modellierung des Transports von Schadstoffen im Gundwasser.- S. 317, Oldenbourg Verlag, München Wien.

Kinzelbach, W. u. Rausch, R. (1995): Grundwassermodellierung.- 284 S., Gebr. Borntraeger Verlagsbuchhdl., Stuttgart.

Koltermann, C.E., Gorelick, S.M. (1992): Paleoclimatic signature in terrestrial flood deposits,- Science, 256, S.. 1775-1782, 1992.

Krige, D.G. (1951): A statistical approach to some basic mine valuation problems on the witwatersrand.- J. Chem. Metall. Min. Soc. S. Africa, 52 (6), S. 119-139.

Langguth, H.-R. u. Voigt, R. (1980): Hydrogeologische Methoden.- 486 S. Springer Verlag, Berlin, Heidelberg, New York, London, Paris.

Lavenue, A.M., Ramarao, B.S., Marsily, G. de u. Marietta, M.G. (1995): Pilotpoint methodology for automated calibration of an ensemble of conditionally simulated transmissivity fields: Part 2 - Application.- Water Resour. Res., 31 (3), S. 495-516.

Lyon, K.E. u. Patterson, R.J. (1985): Retention of ^{137}Cs and ^{90}Sr by mineral sorbents surrounding vitrified nuclear waste.- National Hydrology Research Institute No. 27, Inland Water Directorate Sci. Series 148, 19. S. Environmental Canada, Ottawa.

Maniak, U. (1992): Hydrologie und Wasserwirtschaft: Eine Einführung für Ingenieure.- 2. Aufl., 508 S., 217 Abb., Springer Verlag, Berlin, Heidelberg, New York, London, Paris.

Marsily de, G. (1986): Quantitative Hydrogeology - Groundwater Hydrology for Engineers.- Academic Press, Inc. San Diego, New York, Boston, London, Sydney, Tokyo, Toronto, 440 S.

Marsily, G. de, Schafmeister, M.-Th., Teles, V. u. Delay, F., (1998): Some methods to describe the spatial variability of aquifer properties in hydrogeology.- Hydrogeology Journal, invited contribution, Vol. 6., Issue 1, Springer Verl. Berlin.

Matheron, G.(1965): Les variables regionalisées et leur estimation.- Editions Masson et Cie, 212 S., Paris.

Mattheß, G. u. Ubell, K. (1983): Allgemeine Hydrogeologie - Grundwasserhaushalt, Lehrbuch der Hydrogeologie Bd. 1.- Gebr. Borntraeger Verl. Berlin Stuttgart, 438 S.

Mattheß, G. u. Isenbeck, M. (1987): Pesticide behaviour in quarternary sediments.- Boreas, 16, S. 411-418, Oslo.

Mattheß, G., Bedbur, E., Dunkelberg, H., Haberer, K., Hurle, K., Frimmel, F.-H., Kurz, R., Klotz, D., Müller-Wegener, U., Pekdeger, A., Pestemer, W., Scheunert, I.: Aufklärung der für den Pflanzenschutzmitteleintrag ins Grundwasser verantwortlichen Vorgänge, insbesondere im Hinblick auf die Trinkwasserversorgung.- Abschlußbericht für das Verbundvorhaben 02 WT 89137, Kiel, 1995.

McDonald, M.C. u. A.W. Harbaugh (1988): MODFLOW, A modular three-dimensional finite difference ground-water flow model.- U.S. Geological Survey, Open-file report, pp. 83-875, Chapter A1.

Meijerink, A.M.J., H.A.M. de Brouwer, C.M. Mannaerts, C.R. Valenzuela (1994): Introduction to the use of geographic information systems for practical hydrology.- UNESCO International Hydrological Programme, IHP-IV M 2.3, International Institute for Aerospace Survey and Earth Sciences (ITC) Pubilcation No. 23.

Melnyk, T.W., Walton, F.B. u. Johnson, H.L. (1983): High-level waste glass field burial tests at CRNL: The effect of geochemical kinetics of the release and migration of fission products in a sandy aquifer.- AECL Report - 6836, 42 S., Whiteshell Nuclear Research Establishment, Pinawa, Kanada.

Merritt, W.T. u. Parsons P.J. (1964): The safe burial of high-level fission product solutions incorporated into glass.- Health Phys., 10, S. 655-664, AECL, Chalk River, Kanada.

Merritt W.T. (1976): The leaching of adioactivity from highly radioactive glass blocks buried beneath the water table: Fifteen years of results. AECL, Chalk River, Kanada.

Myers, D.E. (1982): Matrix formulation of cokriging.- Math. Geol. 14 (3), S. 249-257.

Myers, D.E. u. Journel, A.G. (1990): Variograms with zonal anisotropies and non-invertible kriging matrices.- Math. Geol. 22, S. 779-785.

Myers, D.E. (1992): Spatial-temporal geostatistical Modeling in Hydrology.- in Geostatistical Methods: Recent Developments and Applications in Surface and Subsurface Hydrology. in: A. Bárdossy (Hrsg.), S. 62-71, UNESCO, Paris, 1992.

Monastiez, P. Habib, R. u. Audergon, J.M. (1989): Estimation de la covariance et du variogramme pour une fonction aléatoire a support aborescent: application a l'étude des arbres fruitiers.- In: M. Armstrong (Hrsg.): Geostatistics,1, S. 39-56, Kluwer Acad. Press.

Neutze, A. (1995): Ein Beitrag zur geostatistischen Raum-Zeit-Prognose. Anwendungsbeispiel bodennahes Ozon.-., Berliner Geowiss. Abh., Reihe D, Bd. 10, 119 S., Berlin.

Olea R.A. (1991): Geostatistical glossary and multilingual dictionary.- Oxford University Press, New York, 177 S.

Osterkamp, G. (1988): Anwendung statistischer und geostatistischer Methoden zur Beurteilung hydrochemischer Grundwasserveränderungen durch Altablagerungen.- in: Skala, W. u. Osterkamp, G. (Hrsg.): Beiträge zur Geomathematik II.- Berl. Geow. Abh. Reihe A, Band 105, S. 90-97. Berlin.

Pannatier, Y. (1996): VARIOWIN: Software for spatial data analysis in 2D.- in Statistics and Computing, 91 S., Springer Verlag, Berlin, Heidelberg, New York, London, Paris

Paola C., Heller, P.L. u. Angevine, C.L. (1992): The large scale dynamics of grain-size variations in alluvial basins, 1. Theory.- Basin Research, Vol 4, S. 73-90.

Parsons, P.J. (1960): Movement of radioactive wastes through soil, I: Soil and groundwater investigations in Lower Perch Lake basin.- Report CRER 932, 51 S. AECL, Chalk River, Kanada.

Pawlowsky, V. (1986): Räumliche Strukturanalyse und Schätzung ortsabhängiger Kompositionen mit Anwendungsbeispielen aus der Geology.- Dissertation FU Berlin, 170 S..

Pereira, H.G. Soares, A.O. (1989): Application of geostatistics to groundfish survey data.- In: M. Armstrong (Hrsg.): Geostatistics,1, S. 459-467, Kluwer Acad. Press.

Piotrowski, J.A., Bartels, F. Salski, A. u. Schmidt, G. (1996): Geostatistical regionalization of glacial aquitard thickness in Northwestern Germany, based on fuzzy-kriging.- Math. Geol. 28 (4), S. 437-452.

Piotrowski, J.A., Bartels, F. Salski, A. u. Schmidt, G. (1997): Regionalisierung der Durchlässigkeitsbeiwerte mit unscharfen (fuzzy) Zahlen: Der Natur näher?.- Grundwasser - Zeitschr. der Fachsektion Hydrogeologie, 2 (1), S. 3-10, Springer Verlag, Berlin, Heidelberg, New York, London, Paris.

Ramarao, B.S., Lavenue, A.M., Marsily, G. de u. Marietta, M.G. (1995): Pilotpoint methodology for automated calibration of an ensemble of conditionally simulated transmissivity fields: Part 1 - Theory and computational experiments.- Water Resour. Res., 31 (3), S. 475-493.

Renard, D., Geffroy, F. Touffait, Y. u. Séguret, S.A. (1985): Présentation de Bluepack 3D release 4.- Paris École de Mines, Centre Géostatistique - Morphologie Mathématique, Service Informatique, Fontainebleau, Frankreich.

Rouhani, S. u. Hall, T.J. (1989): Space-time kriging of groundwater data.- In: M. Armstrong (Hrsg.): Geostatistics,2, S. 639-650, Kluwer Acad. Press.

Samper Calvete, F.J. u. Carrera-Ramírez, J. (1990): Geoestadística - Aplicaciones a la hidrogeología subterránea.- Universitat Politécnica de Catalunya, Barcelona, 484 S.

Schafmeister, M.-Th. u. H. Burger (1989): Spatial Simulation of Hydraulic Parameters for Fluid Flow and Transport Models.- In: M. Armstrong (Hrsg.): Geostatistics,2, S. 629-638, Kluwer Acad. Press.

Schafmeister, M.-Th. u. A. Pekdeger (1989): Influence of spatial variability of aquifer properties on groundwater flow and dispersion.- In: H.E. Kobus u. W. Kinzelbach (Hrsg.): Contaminant Transport in Groundwater, S. 215-220, Balkema, Rotterdam.

Schafmeister M.-Th. (1990): Geostatistische Simulationstechniken als Grundlage der Modellierung von Grundwasserströmung und Stofftransport in heterogenen Aquifersystemen.- Dissertation, Verlag Schelzky u. Jeep, 143 S., Berlin.

Schafmeister M.Th. u. A. Pekdeger (1990): Regionalization of hydraulic aquifer properties - optimization by geostatistical simulation techniques.- in Calibration and reliability in groundwater modelling, K. Kovar (Hrsg.), IAHS Publication No. 195, S. 447-455, Oxfordshire UK.

Schafmeister, M.-Th. u. A. Pekdeger (1993): Spatial structure of hydraulic conductivity in various porous media - problems and experiences. In: A. Soares (Hrsg.). Geostatistics Tróia '92, Quantitative Geology ans Geostatistics, Vol. 5, S. 733-744, Kluwer Academic Press, Dordrecht, Boston, London.

Schafmeister, M.-Th. u. G. de Marsily (1994a): Regionalization of Hydrogeological Processes and Paramters by Means of Geostatistical Methods - Future Requirements.- in: R. Dimitrakopoulos (Hrsg.) Proceedings of the International Forum in honour of Michel David's contribution to Geostatistics, June 3-5, 1993, Montreal. S. 383-392, Kluwer Academic Press.

Schafmeister, M.-Th. u. G. de Marsily (1994b): The influence of correlation length of highly conductive zones in alluvial media on the transport behaviour.- in: Dracos u. Stauffer (eds.): Transport and Reactive Processes in Aquifers, 171-176, Balkema, Rotterdam, ISBN 90 5410 368 X.

Schafmeister, M.-Th. u. H. Burger (1995): Merging quantitative and qualitative information as input to contaminant flow simulation: A case study.- Tagungsband des Jahrestreffens der IAMG, Osaka/Japan, Japan, 29.Oktober - 2. November, 1995, S. 43-45.

Schafmeister, M.-Th., Maiwald, U., Pekdeger, A. (1996): Räumliche Strukturanalyse hydraulischer und hydrogeochemischer Parameter im Umfeld des ehemaligen Tagebaus Lochau.- in: Merkel, B., Dietrich, P.G., Struckmeier, W. und Löhnert, E.P. (Hrsg.) Grundwasser und Rohstoffgewinnung, S. 442-447, Verlag Sven von Loga, Köln.

Schröter, J. (1983): Der Einfluß von Textur- und Struktureigenschaften poröser Medien auf die Dispersivität.- Dissertation Christian-Albrechts-Universität, 152 S., Kiel.

Schulz, H.D. (1977): Über den Grundwasserhaushalt im norddeutschen Flachland. Teil IV: Die Grundwasserbeschaffenheit der Geest Schleswig-Holsteins - eine statistische Auswertung.- (Habilitationsschrift) in: Besondere Mitteilungen zum Deutschen Gewässerkundlichen Jahrbuch, Nr. 40, 141 S.

Sommer-v. Jarmersted, C. (1992): Hydraulische und hydrochemische Aspekte der Uferfiltration an der Unterhavel in Berlin.- Dissertation Freie Universität Berlin, Berl. Geow. Abh. Reihe A, Band 140, 149 S. Berlin..

Sudicky, E.A. (1986): A natural-gradient experiment on solute transport in a sand aquifer: spatial variability of hydraulic conductivity and its role in the dispersion process.- Water Resour. Res. 22, S. 2069-2082.

Tetzlaff, D.M. u. Harbaugh, J.W. (1989): Simulating clastic sedimentation.- Van Nostrand Reinhold, New York, 202 S.

Teutsch, G., Hofmann, B. u. Ptak, T. (1990): Non-parametric stochastic simulation of groundwater transport processes in highly heterogeneous porous formations.- in: Moltyaner G. (Hrsg.): Transport and mass exchange processes in sand and gravel aquifers: Field and modelling studies, Bd. 1, AECL-10308, S. 224-241.

Teutsch, G. (1992): Stochastic groundwater transport simulation using replacement transfer functions (RTFs).- in: A. Bárdossy (Hrsg.), S. 32-39, UNESCO, Paris, 1992.

Teutsch, G. (1992): Regionalisierung von Parametern zur Beschreibung der Wasserbewegung in heterogenem Untergrund - Erkundungs- und Simulationsmethoden.- in Kleeberg, H.-B. (Hrsg.): Regionalisierung in der Hydrologie, S. 259-271, DFG, Bonn.

Thiergärtner, H. (1995): Underground contamination pattern recognition by cluster-analysis.- Tagungsband des Jahrestreffens der IAMG, Osaka/Japan, Japan, 29.Oktober - 2. November, 1995, S. 47-50.

Tietze, J. (1995): Geostatistisches Verfahren zu optimalen Erkundung und modellhaften Beschreibung des Untergrundes von Deponien.- Berliner Geowiss. Abh., Reihe D, Bd. 9, 96 S., Berlin.

Tipper, J.C. (1991): Fortran programs to construct the planar voronoi diagram.- Computer u. Geosciences, 5, S. 597-632, Pergamon Press, Oxford, New York, Seoul, Tokyo.

Tuttle, K.J., Wendebourg, J. Harbaugh, J.W. u. Aagaard, E. et al. (1996): Applying sedimentary process simulation to assess the spatial distribution of hydraulic conductivities in the coarsegrained Gardermoen Aquifer.- Tagungsband des Jens-Olaf-Englund Seminars: Protection of groundwater resources against contaminants. (Aagaard, P. Tuttle, K.J., Hrsg.), 16. - 18. 9. 1996, Gardermoen, S.224-251.

Wackernagel, H. u. Hudson, G. (1992): Kriging mit externer Drift am Beispiel von Temperaturmessungen aus Schottland.- in: Peschel, G.J. (Hrsg.): Beiträge zur Mathematischen Geologie und Geoinformatik, Bd. 3, Anwendung geostatistischer Verfahren.- Verl. Sven von Loga, S. 15-24, Köln.

Wackernagel, H. (1996): Multivariate Geostatistics.- 256 S., Springer Verl., Berlin, Heidelberg, New York, London, Paris.

Wurl, J. (1995): Die geologischen, hydraulischen und hydrochemischen Verhältnisse in den südwestlichen Stadtbezirken von Berlin.-, 164 S., Berlin.

Zadeh, L.A. (1965): Fuzzy sets.- Information and control, 8, S. 338-353.

Zheng, C. (1991): PATH3D 3.0, a ground-water path and travel-time simulator.- S.S. Papadopoulos u. Associates, Inc.

Unveröffentlichte Quellen

Bartels, F. (1997): Ein Fuzzy-Auswertungs- und Krigingsystem für raumbezogene Daten.- unveröff. Dipl. Arbeit, Christian-Albrechts-Universität Kiel.

Bokelmann G. (1998): Untersuchung der räumlichen Verteilung von Grundwassertemperaturen im Raum Schwarzenbek - Lauenburg, Südost-Holstein, Dipl. Arbeit FU Berlin.

Both, A. (1996): Erfassung und Reproduktion der engräumigen Struktur von Durchlässigkeitsbeiwerten zur Quantifizierung der Variationsbreite von Modellergebnissen.- unveröff. Dipl. Arbeit. FU Berlin.

Campenhausen-Joost v., I.B. (1993): Zur vertikalen Heterogenität ausgewählter Sedimentparameter einer sandigen Kameablagerung.- unveröff. Dipl. Arbeit ,Christian-Albrechts-Universität Kiel.

Eumann K. (1993): Variabilität der Korngrößenverteilung und des Wassergehaltes im A-Horizont eines sandigen Braunerde-Standortes in Schleswig-Holstein.- unveröff. Dipl Arbeit Christian-Albrechts-Universität Kiel.

Gutzeit, G. (1993): Untersuchungsprogramm zur Ermittlung des nutzbaren Grundwasserdargebotes in Südost-Holstein - Geothermische Untersuchungen. unveröff. Dipl Arbeit FU Berlin.

Hassel, v. R. (1993): Einsatz multivariater statistischer Verfahren zur Grundwassertypisierung sowie zur Interpretation hydrogeologischer Informationen am Beispiel des Bohrprogrammes Berlin Süd.- unveröff. Dipl Arbeit FU Berlin.

Melchert, D. (1993): Untersuchungsprogramm zur Ermittlung des nutzbaren Grundwasserdargebotes in Südost-Holstein- Geothermische Untersuchungen an Grundwassermeßstellen im Raum Ahrensburg, Bargteheide, Großhansdorf zur Erkundung der vertikalen Temperaturabfolge im Untergrund.- unveröff. Dipl Arbeit FU Berlin.

Peters, A. (1993): Zur Variabilität der Gehalte an Pflanzenschutzmittel-Rückständen, organischem Kohlenstoff und Wasser sowie der pH-Werte im A-Horizont einer Braunerde auf Kamesanden.- unveröff. Dipl. Arbeit CAU Kiel.

Pöhler, S. (1997): Entwicklung eines instationären Strömungsmodells am Beispiel eines Teilgebietes des Oderbruchs.- unveröff. Dipl. Arbeit FU Berlin.

Computerprogramme

Die hier angegebenen Quellen sind keine direkten Literaturzitate; es wird lediglich auf Handbücher, Bezugsquellen oder weiterführende Literatur verwiesen.

ASM	Kinzelbach, W. u. Rausch, R. (1995): Grundwassermodellierung.- 284 S., 223 Abb., 15 Tab., 2 3.5″Disketten, Gebr. Borntraeger Verlagsbuchhdl., Stuttgart.
BLUEPACK 3D	Renard, D., Geffroy, F. Touffait, Y. u. Séguret, S.A. (1985): Présentation de Bluepack 3D release 4.- Paris École de Mines, Centre Géostatistique - Morphologie Mathématique, Service Informatique, Fontainebleau, Frankreich.
CoTAM	Hamer, K., Sieger, R. (1994) Anwendung des Modells CoTAM zur Simulation von Stofftransport und geochemischen Reaktionen, Ernst u. Sohn Verlag für Architektur und technische Wissenschaften GmbH, Berlin.
ENTEC	Environmental Modelling and Mine Planning Software Package.- SURPACK Software Intern. Australien.
FEFLOW	Diersch, G. (1994): Interactive, Graphics-based Finite-Element Simulation System FEFLOW for Modeling groundwater Flow, Contaminant Mass and Heat Transport Processes. WASY, Berlin.
FUZZEKS	Bartels, F. (1997): Ein Fuzzy-Auswertungs- und Krigingsystem für raumbezogene Daten.- unveröff. Dipl. Arbeit, Christian-Albrechts-Universität Kiel.
GEOEAS	Englund, E. u. Sparks , A. (1991): Geo-EAS 1.2.1 User's guide.- US-EPA Report #600/8-91/008, EPA-EMSL, Las Vegas, Nevada.
GEOP	Geostatistische Erkundungsoptimierung.- ein Visual-BASIC Programm für WINDOWS 3.x, entwickelt in der Arbeitsgruppe Mathematische Geologie der FU Berlin.
Geostatistical	Froidevaux, R. (1990): Geostatistical Toolbox Primer, Ver 1.30.- FSS International, Chemin Toolbox de Drize 10, 1256 Troinex, Schweiz.
GSLIB	Deutsch, C.V.u. Journel, A.G. (1992): GSLIB, Geostatistical Software Library and User's Guide. Oxford University Press, New York, 1992.
HST3D	Kipp, K.L. Jr. (1987): A computer code for simulation of heat and solute transport in three dimensional ground-water systems.- USGS Water Resour. Invest, S. 86-4095.
MOC	Konikow, L.F. u. J.D. Bredehoeft, (1978): Computer Model of Two- Dimensional Solute Transport and Dispersion in Groundwater.- Techniques of Water Resources Investigations of the United States Geological Survey, Book 7, Chapter C2, Scientific Publications Company, Washington.
MODFLOW	McDonald, M.C. u. A.W. Harbaugh (1988): MODFLOW, A modular three-dimensional finite difference ground-water flow model.- U.S. Geological Survey, Open-file report, pp. 83-875, Chapter A1.
MT3D	Zheng, C. (1990): MT3D, a modular three-dimensional transport modell.- S.S. Papadopoulos u. Associates, Inc., Rockwill, Maryland.

Literatur

PATH3D	Zheng, C. (1991): Path3d 3.0, a ground-water path and travel-time simulator.- S.S. Papadopoulos u. Associates, Inc., Rockwill, Maryland.
PHREEQM	Appelo, C.A.J. u. Postma, D. (1993): Geochemistry groundwater & pollution.- 536 S., Balkema Verlag, Rotterdam NL.
PHREEQUE	Parkhurst, D.L. (1995) User's guide to PHREEQC : a computer model for speciation, reaction-path, advective transport, and inverse geochemical calculatioons, U.S. Geological Survey, Waters-Resources Investigations, Report 95-xxxx.
PMWIN	Chiang, W. u. W. Kinzelbach (1996): Processing Modflow, A simulation system for modeling groundwater flow and pollution.- user's manual.
POLLUTE	Rowe, R.K. u. Booker, J.R, (1990): Pollute V5.0, 1-D Pollutant Migration Through a Non Homogeneous Soil.- Geotechnical Research Center, Faculty of Engineering Science, University of Western Ontario London, Ontario.
SOLMINEQ	Kharaka, Y.K., Gunter, W.D., Aggarwal, P.K., Perkins, E.H, DeBraal, J.D. (1988) U.S. Geological Survey Water Resources Investigation Report 88-4227.
SURFER	Golden Software Inc. (1994): SURFER for Windows User's Guide.- Goden Software Inc., Golden, Colorado.
VARIOWIN	Pannatier, Y. (1996): VARIOWIN: Software for spatial data analysis in 2D.- in Statistics and Computing, 91 S., Springer Verlag, Berlin, Heidelberg, New York, London, Paris.

Sachverzeichnis

Anisotropie 17-18, 25-26, 28-29, 41, 47, 49, 50, 73, 78, 109-110, 143
Benzol 131
Berlin 2, 44-45, 64, 97, 107, 123, 127, 139, 145
Berliner Liste 85, 122
Blockschätzung 33
Bodenkunde 3, 7
Bool'sche Verfahren 118
Cäsium
$-^{137}$Cs 98
Chalk River 98, 100
Cut-Off 82, 85, 109, 116
Darcy-Gesetz 113, 145
Dispersion 10, 15, 99, 103, 105, 107
DOC 65, 72
Drift 13-14, 18, 36-39, 44, 46, 50-51, 53-56, 73-75, 122, 149
Durchlässigkeit 10, 24, 99, 116-118, 122, 150
Durchlässigkeitsbeiwert 6, 88, 118
Eikmann-Kloke-Liste 122
Eisen 65, 71, 76
Ergodizität 117
External Drift Kriging 53-54, 56, 122
s.a. Externe Drift Kriging
Faktorenanalyse 56-57, 61-62, 71, 79
Finite-Differenzen 83, 97, 139, 145-147
Finite-Elemente 83
Geoelektrik 10, 122
Geologie 2, 9, 123
Geostatistik 1-4, 6-7, 11-12, 32, 34, 39, 44, 56-58, 90-91, 121, 124, 133, 149-150, 154-156
– Multivariate 56
Geschiebemergel 141
Gewöhnliches Kriging 34
s.a. Ordinary Kriging
Gradient
– hydraulischer 34
Grundwasser
–beschaffenheit 4, 61, 149
–druckhöhen 31, 33, 44

–gleichen 49, 144
–höhen 45, 56, 60-61, 149
–leiter 1, 45, 65, 82, 97-99, 106, 108, 111, 115, 139, 141, 145
–neubildung 10
–stauer 110, 141
Halbwertszeit 101
harte Daten 121, 134
Häufigkeitsverteilung 23-25, 28, 70, 141, 153
Hauptkomponentenanalyse 4
Hauptkomponentenanalyse 62
Heterogenität 11, 87, 100, 102, 106-107, 118
Hydrogeologie 1, 3-7, 32, 56, 150
Indikatorvariable 82-83, 117, 135-136, 140
Instationarität 55, 101
Intrinsische Hypothese 14
Kanada 97-98
K_d-Wert 88, 102, 107
Klimaforschung 3
Kokerei 131
Konditionierung 92-93
Korndurchmesser 24
Korngröße 29
Kovarianz 12, 36, 60, 62, 89, 91, 95, 101, 103, 115, 117-118, 154-155
Kreuzvalidation 30, 44, 49, 51, 55
Kriging
– Co- 41, 43, 57, 122
– Externe Drift 55-56
– fehler 37, 55, 68, 149
– Indikator 83, 86, 94, 122, 135, 136
– KGS 35-36, 38, 83, 92
– Ordinary 34, 37-39, 44, 46, 49, 51-53, 55-56, 58, 66, 68, 84, 93, 135
– Simple 93
– Soft- 135, 136, 137, 140
– Universal- 36, 38-39, 44, 46, 50-51, 53, 55-56, 75, 135
Lagerstätte 83
Lagrange Multiplikator 35

Lithologie 10
Niederländische Liste 122
Nugget-Effekt 14, 16, 49, 74
Oderbruch 64, 65, 71, 77, 79
Ökologie 2, 7
Ortsabhängige Variable 9
Pflanzenschutzmittel 20, 23
pH-Wert 21, 22, 27, 29, 65, 72, 73, 74
piezometrische Höhen 2
Porosität 31, 10, 88, 103
Probenahme 10, 29, 122-123, 125, 127, 132
–planung 131
Pumpversuch 10
Punktschätzer 137, 145-146
Punktschätzer 85
Punktschätzung 143
Range 15
s.a. Reichweite
random path 93
Redoxpotential 65, 66
Regionalisierte Variable 149
Regionalisierung 6, 57, 64, 65, 81, 97, 138, 149
Reichweite
Reichweite 14, 15, 18, 29-30, 66, 73, 78, 92, 101, 109-110, 115, 117, 143
Retardation 88, 101-102, 105
ReV 9, 11, 57, 74, 93-95, 121, 124-125, 149
s.a. Regionalisierte Variable 1
Rohstoffvorratsberechnung 2
Ruhwinkel 20
Sanierung 124, 131-132
– Planung 122, 127
Simulation 4, 6, 82, 88-94, 97, 99, 103, 106-107, 110-111, 116-117, 121, 135, 150-151
– Sequentielle Indikator 6, 94
– Simulated Annealing 94-97, 101
– stochastisch 82, 90, 97, 107, 111
SIS 97
s.a. Sequentielle Indikator Simulation
Sorption 5, 24, 88, 101, 106
Standardabweichung 13, 21, 100, 123, 154, 158-159
– Schätz- 44, 50, 51, 67
Stationarität 118
Stationarität 13-14, 34-44
Statistik 2, 56-57, 61, 123, 153
Strontium
– ^{90}Sr 98, 101, 104, 106
Summenkurve 21, 90-91, 109
Terbuthylacin 22, 27

Tracer 106
Transmissivität 6, 9, 10, 39, 94, 118
Turning Bands 6, 91, 118
Varianz
– Ausdehnungs- 123-124, 156
Variogramm
–anpassung 19
–exponetielles 15
– Gauß 16
– Indikator 85, 94, 109, 110, 143
– lineares 16
– Power 16
– Residuen 18, 56
– sphärisches 15
– Summen 42
–modell 15, 93
– Residuen
– Summen 42
Verteilung
– Lognormal- 157
– Normal- 22, 91-92, 94, 157, 159
Vertrauensintervall 50, 53, 54
Wahrscheinlichkeitsdichte 11, 89, 103, 136-137, 153
weiche Daten 134

MIX
Papier aus verantwortungsvollen Quellen
Paper from responsible sources
FSC® C105338

If you have any concerns about our products,
you can contact us on
ProductSafety@springernature.com

In case Publisher is established outside the EU,
the EU authorized representative is:
**Springer Nature Customer Service Center GmbH
Europaplatz 3, 69115 Heidelberg, Germany**

Printed by Libri Plureos GmbH
in Hamburg, Germany